电路识图系列

新电工识图

（第4版）

主　编　赵　清

副主编　于喜洹　张立志　赵玉龙

電子工業出版社

Publishing House of Electronics Industry

北京·BEIJING

内 容 简 介

本书详细讲解了电工识图基础知识，常用电气原理图的识图方法与步骤，电路接线图的识图方法与步骤；具体介绍了常用电工测量仪表及其接线方法，普通低压配电屏的接线方法及特点，常用电路及实际控制系统电路识图的实例，工业、企业供电与安全用电常识。本书还重点讲解了由 PLC 组成的控制电路的电气原理图和接线图的识图方法，PLC 编程语言、编程工具、编程原则和方法，详细解读了 PLC 可编程控制器的应用电路。本书还着重介绍了变频电路和供配电线路，介绍了控制组件、三相异步电动机的型号与规格，常用电气设备、装置及控制组件的图形符号和文字符号等资料，第 4 版还新增加了防雷保护和安全用电知识，使得本书更具有很实用的参考价值。

本书实用性强，可作为职业技术院校电气专业的教材和电气行业的电工培训教材，也可作为专职电工的普及读物，并可供工程技术人员阅读和参考。

图书在版编目（CIP）数据

新电工识图 / 赵清主编. —4 版. —北京：电子工业出版社，2017.4
ISBN 978-7-121-31184-0

Ⅰ．①新… Ⅱ．①赵… Ⅲ．①电路图—识图 Ⅳ.①TM13

中国版本图书馆 CIP 数据核字（2017）第 063982 号

策划编辑：张瑞喜
责任编辑：张瑞喜
印　　刷：中国电影出版社印刷厂
装　　订：中国电影出版社印刷厂
出版发行：电子工业出版社
　　　　　北京市海淀区万寿路 173 信箱　邮编　100036
开　　本：787×1092　1/16　印张：19.5　字数：474 千字
版　　次：2004 年 7 月第 1 版
　　　　　2017 年 4 月第 4 版
印　　次：2023 年 8 月第 3 次印刷
定　　价：49.80 元

凡所购买电子工业出版社图书有缺损问题，请向购买书店调换。若书店售缺，请与本社发行部联系，联系及邮购电话：(010) 88254888，88258888。

质量投诉请发邮件至 zlts@phei.com.cn，盗版侵权举报请发邮件至 dbqq@phei.com.cn。

本书咨询联系方式：zhangruixi@phei.com.cn。

前 言

PREFACE

随着我国工农业的迅速发展，特别是乡镇企业的大量涌现，各种电气设备也随之增加。目前，用电脑控制的先进电气设备和自动化生产线已经大量出现，使得电气线路越来越复杂，技术含量越来越高，并需要越来越多的具有扎实理论基础和丰富实践经验的电气技术人员和电气工人从事电气线路的设计和维修工作。

《新电工识图》出版后，深受广大读者的欢迎，并为广大电气技术人员和电气工人知识面的扩展提供了便利条件；同时已被不少中等职业技术学校选用为教材，市场反应良好，至今畅销不衰。根据广大读者要求，为了适应科技发展的需要，我们对《新电工识图》进行修订出版第 4 版，目的是更多更好地体现新知识和新科技成果，能为广大读者拓展知识、更新技术和提高技能提供更好的服务。

《新电工识图（第 4 版）》是在第 3 版的基础上进行了重新增减。第 4 版对第 8 章改动较大，同时新增加了第 9 章防雷保护和安全用电知识。

这次改版后的第 4 版内容包含照明电路、由常用继电器组成的控制电路、由常用的 PLC 可编程控制器组成的电路、由变频器组成的控制电路，还有供配电线路，常用仪器和仪表知识，以及防雷保护和安全用电知识。

《新电工识图（第 4 版）》对原来电动机控制电路部分有所改动，对第 3 版增加的 PLC 控制电路和用梯形语言及助记符语言编制程序的介绍和增加的变频器控制电路基本没动。这样做的目的是为了引导广大读者迅速掌握新技术和新知识，也为广大从事数控机床操作与维修的人员提供一定帮助。第 4 版新增加的第 9 章防雷保护和安全用电知识是为了进一步提高广大从业人员的安全感和责任感，真正做到对人身安全和财产安全的保护，从而确保正确用电和安全用电。

《新电工识图（第 4 版）》增加的民用建筑电路识图和供配电线路识图知识，以及防雷保护和安全用电知识，可以提高广大从事普通输变电行业的工作者及电气工人的识图能力，可以提高他们的防雷和安全用电知识，使他们更好地将理论与实践结合起来，迅速提高技术水平和工作能力，进一步提高就业能力。

根据广大读者的要求，《新电工识图（第 4 版）》对电路分析更加条理化和规范化，更适应读者的阅读习惯和学习方法。

《新电工识图（第 4 版）》的编写耗时近半年，主编赵清组织相关编写人员深入到生产第一线学习和了解先进的控制设备控制原理及所采用的先进技术，为此次编写做了充分资料准备。在本书第 4 版的编写过程中诚请了于喜洹、张立志、赵玉龙等三位任副主编。本书由赵清全面负责统编，第一章和第九章由韩轲编写，第三章和第七章由赵明编写，第四章和第六章由于喜洹编写，第二章、第五章、第八章由张立志编写，书中所有图由赵玉龙绘制。本书诚请张晓兰和赵志杰两位教授主审。参加本书编写的还有：马丽、张华、杨龙、赵玉玉等。

在《新电工识图（第 4 版）》的编写过程中，参阅多位专家学者的编著，使我们受益匪浅，在此一并表示诚心感谢。

由于编者的水平和实践经验的不足，书中可能有不足之处，恳请广大读者批评指正！我们的联系方式：zhangruixi@phei.com.cn。

编　者

2017 年 2 月

目　　录

第 1 章　电工识图基础知识

电路图包括电气原理图和电气接线图（配线图）两种。电气原理图是电气技术人员和电气工人分析实际机械设备电路原理的蓝图；电气接线图（配线图）是电气工人对实际机械设备电路接线的指导图。对于电气技术人员和电气工人来说，读懂电路图是最基本的要求。实际上读懂电路图并不难，只要掌握识图的方法，熟记电路图中各电气符号所代表的电气设备和元器件的名称，并了解实际控制器件的结构和动作原理，就能很容易地读懂电路图。为此，本章先介绍控制器件的结构和工作原理，以及电气符号等方面的知识。

1.1　什么是电路图

将电源与负载（用电设备）用导线连接起来，使之形成完整的闭合回路，电流可以从中流过的路径，就是电路。把这种电路画在图纸上，就是电路图。

一个完整的电路图由三大部分组成，即电源、负载及中间环节三部分。下面以最常见的负载为白炽灯的电路为例，来说明电路图的组成。负载为白炽灯的电路图如图 1-1 所示。

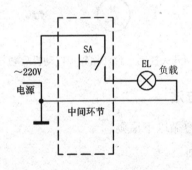

图 1-1　负载为白炽灯的电路图

电路图中的电源为 220 V 正弦交流电源，负载只有 1 盏白炽灯（EL），中间环节由导线和手动开关（SA）组成。

电路图中的每个电气图形符号、文字符号都是按照国家规定的标准绘制的。我国于 1964 年颁布了电工系统图型符号和文字符号（国家标准 GB312－64）。1986 年以来，我国又相继颁布了一批电气图形符号新标准（GB4728－86、GB7159－87），同时废除了 1964 年颁布的旧标准（GB312－64）。GB4728－86 和 GB7159－87 新标准自 1990 年 1 月 1 日起开始使用。

1.2　电路图的种类与画法

本节介绍电气原理图和电气安装接线图（配线图）的画法。

1.2.1 电气原理图

电气原理图是根据电气设备和控制器件动作原理，用展开法绘制的图。它用来表示电气设备和控制器件的动作原理，而不考虑实际电气设备和控制器件的真实结构和安装位置，它只是供研究电气动作原理和分析故障以及检查故障和维护时使用。电气原理图非常清楚地画出电流流经的所有路径和用电设备与控制器件之间的相互关系，以及电气设备和控制器件的动作原理。有了电气原理图，就可以很容易地找出接线的错误和发现电路运行中所发生的故障点。

下面给出用三极刀闸开关控制一台三相异步电动机启动与停止的电气原理图，如图1-2所示。

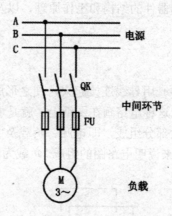

图1-2 用三极刀闸开关控制一台三相异步电动机启动与停止的电气原理图

1.2.2 电气原理图绘制方法

绘制电气原理图时必须遵循以下原则。

1. 按电气符号标准绘制

电路中的电气设备和控制器件必须按照标准规定的电气符号绘制。

2. 按文字符号标准绘制

电路中各电气设备和控制器件的文字符号必须按照国家标准 GB7159－87 规定的文字符号标明，如图1-2中 QK 代表三极刀闸开关，FU 代表熔断器，M 代表三相电动机。

3. 按顺序排列绘制

电气原理图中的各电气设备和控制器件，按照先后工作顺序纵向排列，或者水平排列。如图1-2中的三极刀闸开关（QK）、熔断器（FU）、电动机（M）就是按先后工作顺序纵向排列的。

4. 用展开法绘制

电气原理图中的各电气设备和控制器件可用展开法绘制。电路中的主电路（有用电设备的电路）用粗实线画在图纸的左边或上部，而辅助电路（由控制器件组成的电路）用粗实线画在图纸的右边或下部。这样，主电路和辅助电路以及回路与回路之间极易区别，醒目易懂。

这里所列举的用交流接触器控制三相异步电动机启动与停止的电气原理图如图 1-3 所示。

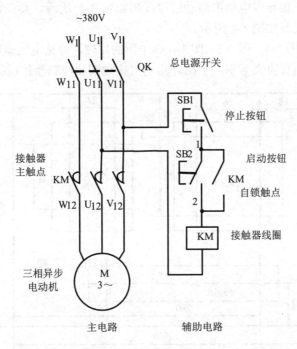

图 1-3　用交流接触器控制三相异步电动机启动与停止的电气原理图

由图 1-3 所示电路可见，主电路包括有总电源开关（QK）、接触器（KM）主触点、三相异步电动机（M）；辅助电路包括有停止按钮（SB1）、启动按钮（SB2）、交流接触器线圈（KM）、交流接触器的自锁触点（KM）。电路图中的交流接触器采用了展开绘制的方法。主电路中用到接触器的主触点，辅助电路中有接触器线圈和自锁（辅助）触点。

5.　控制器件的同一性

电气原理图中采用展开法绘制的控制器件，同一个器件（如图 1-3 中的接触器线圈、主触点、辅助触点）必须用同一个文字符号（例如 KM）标明。

6.　表明动作原理与控制关系

电气原理图必须表达清楚电气设备和控制器件的动作原理（即电路工作过程），必须表达清楚控制与被控制的关系。图 1-3 所示电路中的总电源开关 QK，是控制主电路和辅助电路与电源接通和关断的总开关。辅助电路中的 SB2 是使接触器线圈得电的开关，而 SB1 是使接触器线圈失电的开关，即 SB2 和 SB1 控制接触器线圈得电与失电；接触器主触点用来控制电动机 M 通电与断电。

1.2.3　电气安装接线图

电气安装接线图是专供电气工程人员安装电气设备及控制器件时接线用的图。

电气安装接线图分为控制器件板面布置图和控制器件接线图两种。控制器件板面布置图，应该清楚画出各控制器件在配电板（盘）上明确的位置，各控制器件之间的距离以及固定各控制器件所需的钻孔位置和钻孔尺寸。用交流接触器控制三相异步电动机启动的控制器件板面布置图如图1-4所示。接线图应该画出各控制器件之间连线及具体的连接方法。用交流接触器控制三相异步电动机启动的接线图如图 1-5 所示。其三相四线制配电盘的控制器件位置图和接线图如图 1-6 所示。

通过对图1-3、图1-4、图1-5、图1-6四张图的比较，可见电气原理图、控制器件板面布置图及电气接线图有很大区别。下面介绍电气接线图和控制器件板面布置图的画法。

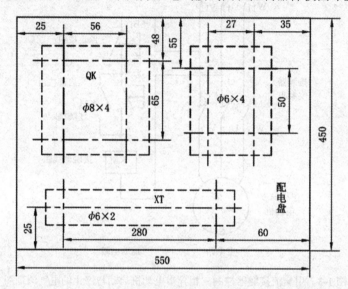

图1-4　用交流接触器控制三相异步电动机启动的控制器件板面布置图

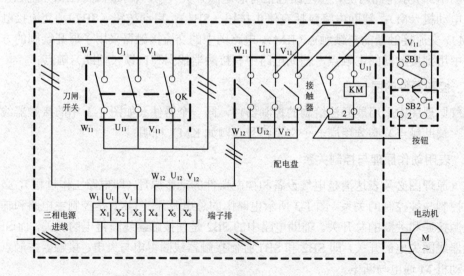

图1-5　用交流接触器控制三相异步电动机启动的接线图

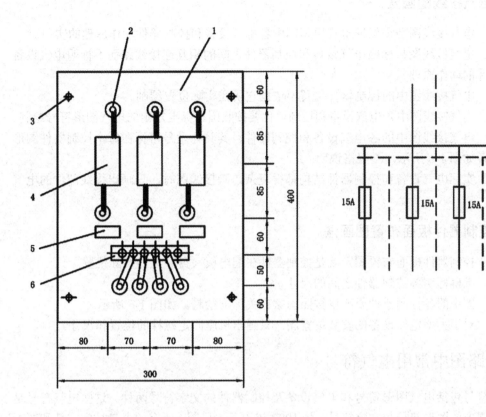

（a）控制器件盘面布置图　　　　　　　（b）接线图

编号	名　称	规　格	单位	数量	备注
1	配电板	300×400×20	块	1	
2	绝缘护套	φ9	个	10	
3	木螺丝	φ4×50	个	4	
4	插式熔断器	RC1A-15A	个	3	
5	卡片框	50×20	个	3	
6	零线端子板	四线式	个	1	

图 1-6　三相四线制配电盘的控制器件布置图和接线图

1.2.4　电气接线图画法

（1）　电气接线图必须保证电气原理图中各电气设备和控制器件动作原理的实现。

（2）　电气接线图只标明电气设备和控制器件之间的相互连接线路而不标明电气设备和控制器件的动作原理。

（3）　电气接线图中的控制器件位置要依据它所在实际位置绘制。

（4）　电气接线图中各电气设备和控制器件要按照国家标准规定的电气图形符号绘制。

（5）　电气接线图中的各电气设备和控制器件，其具体型号可标在每个控制器件图形旁边，或者如图1-6所示，画表格说明。

（6）　实际电气设备和控制器件结构都很复杂，画接线图时，只画出接线部件的电气图形符号。

1.2.5　控制器件板面布置图画法

（1）　控制器件板面布置图，就是控制器件在配电板（盘）上的实际位置。

（2）　准确标明各控制器件之间的尺寸。

（3）　图中的各控制器件要严格按照国家有关标准绘制。如图1-6所示。

（4）　对于大型电气设备的安装位置图，只画出机座固定螺栓的位置和尺寸。

1.3　电路图中常用电气符号

电气符号包括电气图形符号和电气设备及控制器件的文字符号两种。这些电气符号是国家统一规定的图形符号和文字符号。从1990年1月1日起，所有的电气技术文件和图纸一律使用新国家标准（GB4728－86、GB7159－87），废除旧的国家标准（GB312－64，GB313－64，GB314－64）。

1.3.1　电工系统图图形符号

电工系统图图形符号分为基本图形符号、一般图形符号和明细符号三种。

1.　基本图形符号

基本图形符号（简称基本符号）不代表具体的设备和器件，而是表明某些特征或绕组接线方式。例如，用符号"～"表示交流电；用符号"＋"表示正极；用符号"△"表示绕组三角形接法。基本图形符号可以标注于设备或器件明细符号旁边或内部。

2.　一般图形符号

一般图形符号（简称一般符号）用于代表某一大类设备或器件。

3.　明细符号

明细符号用于代表具体器件或设备。一般图形符号与基本符号或文字符号相结合所派生出的符号，就是明细符号。

为了加深对电工系统图图形符号的认识，现将45种常用器件和设备的图形符号列在表1-1中。

表 1-1　45 种常见图形符号（新、旧对照表）

国家新标准符号（GB4728）		国家旧标准符号（GB2312－64）	
名　称	图 形 符 号	名　称	图 形 符 号
直流电	──	直流电	──
交流电	∼	交流电	∼
交直流电	≃	交直流电	≃
正极	＋	正极	＋
负极	──	负极	──
继电器、接触器、磁力启动器线圈	⊓	继电器、接触器、磁力启动器线圈	⊓
直流电流表	Ⓐ	直流电流表	Ⓐ
交流电压表	Ⓥ	交流电压表	Ⓥ
按钮开关（动断按钮）	E-¬	带动断触点的按钮	
按钮开关（动合按钮）	E-/	带动合触点的按钮	
手动开关一般符号	⊢-/		
位置开关和限位开关的动断触点	⅂	与工作机械联动的开关动断触点	
位置开关和限位开关的动合触点	⅃	与工作机械联动的开关动合触点	
继电器动断触点	──	继电器动断触点	
继电器动合触点	──	继电器动合触点	
开关一般符号（动合）	⅃ 或 ⅃	开关的动合触点	或
开关一般符号（动断）	⅂ 或 ⅂	开关的动断触点	或
液位开关（常开触点）	⊙-/	液位继电器动合触点	
热敏开关动合触点 注：可用动作温度 t 代替	□θ-/ 或 □t-/	温度继电器动合触点	或
热继电器动断触点	⅂-⊏	热继电器动断触点	
接触器动合触点	──	接触器动合触点	

（续表）

国家新标准符号（GB4728）		国家旧标准符号（GB2312−64）	
名　称	图形符号	名　称	图形符号
接触器动断触点		接触器动断触点	
三级开关（单线表示）		三级开关（单线表示）	或
三级开关（多线表示）		三级开关（多线表示）	或
断路器		自动空气断路器	
三极断路器		三极自动空气断路器	
热继电器的驱动器件		热继电器的发热元件	
三相鼠笼型异步电动机		三相鼠笼型异步电动机	
串励直流电动机		串励直流电动机	
并励直流电动机		并励直流电动机	
三相绕线型异步电动机		三相滑环异步电动机	
双绕组变压器	或	双绕组变压器	单线表示 多线表示
铁芯		铁芯	
星形-三角形连接的三相变压器	形式1 形式2	星形-三角形连接的有铁芯的三相双绕组变压器	单线表示 多线表示
电阻器的一般符号	优选形 其他形	电阻器的一般符号	

（续表）

国家新标准符号（GB4728）		国家旧标准符号（GB2312－64）	
名　称	图形符号	名　称	图形符号
可变电阻器		变阻器	或
滑动触点电位器		电位器的一般符号	
电容器的一般符号	优选形 其他形	电容器的一般符号	
极性电容器	优选形 其他形	有极性的电解电容器	+ −
半导体二极管一般符号	优选形 其他形	半导体二极管、半导体整流器	
发光二极管	优选形 其他形		
单向击穿二极管、电压调整二极管	优选形 其他形	雪崩二极管	
NPN 型半导体管	b c e	N-P-N 型半导体管	b c e
PNP 型半导体管	b c e	P-N-P 型半导体管	b c e
桥式全波整流器		桥式全波整流器	

1.3.2　电气技术中的文字符号

电气技术中的文字符号分为基本文字符号、辅助文字符号、补充文字符号三种。

1.　基本文字符号

基本文字符号是表示电气设备、装置和器件种类的文字符号。基本文字符号分为单字母符号和双字母符号两种。

（1）单字母符号。

单字母符号是按英文字母将各种电气设备、装置和元器件划分为 23 大类，每大类用一个专用单字母符号表示。表示电气设备、装置和元器件种类的单字母符号见表 1-2 所列。单字母符号应优先采用。

表 1-2　表示电气设备、装置和元器件种类的单字母符号

种　　类	符　号
组件部件	A
非电量到电量变换器或电量到非电量变换器	B
电容器	C
二进制元件、延迟器件、存储器件	D
其他元器件	E
保护器件	F
发生器、发电机、电源	G
信号器件	H
继电器、接触器…	K
电感器、电抗器	L
电动机	M
模拟元件	N
测量设备、试验设备	P
电力电路的开关器件	Q
电阻器	R
控制、记忆、信号电路的开关器件选择器	S
变压器	T
调制器、变换器	U
电子管、晶体管	V
传输通道、波导、天线	W
端子、插头、插座	X
电气操作的机械器件	Y
终端设备、混合变压器、滤波器、均场器、限幅器	Z

（2）双字母符号。

双字母符号由一个表示种类的单字母符号与另一个字母组成，其组合形式应以单字母在前、另一个字母在后的次序列出。如"GB"表示蓄电池，其中"G"为电源的单字母符号。只有单字母符号不能满足要求，需要将大类进一步划分时，才采用双字母符号，以便较详细和更具体地表述电气设备、装置和元器件等。

电气设备、装置和元器件常用基本文字符号见表 1-3 所列，表中列出了新标准 GB7159－87 与旧标准 GB2312－64 的对照关系。

表 1-3　电气设备、装置和元器件常用基本文字符号

名　　称	新标准文字符号（GB7159—87）		旧标准文字符号（GB2312—64）
	单字母符号	双字母符号	
发电机	G		F
直流发电机	G	GD	ZF
交流发电机	G	GA	JF
同步发电机	G	GS	TF
异步发电机	G	GA	YF
永磁发电机	G	GM	YCF
水轮发电机	G	GH	SLF
汽轮发电机	G	GT	QLF
励磁机	G	GE	L
电动机	M		D
直流电动机	M	MD	ZD
交流电动机	M	MA	JD
同步电动机	M	MS	TD
异步电动机	M	MA	YD
鼠笼型电动机	M	MC	LD
绕组	W		Q
电枢绕组	W	WA	SQ
定子绕组	W	WS	DQ
转子绕组	W	WR	ZQ
励磁绕组	W	WE	LQ
控制绕组	W	WC	KQ
变压器	T		B
电力变压器	T	TM	LB
控制变压器	T	TC	KB
升压变压器	T	TU	SB
降压变压器	T	TD	JB
自耦变压器	T	TA	OB
整流变压器	T	TR	ZB
电炉变压器	T	TF	LB
稳压器	T	TS	WY
互感器	T		H
电流互感器	T	TA	LH
电压互感器	T	TV	YH
整流器	U		ZL
变流器	U		BL
逆变器	U		NB
变频器	U		BP
断路器	Q	QF	DL
隔离开关	Q	QS	GK
自动开关	Q	QA	ZK
转换开关	Q	QC	HK
刀闸开关	Q	QK	DK
控制开关	S	SA	KK
行程开关	S	ST	CK

（续表）

名　　称	新标准文字符号（GB7159—87）		旧标准文字符号（GB2312—64）
	单字母符号	双字母符号	
限位开关	S	SL	XK
终点开关	S	SE	ZDK
微动开关	S	SS	WK
脚踏开关	S	SF	TK
按钮开关	S	SB	AN
接近开关	S	SP	JK
继电器	K		J
电压继电器	K	KV	YJ
电流继电器	K	KA	U
时间继电器	K	KT	SJ
频率继电器	K	KF	PJ
压力继电器	K	KP	YLJ
信号继电器	K	KS	XJ
接地继电器	K	KE	JDJ
接触器	K	KM	C
控制继电器	K	KC	KJ
制动电磁铁	Y	YB	ZDT
电磁铁	Y	YA	DT
牵引电磁铁	Y	YT	QYT
起重电磁铁	Y	YL	QZT
电磁离合器	Y	YC	CLT
电阻器	R		R
变阻器	R		R
电位器	R	RP	W
启动电阻器	R	RS	QR
制动电阻器	R	RB	ZDR
频敏电阻器	R	RF	PR
附加电阻器	R	RA	FR
电容器	C		C
电感器	L		L
电抗器	L		DK
启动电抗器	L	LS	QK
感应线圈	L		GQ
电线	W		DX
电缆	W		DL
母线	W		M
避雷器	F		BL
熔断器	F	FU	RD
照明灯	E	EL	ZD
指示灯	H	HL	SD
蓄电池	G	GB	XDC
光电池	B		GDC
晶体管	V	VT	BG
电子管	V	VE	G

（续表）

名　称	新标准文字符号（GB7159—87）		旧标准文字符号（GB2312—64）
	单字母符号	双字母符号	
调节器	A		T
放大器	A		FD
晶体管放大器	A	AD	BF
电子管放大器	A	AV	GF
磁放大器	A	AM	CF
变换器	B		BH
压力变换器	B	BP	YB
位置变换器	B	BQ	WZB
温度变换器	B	BT	WDB
速度变换器	B	BV	SDB
自整角机	B		ZZL
测速发电机	B	BR	CSF
送话器	B		S
受话器	B		SH
拾声器	B		SS
扬声器	B		Y
耳机	B		EJ
天线	W		TX
接线柱	X		JX
连接片	X	XB	LP
插　头	X	XP	CT
插　座	X	XS	CZ
测量仪表	P		CB

2.　辅助文字符号

辅助文字符号是用以表示电气设备、装置和元器件以及线路的功能、状态和特征的，如"SYN"表示同步，"N"表示闭合，"RD"表示红色等。辅助文字符号也可放在表示种类的单字母符号（基本文字符号）后边组成双字母符号，如"KT"表示时间继电器。为简化文字符号起见，若辅助文字符号由两个以上字母组成时，允许只采用其第1位字母进行组合，如"MS"表示同步电动机。辅助文字符号还可以单独使用，如"ON"表示闭合，"OFF"表示断开，"DC"表示直流，"AC"表示交流。电气设备、装置和元器件常用辅助文字符号见表1-4所列。

表1-4　电气设备、装置和元器件常用辅助文字符号

名　称	新标准辅助文字符号（GB7159—87）	旧标准辅助文字符号（GB2312—64）	
		单组合	多组合
高	H	G	G
低	L	D	D
升	H	S	S
降	D	J	J
主	M	Z	Z
辅	AUX	F	F

（续表）

名　　　称	新标准辅助文字符号 （GB7159—87）	旧标准辅助文字符号（GB2312—64）	
		单 组 合	多 组 合
中	M	Z	Z
正	FW	Z	Z
反	R	F	F
红	RD	H	H
绿	GN	L	L
黄	YE	U	U
白	WH	B	B
蓝	BL	A	A
直流	DC	ZL	Z
交流	AC	JL	J
电压	V	Y	Y
电流	A	L	L
时间	T	S	S
闭合	ON	BH	B
断开	OFF	DK	D
附加	ADD	F	F
异步	ASY	Y	Y
同步	SYN	T	T
自动	A，AUT	Z	Z
手动	M，MAN	S	S
启动	ST	Q	Q
停止	STP	T	T
控制	C	K	K
信号	S	X	X

3. 补充文字符号

如果新国家标准 GB7159－87《电气技术中的文字符号制订通则》中所列的基本文字符号和辅助文字符号不够使用，可以按下述原则予以补充。

（1） 在不违背文字符号编制原则的条件下，可以采用国际标准中所规定的电气技术文字符号。

（2） 在优先采用标准中规定的单字母符号、双字母符号和辅助文字符号前提下，可补充标准未列出的双字母符号和辅助文字符号。

（3） 补充文字符号应按有关电气名词术语国家标准或专业标准中规定的英文术语缩写而成。同一设备若有几种名称时，应选用其中一个名称。当设备名称、功能、状态或特征为一个英文单词时，一般采用该单词的第 1 位字母构成文字符号，需要时也可用前两位字母，或者采用常用缩略语或约定的习惯法构成；当设备名称、功能、状态或特征为两个或三个英文单词时，一般采用该两个或三个单词的第 1 位字母，构成文字符号。基本文字符号一般不得超过两位字母，辅助文字符号一般不能超过三位字母。

（4） 因英文字母"I"、"O"容易同阿拉伯数字"1"、"0"混淆，因此不允许单独作为文字符号使用。

1.4　阿拉伯数字在电路图中的作用

电路图中除文字符号外，还经常有阿拉伯数字和文字符号组合成的符号，如"KA1"、"KA2"、"KA3"等表示电路中的第 1 个继电器、第 2 个继电器、第 3 个继电器。电路图中电气图形符号的连线处经常有阿拉伯数字，这些数字称为线号。线号是区别电路接线的重要标志。电气工人在按照电路接线图接线时，必须将标有线号的套管套在对应电线上，然后再接在电气设备、装置或元器件的接线柱上。

1.4.1　阿拉伯数字与电气图形文字符号组合原则

阿拉伯数字可以放在电气设备、装置、元器件文字符号前面，或者放在电气设备、装置和元器件文字符号后面。阿拉伯数字放在电气设备双字母文字符号后面时，数字应与文字符号字母大小相同，如"KM1"；数字放在单字母文字符号后面时，数字应比文字符号字母小一号字（作下标用），如"W_1"。

阿拉伯数字与电气设备、装置和元器件文字符号组合的符号是用来区别同样名称电气设备、装置和元器件的，或者是用来区别电路中接线的。电路图中文字符号标明方法示意图之一如图 1-7 所示。

由图 1-7 所示电路可见,电路中有三极刀闸开关 QK，熔断器 FU1、FU2 组，按钮开关 SB1 和 SB2 两个，交流接触器 KM，三相鼠笼型异步电动机 M 一台。图中的 FU1 和 FU2、SB1 和 SB2 用来区别熔断器和按钮开关。W_1、U_1、V_1 用来表示三相交流电的三根火线，W_{11}、U_{11}、

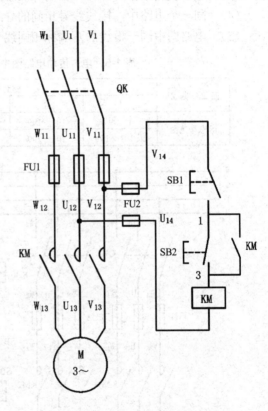

图 1-7　电路图中文字符号标明方法示意图之一

V_{11} 和 W_{12}、U_{12}、V_{12} 与 W_{13}、U_{13}、V_{13} 三组符号表示主电路中的各条接线。图中的数字"1"、"2"和"3"表示辅助电路的接线线号。

1.4.2　数字与文字符号组合成的符号的使用说明

（1）　电路图中的主电路应该用数字与文字符号组合成的符号作为接线的标志号（线号），辅助电路一般只用数字作为接线的标志号（线号）。

（2）　在主电路中，同一条走向的接线线号文字符号不变，数字要变化。如图 1-7 所示电路中的 $W_{11} \rightarrow W_{12} \rightarrow W_{13}$ 就是如此。组合符号中的数字变化有一定规律性，数字中的高

位代表同一张电路图中的某一个主回路。如用 W_1、U_1、V_1 表示第 1 个主回路电源的三根火线，用 W_2、U_2、V_2 表示第 2 个主回路的三根火线。第 1 个主回路接线标志号为 $W_1 \rightarrow W_{11} \rightarrow W_{12}\cdots$，第 2 个主回路接线标志号为 $W_2 \rightarrow W_{21} \rightarrow W_{22}\cdots$。数字中的第 2 位或第 3 位有变化，其变化规律是接线按越过一个元器件或元器件的触点（继电器和接触器的触点）逐次增加。

（3）在辅助电路中用数字表示接线标志号时，也有一定规律性。辅助电路若有多个控制回路（控制一个用电设备的电路称为一个控制回路），则每个控制回路的数字位数应有区别，电力传动电路图中辅助数字标志号组见表 1-5 所列。在辅助电路的一个控制回路中，接线标志号的奇数和偶数应该以主要元器件为分界。主要元器件靠近电源的一侧用奇数，另一侧为偶数。电路图中文字符号标明方法示意图之二如图 1-8 所示。

（4）同一个电路中，接线线号相同的导线可以汇接在一起。

（5）电路图中同一根线的两端标相同线号。

表 1-5　电力传动电路图中辅助电路数字标志号组

回路类别	辅助电路控制回路组别				
	I	II	III	IV	V
标志号范围	1～99	101～199	201～299	301～399	401～499
	或 101～199	201～299	301～399	401～499	501～599

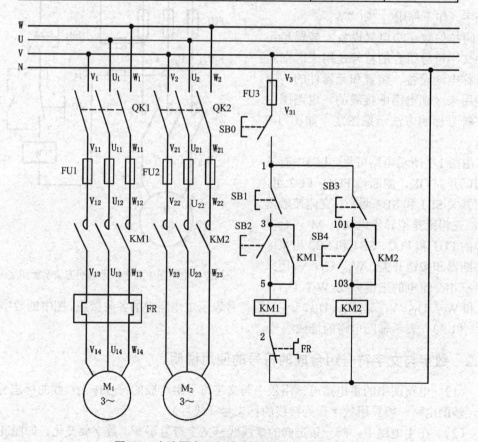

图 1-8　电路图中文字符号标明方法示意图之二

由图 1-8 所示电路可见，电路中由 QK1、FU1、KM1（主触点）、FR（热继电器）、M_1（三相鼠笼型异步电动机）组成第 1 个主回路；由 QK2、FU2、KM2（主触点）、M_2（电动机）组成第 2 个主回路。辅助电路有两个回路：由 FU3、SB0、SB1、SB2、KM1（线圈）、FR（热继电器触点）组成第 1 个控制回路，此回路控制 M_1 电动机的启动与停止；由 FU3、SB0、SB3、SB4、KM2（线圈）组成第 2 个控制回路，此回路控制 M_2 电动机的启动与停止。

画电气原理图时，还应遵循以下几个原则。

（1）　若辅助电路回路较少，接线较少，用的接线标志号较少时，可以不用区别标志号组别法进行标号，而只按照奇数和偶数分开法标号。

（2）　在画电路图时，若有的电气设备、控制器件国家新标准没有规定，而行业标准中有规定，则应按照行业标准规定执行。

（3）　在画电路图时，若行业标准规定与国家标准规定有矛盾时，应按照国家标准规定执行。

（4）　在电路原理图中有的电气设备，装置和元器件接线复杂，或者控制器件（如转换开关、凸轮控制器）转动位置不同，使其接通与断开触点不同，则应另外有辅助图加以说明。

1.5　电路中常用的控制器件

要想学会识图，除了要对电路图中的各种电气设备、装置和控制器件的图形符号和文字符号弄得特别清楚外，还应该把具体电气设备、装置和控制器件的基本结构和动作原理弄明白。为了加强对电气设备、装置和控制器件结构和动作原理的认识，本节介绍常用的控制器件。

电路中常用的控制器件种类特别多，分类方法也多。在这里将控制器件按照动作所需条件分成为两大类：手动操作的控制器件和自动动作的控制器件。

手动操作的控制器件，需要操作者用手直接操纵控制器件动作，如手动空气开关、组合开关、按钮开关、电源插头等。

自动动作的控制器件，其动作是按照指令信号、程序，或者某些物理量（如压力、温度）的变化而自动动作的控制器件，如继电器、接触器、时间继电器、热继电器、压力继电器、液位计、速度继电器等。

下面先介绍常用的手动操作的控制器件，然后介绍自动动作的控制器件。

1.5.1　手动操作的控制器件

1.　刀闸开关

刀闸开关是手动操作的控制器件中结构最简单的一种。刀闸开关种类很多。按照刀闸开关的刀片投向分类，可分为单投和双投两类；按照刀闸开关的刀片数量分类，可分为单极、双极、三极等三类；按照刀闸开关的基本结构分类，可分为胶盖瓷底座刀闸开关、铁壳刀闸开关（铁壳开关）、理石刀闸开关、杠杆刀闸开关等四类。

手动刀闸开关主要用于接通电源和断开电源用。刀闸开关的额定电压一般不超过 500 V，额定电流分为 20 A、30 A、60 A、100 A、200 A、…、1500 A 等许多等级。200 A 以上的刀闸开关，底盘为理石，所以称为理石刀闸开关。理石刀闸开关一般是单投向三极（三个刀片），它主要用于通、断低电压（500 V 以下）和大电流的三相交流电路。

图 1-9、图 1-10、图 1-11 及图 1-12 所示分别为胶盖瓷底座刀闸开关、铁壳刀闸开关、理石刀闸开关及杠杆刀闸开关的结构和电气符号。

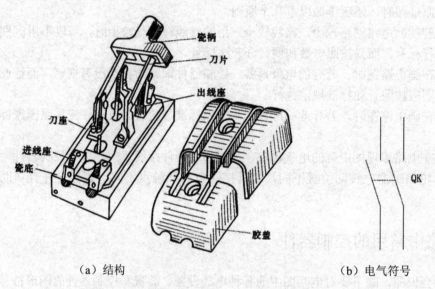

（a）结构　　　　　　　　　　　（b）电气符号

图 1-9　胶盖瓷底座刀闸开关（单相用）的结构和电气符号

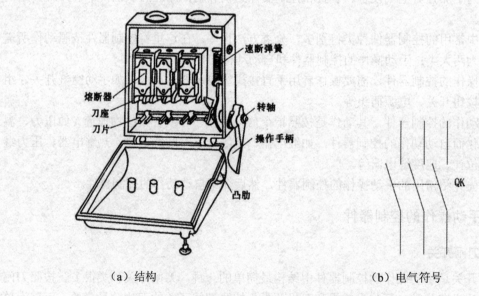

（a）结构　　　　　　　　　　　（b）电气符号

图 1-10　铁壳刀闸开关（铁壳开关）的结构和电气符号

由图 1-9 所示开关可见，胶盖瓷底座刀闸开关是由瓷柄、刀片、刀座、进线座、出线座、瓷底、胶盖等部件组成的。

图 1-10 所示开关为铁壳刀闸开关，它是将刀座、刀片、熔断器都安装于铁壳箱内，只

有操作手柄在铁壳箱外。

铁壳刀闸开关应按图 1-10 的方向垂直安装，以保证箱盖打开时，箱盖下垂，方便对开关内部器件的更换。铁壳刀闸开关一般还设有箱盖的机械连锁机构，即只有箱盖闭合时，才能扳动操作手柄使刀闸开关闭合，操作手柄扳到使开关断开位置时，箱盖才能开启。也就是说，箱盖在开启状态时开关是闭合不了的，开关操作手柄不扳开（不切断开关），箱盖也打不开。这样能保证人身安全。

图 1-11 所示为理石刀闸开关的结构和电气符号，它与胶盖瓷底刀闸开关基本相同，只是理石刀闸开关没有绝缘盖，其底盘为理石。

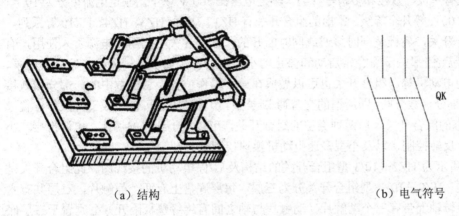

（a）结构　　　　　　　　　　　　　　（b）电气符号

图 1-11　理石刀闸开关的结构和电气符号

图 1-12 所示的杠杆刀闸开关用在动力配电盘上，用于通/断低压（380 V）大电流的三相交流电路。杠杆刀闸开关的底座和刀片、刀座部分安装于配电盘的背面，操作手柄安装于配电盘的正面。操作人员隔离带电空间操作，能保证人身安全。

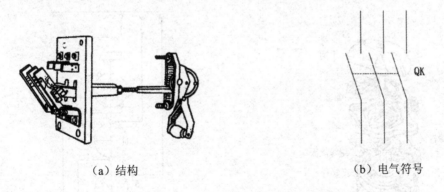

（a）结构　　　　　　　　　　　　　　（b）电气符号

图 1-12　杠杆刀闸开关的结构和电气符号

刀闸开关体积较大，操作费力，每小时内允许的通/断次数少。刀闸开关主要作为电路的电源开关，或者隔离开关使用。刀闸开关不允许频繁通/断，只是在对电气设备检修或电气设备较长时间不使用时，才断开开关，将电源与用电设备隔离开。当电路出现故障，有电火花出现时，必须立即拉开刀闸开关，使发生故障电路与电源隔离开。

当刀闸开关切断带有感性负载的电路时，刀片与静插座分离瞬间，在分断的间隙处会产生强烈的电弧。为了防止刀片与静插座接触部位被电弧烧蚀，大电流的刀闸开关一般都装有速断刀片，或者采用耐弧材料制造刀片和静插座，或者加装灭弧罩。

2. 组合开关

组合开关是一种结构更紧凑的手动主令开关。它是由装在同一根轴上的单个或多个单极旋转开关叠装在一起组成的。当旋转轴端手柄（或旋钮）时，固定在轴上的动触片有规律地脱离开相应的静触片，或者动触片有规律地插入相应的静触片，从而有规律地断开电路，或者接通电路。为了使开关切断电流时，将其产生的电弧迅速熄灭，在开关的转轴上（靠近动触片部位）都装有灭弧室。

组合开关有单极、双极和多极等种类。额定电压在 500 V 以下，额定电流可分为 10 A、25 A、60 A、100 A 等几个等级。常用的组合开关有 HZ1、HZ2、HZ3、HZ4、HZ10 等系列。

普通组合开关，各极是同时接通或同时断开的。这类开关主要用作电源引入使用，有时也用来直接启/停那些不需经常启动和停止的小型电动机，如小型砂轮机、冷却液电泵、小型通风机的电动机等。组合开关也可以做成在一个操作位置上总极数中的一部分极数接通，而另外一部分极数分断，即所谓的交替通/断类型。组合开关还可以做成三个操作位置、三种通/断状态的组合开关。后两种类型的组合开关，可以用于线路的切换，电源换接，小型电动机正、反转控制，以及小型多速电动机换速控制等。

图 1-13 所示为 HZ2－10/3 型组合开关的结构及启/停电动机的接线图。此组合开关是三极二位开关。HZ2－10/3 型组合开关分为三层，每层底盘上有两个静触片，三层共有六个静触片；旋转轴上带有三个动触片（动触片与轴之间有绝缘垫板隔开）分别置于三层底盘中间位置。当操作手柄置于"0"位置时，三层的动触片与静触片处于断开状态，若将操作手柄左转或右转 90° 时，都会使三层动触片与静触片接通。这种型号的组合开关也可以顺时针旋转 360° 或逆时针转 360°。在旋转过程中，手柄从"0"位开始转动，每转动 90°，开关静、动触片的通/断就发生一次变化。

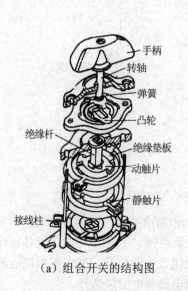

（a）组合开关的结构图

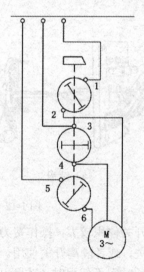

（b）用组合开关启/停电动机的接线图

图 1-13　HZ2－10/3 型组合开关的结构及启/停电动机的接线图

图 1-14 所示是 HZ2－10/3 型组合开关控制电动机启/停和触点通/断状态图。图 1-14（b）

中的"●"表示触点接通。图中的纵线表示开关手柄位置，横线表示触点位置。

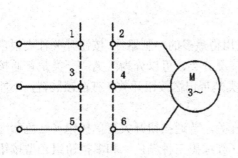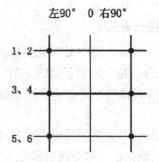

（a）HZ2－10/3组合开关控制电动机启/停原理图　　（b）HZ2－10/3组合开关触点通/断状态图

图1-14　HZ2－10/3型组合开关控制电动机启/停和触点通/断状态图

由图1-14可见，当组合开关从"0"位向右转90°或向左转90°时，触点1和2、3和4、5和6都是闭合状态，也就是都能启动电动机；当组合开关处于"0"位时，触点都处于断开状态，也就是使电动机与电源断开状态。

3. 万能转换开关（组合开关类别）

万能转换开关是一种具有更多操作位置，能换接更多电路的手动开关。

例如LW6系列万能转换开关，有2～12个操作位置，由1～10层触点底座叠装而成。每层底座都可以安装三对触点；底座中间的凸凹轮做成不同形状，凸凹轮上带有动触片；所有的凹凸轮都贯穿于一根旋转轴上；当轴旋动时，所有的凸凹轮会跟随转动，从而使各层触点有规律地接通或断开。图1-15所示的万能转换开关为三层、三极五位万能转换开关，图1-15（a）所示为结构图，图1-15（b）所示为触点通/断状态图。

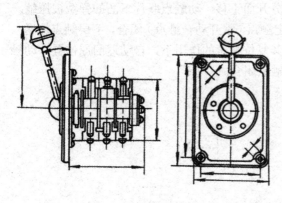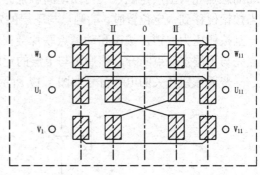

（a）结构图　　　　　　　　　　　　　　　（b）触点通/断状态图

图1-15　万能转换开关

由图1-15可见，图中所示万能转换开关有三组触点，操作手柄有五个位置（"0"位、左"Ⅰ"位、左"Ⅱ"位、右"Ⅰ"位、右"Ⅱ"位）。当手柄处于"0"位置时，三组触点都处于断开状态。当手柄处于左"Ⅰ"位和右"Ⅰ"位时，使W_1与W_{11}、U_1与U_{11}、V_1与V_{11}接通。当手柄处于右"Ⅱ"位和左"Ⅱ"位时，使W_1与W_{11}、U_1与V_{11}、V_1与U_{11}接通。

电气工人将图1-15所示开关称为倒顺开关。这种开关经常用于小型三相异步电动机正、反转电路。

4. 按钮开关

按钮开关是电路中最常见的控制器件，也是用得最多的控制器件。按钮开关种类很多，体积有大的小的，形状有圆的方的。按照动作情况分类，可以分为两类：一类是普通按钮开关（不带自锁装置，自动返回式按钮），另一类是带记忆按钮开关（有自锁装置，不能自动返回）。

普通按钮开关是低压电气产品中最常见的开关。普通按钮开关有单按钮（红色和绿色两种）、双联按钮（红绿两种颜色）、三联按钮（红绿黑三种颜色）和多按钮组合型按钮开关。图1-16所示为普通按钮开关的结构实物图。

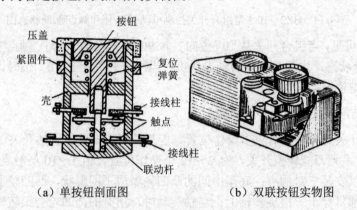

（a）单按钮剖面图　　　　　　（b）双联按钮实物图

图1-16　普通按钮开关的结构实物图

由图1-16可见，普通按钮开关结构是很简单的。当按压按钮时，按钮开关的联动杆带动动触点先与上层定触点（常闭动断触点）分开而下移。动触点联片下面的弹簧被压缩。当按钮位移到一定位置时，动触点与下层的定触点（常开动合触点）闭合，下层触点接通。一旦按钮压力取消，按钮和动触点联片会在其复位弹簧的作用下，自动返回原位置；动触点先与下层定触点断开，然后再与上层的定触点闭合。

普通按钮开关的电气符号如图1-17所示。

按钮常闭触点　　　　　　　　　　按钮常开触点

图1-17　普通按钮开关的电气符号

普通按钮开关常见的类型有 LA2、LA18、LA19、LAY 等。普通按钮开关有的还带有指示灯。

带记忆（有自锁机构）按钮开关与普通按钮开关的区别，就在于带记忆按钮开关有自锁机构。自锁按钮开关（记忆按钮）用手按动一次，它的状态就会改变一次。例如自锁按钮开关原始态为常闭触点闭合、常开触点断开；若第1次按动按钮，按钮会通过机械机构锁住；常闭触点先断开，常开触点接着闭合，这种状态可以一直保持下去，一直到第2次按动按钮时，按钮开关才恢复为原状态。图1-18所示是带记忆按钮开关的电气符号。

现代的电视机、录放机的电源开关就是带记忆按钮开关。

带记忆的按钮开关的触点通/断电流的能力很低，不允许频繁按动，所以这类开关只能用于不频繁动作及通/断电流5A以下的电路中。

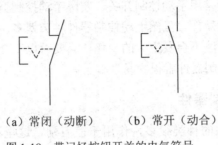

（a）常闭（动断）　　　（b）常开（动合）

图1-18　带记忆按钮开关的电气符号

5. 断路器（空气开关）

断路器主要用作总电源的控制开关。断路器主要分为两种类型：一种是单极，另一种是三极。单极断路器用于通/断220 V交流电源，三极断路器用于通/断380 V三相交流电源。断路器通/断电流能力等级为10 A、20 A、50 A、100 A、150 A、200 A、400 A、600 A等。

断路器有过载与短路保护等功能。断路器的结构和电气符号如图1-19所示。

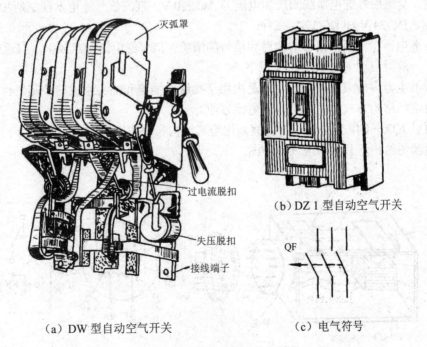

图1-19　断路器的结构和电气符号

由图1-19所示自动空气开关可见，断路器（空气开关）动触点动作是通过杠杆机构操纵的。断路器的脱扣装置能自动动作。当电流过大（电流过载）或电路短路时，脱扣装置会立即动作，从而自动切断负载与电源之间的联系，起到保护电源和保护负载的作用。

目前生产的 XK 系列断路器虽比 DW 系列、DZ 系列断路器体积小，但其通/断电流能力却有很大提高。XK 系列断路器的触点为耐电弧的合金触点。这种触点使用寿命长、耐电弧能力强、通/断电流能力大。XK 系列断路器的优越性越来越被人们认识，现已得到广泛应用。

以上仅介绍了五种最常用手动控制开关，实际手动控制器件还有很多种，而且今后还会推出更多新式手动控制器件。虽然手动控制器件种类繁多、样式各异，但是它们的基本结构、动作原理、使用方法不会发生大的变化。只要对以上介绍的控制器件动作原理和结构弄清楚，对其他手动控制器件就很容易理解了。

1.5.2 自动动作的控制器件

自动动作的控制器件的种类很多，作用千差万别，这里不能全部介绍，只能介绍几种最常用的自动控制器件。通过对最常用自动控制器件结构和动作原理的介绍，能使读者进一步认识其他的电气控制器件。在此，主要介绍控制继电器、信号继电器、电流继电器、接触器、保护继电器（热继电器）、压力继电器、温度继电器，以及接近开关等 8 种自动控制器件。

1. 信号继电器（小型灵敏继电器）

信号继电器按照线圈所使用的电源类型分类，分为交流信号继电器和直流信号继电器两种类型。交流信号继电器线圈所加电压为 AC 220 V，直流信号继电器线圈所加电压分为 DC 110 V、DC 24 V 和 DC 12 V 三种。

信号继电器主要用于信号的传递和信号的增扩。信号继电器触点较多，但通/断电流能力很低，一般触点通/断电流在 5 A 以下。

信号继电器多做成插拔型，也就是由用于接线的插座和插头组成的控制器件。信号继电器采用这种结构方式，主要是为了更换方便。

下面以 JQX－24F 信号继电器为例来说明其结构和动作原理。图 1-20 所示为 JQX－24F 信号继电器的结构示意图和电气符号图。

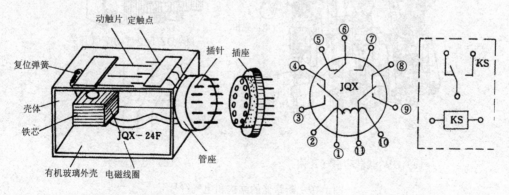

（a）结构示意图　　　　　　　　　（b）电气符号

图 1-20　JQX－24F 信号继电器的结构示意图和电气符号图

由图 1-20 所示继电器可见，JQX-24F 信号继电器是由铁芯、电磁线圈、衔铁（图上未标示）、动触片、定触点、插针、管座、复位弹簧、插座、有机玻璃外壳等组成的。当其电磁线圈加直流 24 V 电压时，电流流经线圈产生磁场，铁芯吸引衔铁；衔铁带动动触片动作，动触片会与原来闭合的定触点断开，而与原来没有闭合的定触点闭合；此时复位弹簧拉长（为衔铁复位储备势能）。当线圈断电时（称为线圈失电），铁芯磁场消失，衔铁在其复位弹簧作用下复归原位置，动触片（又称为中间触头）也返回原位置。

信号继电器结构特殊，特别是常开触点和常闭触点的动触点只有一个，所以使用触点时，一定要合理选用；同一组触点（一个中间触点与两个定触点）只能接一种电压。

2.　中间继电器

中间继电器根据电磁线圈所加电压类型，可分为交流中间继电器和直流中间继电器两类。交流中间继电器线圈额定电压有 AC 220 V 和 AC 380 V 两种。直流中间继电器线圈额定电压多为 DC 110 V。

中间继电器的触点通/断电流能力比信号继电器触点通/断电流能力大得多。

在电路中最常用的中间继电器有 JZ7-44/220 V、JZ7-44/380 V、JZ7-2/6-220 V、JZ7-2/6-380 V、JZ7-6/2-220 V、JZ7-6/2-380 V 等交流中间继电器；多数中间继电器触点通/断电流为 10 A。

中间继电器主要用于传递信号和增扩信号，有时也用中间继电器控制小功率电动机的启动和停止。

为了对中间继电器有进一步了解，下面以 JZ7-44 系列中间继电器为例来说明中间继电器的结构和动作原理。图 1-21 所示为 JZ7-44 系列中间继电器的结构和电气符号。

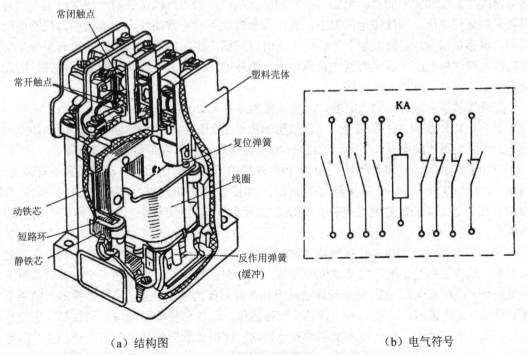

（a）结构图　　　　　　　　　（b）电气符号

图 1-21　JZ7-44 系列中间继电器的结构和电气符号

中间继电器的动作原理与信号继电器动作原理是相同的。

由图 1-21 所示的继电器可见，中间继电器是由短路环、静铁芯、动铁芯、常开触点、常闭触点、复位弹簧、线圈、塑料壳体等部件组成。中间继电器没有灭弧罩，但在塑料壳体上部有电弧隔离栅（隔弧栅）。

中间继电器虽然有交流中间继电器和直流中间继电器两大类，但两类中间继电器的结构是相同的、动作原理是相同的、用途也是相同的，只是线圈所加电压的种类不同。

直流中间继电器线圈电流为恒值（电压稳定），只有电压波动时，线圈电流才会波动。交流中间继电器线圈中的电流不是恒值。当交流中间继电器刚开始接通电源一瞬间，由于动铁芯没有被吸合，电流特别大；当动铁芯被吸合后，电流立即变小。如果铁芯不能很快被吸合或者动铁芯不能被吸合时，则线圈会长时间流过大电流，线圈会严重发热，甚至被烧毁。

在使用交流中间继电器时，一定要保证铁芯表面清洁，特别是铁芯接触面一定要平整干净，动铁芯活动要自如，否则继电器就不能正常工作，甚至会烧毁线圈。

3. 接触器

接触器是自动控制器件中最常用、最重要的器件。接触器主要用于通/断大电流的三相交流电路。在电力拖动电路和电加热电路中，接触器是特别重要的控制器件。

接触器的主触点比中间继电器的触点要大得多，通/断电流能力也要大得多。接触器通常分为交流接触器和直流接触器两大类。虽然两类接触器线圈所加电压不同，但它们的外观、内部结构、动作原理和应用范围是相同的。

由于同规格的交流接触器和直流接触器外形相同，所以使用时一定要特别注意。直流接触器线圈只能加额定的直流电压，不能加交流电压。因为直流接触器的线圈电阻大，若将其误加交流电压，则线圈电流很小，直流接触器就不能正常动作。交流接触器线圈电阻很小，电感量很大。当线圈加交流额定电压时，线圈产生的感应电势很大，约等于外加交流电压，线圈电流小。若误将其加直流电压，则线圈电流很大，会使线圈立即烧毁。因此交流接触器绝对不能加直流电压。

交流接触器是最常用的控制器件。交流接触器有 CJ10 系列、CJ20 系列、LCI 系列、3TB 系列、JCX 系列、B 系列等。交流接触器虽然系列较多，结构差别较大，但动作原理相同，都属电磁式继电器。下面以 CJ10－40 交流接触器为例来说明其动作原理。

CJ10－20、CJ10－40、CJ10－60 三种交流接触器的结构相同，只是体积大小有区别。CJ10－100、CJ10－150 交流接触器与前面三种接触器的结构差别很大。CJ10－100 和 CJ10－150 交流接触器是通过杠杆机构驱动主触点和辅助触点动作的。杠杆的驱动力为电磁力。

图 1-22 所示为 CJ10－40 接触器的结构和电气符号。交流接触器主要动作部件有动触头部件、动铁芯和胶木架部件及复位弹簧等，其他部件都是固定不动的。交流接触器有三对主触点（常开触点），有两对常开辅助触点和两对常闭的辅助触点。当交流接触器的吸引线圈通以交流电流时，定铁芯和动铁芯同时被磁化，动铁芯被吸引动作，动铁芯与定铁芯闭合。动铁芯移动时，带动胶木架和动触点移动，使得接触器的常闭触点断开，常开触点闭合。动铁芯移动时压缩复位弹簧，使复位弹簧储存势能；当吸引线圈断电时，复位弹簧

迫使动铁芯、胶木架、动触点返回初始状态（原态）。

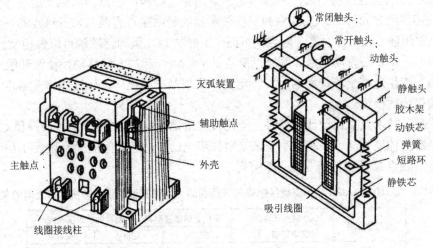

（a）交流接触器外形结构示意图　　　（b）交流接触器的内部结构示意图

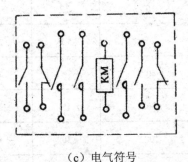

（c）电气符号

图 1-22　CJ10－40 接触器的结构和电气符号

　　CJ20 系列交流接触器与 CJ10－40 接触器的结构基本相同，动作原理相同，但触点材质不同。CJ10 系列交流接触器触点为银合金材质，CJ20 系列交流接触器触点为镍合金材质。CL20－20、CJ20－40、CJ20－60 三种 CJ20 系列交流接触器为后开启式，CJ20－100、CJ20－150、CJ20－200 三种 CJ20 系列交流接触器为前开启式。

　　CJ10 系列与 CJ20 系列交流接触器相比较，CJ20 系列接触器触点的耐电弧能力比 CJ10 系列接触器触点的耐电弧能力强得多。对于同电流等级的两个系列接触器相比较，CJ20 系列接触器体积比 CJ10 系列接触器体积小得多。

　　LCI 系列交流接触器和 3TB 系列、B150 系列、B170 系列、JCX 系列等交流接触器是我国近几年引进国外技术生产的新产品。这五个系列的产品都有扩增触点的能力，它们的触点耐电弧能力都优于 CJ10 系列接触器的触点耐电弧能力。在同电流等级范围内，这五个系列产品的体积都比 CJ10 系列产品体积小。

　　总的来说，我国近几年新生产的五个系列交流接触器的性能比老产品 CJ10 系列和 CJ20 系列交流接触器的性能要好得多。在结构上，3TB 系列、B150 系列、B170 系列、LCI 系列、JCX 系列交流接触器与 CJ20 系列交流接触器基本相同，动作原理相同，只是辅助触点位置有所不同。例如 LCI 系列接触器的辅助触点（基本型，没有扩增触点）只有一对常开触点和一对常闭触点，而且常开触点在上面，常闭触点在下面。当吸引线圈得电（加电压）时，动铁芯带动主触点的动触点下移与定触点闭合，而辅助触点的动触点通过弹簧的作用逆着动铁芯移动方向移动。CJ20系列交流接触器的辅助触点有两对常开触点和两对常闭触点，而且常闭触点在上面，常开触点在下面（正好与LCI系列辅助触点位置相反）。当吸引线圈得电时，动铁芯带动主触点和辅助触点的动触点一起同方向移动，使常开触点闭合。

我们在使用新型交流接触器时，一定要严格按照产品铭牌上标注的常开触点、常闭触点和线圈接线图接线。

为了便于技术人员在设计电路时，能比较合适地选择接触器，CJ10系列和CJ20系列交流接触器具体型号与可控制的小型鼠笼型异步电动机功率之间的关系见表1-6所列，常用接触器主触点通/断电流值见表1-7所列。

表1-6　CJ10和CJ20系列交流接触器与可控制的小型鼠笼型异步电动机功率之间的关系

接触器型号	主触点允许的额定电流值（A）	可控制的鼠笼型异步电动机的功率值（kW）		
		220 V	380 V	500 V
CJ10－5	5	1.2	2.2	2.2
CJ10－10 CJ20－10	10	2.2	4	4
CJ10－20 CJ20－20	20	5.5	7.5	7.5
CJ10－40 CJ20－40	40	7.5	10	10
CJ10－60 CJ20－60	60	17	18.5	18.5
CJ10－100 CJ20－100	100	30	45	45
CJ10－150 CJ20－150	150	40	50	50

表1-7　常用接触器主触点通/断电流值

接触器系列	通/断电流值（A）	接触器系列	通/断电流值（A）
CJ10系列	5、10、20、40、60、100、150、200	LCI-D系列	20、40、63、105、168
CJ20系列	10、20、40、60、100、150、200	3TB系列	20、40、63、105、168
B150系列	20、40、63、105	JCX系列	20、40、63、105、168
B170系列	20、40、63、105、168		

4. 时间继电器（定时器）

时间继电器是时序电路中的关键控制器件。时间继电器可分为空气式时间继电器、电动式时间继电器、晶体管时间继电器、钟表式时间继电器、数字式时间继电器等五大类。在这五类中，数字式时间继电器定时最准确，其次是晶体管时间继电器，其他三种时间继电器定时精度稍差些。在以工业控制器为核心的控制电路中，时序电路采用数字式定时器；在一般电气控制电路中，时序电路多采用其他四种时间继电器。

下面介绍时间继电器的基本结构和工作原理。

（1）　空气式时间继电器的结构和工作原理。

空气式时间继电器分为通电延时的空气式时间继电器、断电延时的空气式时间继电器、通/断电都延时的空气式时间继电器三种。三种空气式时间继电器的结构示意图和电气符号图分别如图 1-23、图 1-24 和图 1-25 所示。

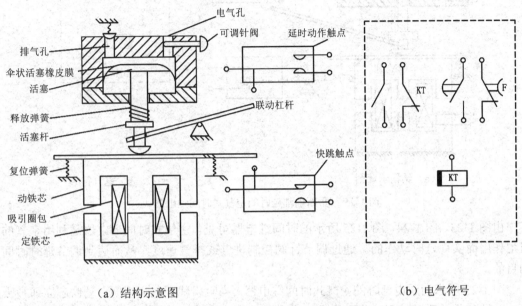

（a）结构示意图　　　　　　　　　　　　　　（b）电气符号

图 1-23　通电延时的空气式时间继电器

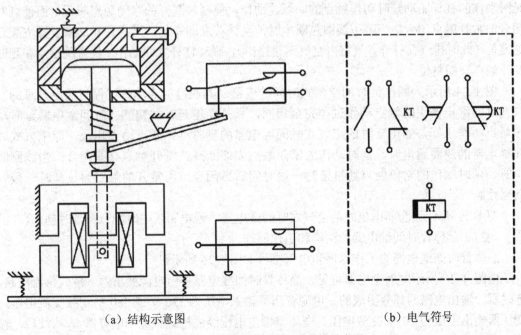

（a）结构示意图　　　　　　　　　　　　　　（b）电气符号

图 1-24　断电延时的空气式时间继电器

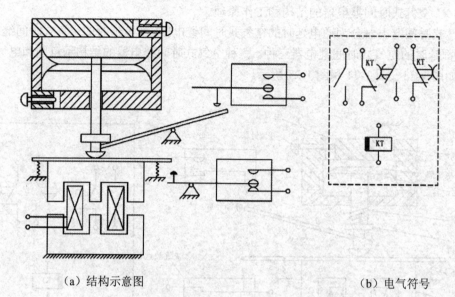

（a）结构示意图   （b）电气符号

图 1-25　通/断电都延时的空气式时间继电器

由图 1-23、图 1-24、图 1-25 所示的时间继电器可见，空气式时间继电器是利用空气的阻尼作用而实现延时动作的。通过调节针阀控制进气或排气速度，从而达到调节延时时间的目的。

图 1-23 所示为通电延时的空气式时间继电器。当吸引线圈包通电时，动铁芯立即被吸合；动铁芯带动联动杠杆动作，快跳触点立即动作；动铁芯动作，使动铁芯离开活塞杆，活塞杆在释放弹簧作用下，带动伞状活塞和橡皮膜移动，同时带动延时动作的杠杆动作，延时动作的杠杆驱动延时动作触点的动触片动作，使延时断开的常闭触点断开，而使延时闭合的常开触点闭合。当吸引线圈包断电时，动铁芯立即弹起，活塞杆和活塞及橡皮膜迅速复位（此时排气孔打开，气室内空气迅速排出），联动杠杆立即动作，使快跳触点和延时动作触点立即复位。

图 1-24 所示为断电延时的空气式时间继电器。其快跳触点动作过程与通电延时的空气式时间继电器快跳触点动作过程完全相同，只是断电延时的空气式时间继电器延时动作触点动作正好与通电延时的空气式时间继电器的延时动作触点动作相反，即空气式时间继电器的线圈通电时，延时动作的常闭触点立即断开，常开触点立即闭合；当线圈断电时，延时动作的常闭触点通过延时一段时间后再闭合，而常开的触点通过延时一段时间后才断开。

图 1-25 所示为通/断电延时的空气式时间继电器。通电和断电时触点都延时动作。

（2）晶体管时间继电器的结构和工作原理。

晶体管时间继电器的工作原理和电气符号如图 1-26 所示。

由图 1-26 所示时间继电器可见，晶体管时间继电器是由电源变压器、桥式整流电路、定时器、输出电路四部分组成的。电源变压器输入电压为 220 V 或 380 V 正弦交流电压，变压器输出电压为 20 V 交流电压。变压器输出电压经过桥式整流和电容器 C_1 滤波后，输出电压为直流 24 V。

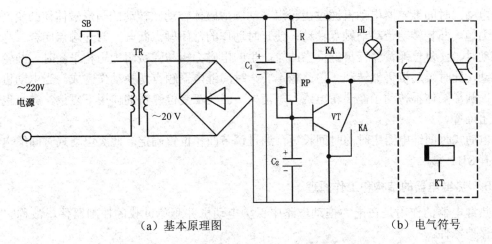

（a）基本原理图 （b）电气符号

图 1-26 晶体管时间继电器的工作原理和电气符号

当闭合 SB 开关时，220 V 交流电源与晶体管时间继电器电路接通，则产生直流 24 V 电压。此电压加到 R、RP、C_2 组成的延时支路上，电容器 C_2 充电，电容器 C_2 的电压升高快慢取决于时间常数 τ，$\tau = (R + R_P) \cdot C_2$ 。当电容器 C_2 的电压升高到使晶体管饱和导通电压值时，晶体管（VT）立即饱和导通，灵敏继电器 KA 立即动作，KA 的常闭触点断开，常开触点闭合。从其接通电源到 KA 通电动作之间有延时。

当 SB 断开时，时间继电器断电，时间继电器触点复归原始状态。

晶体管时间继电器只有延时动作的触点，而没有快跳触点。晶体管时间继电器延时触点动作情况与图 1-23 所示通电延时的空气式时间继电器延时触点动作相同。

（3）电动式时间继电器的结构和工作原理。

电动式时间继电器是由单相低速同步电动机（定时器专用电动机）和机械减速机构以及触点和接线端子三大部分组成。电动式时间继电器的结构示意图和电气符号如图 1-27 所示。

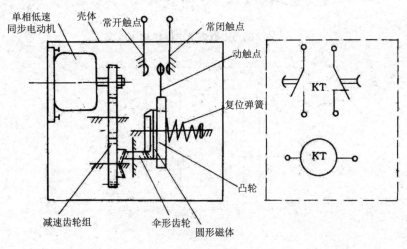

（a）结构示意图 （b）电气符号

图 1-27 电动式时间继电器结构示意图和电气符号

电动式时间继电器电动机通过齿轮组带动圆形磁体转动。转动的圆形磁体使凸轮产生电磁力矩，凸轮转动带动动触点移动，使延时动作的常闭触点断开；常开触点闭合；当凸轮转动时，使复位弹簧储存势能；当凸轮产生的电磁力矩与弹簧阻力矩相平衡时，凸轮停止转动，此时电动机仍然转动，但凸轮不转，时间继电器触点切换动作完成。当电动机断电时，圆形磁体不转动了，凸轮电磁力矩消失，凸轮在复位弹簧的作用下复位，触点也复归原始位置。

电动式时间继电器定时的时间长短，通过调节凸轮位置确定。此类电动式时间继电器型号有 SJ11 型。

5. 热继电器的结构和工作原理

热继电器的作用是在电力拖动电路中保护电动机并避免过载的控制器件，故称它为过载保护器件。

热继电器的基本结构与电气符号如图 1-28 所示。

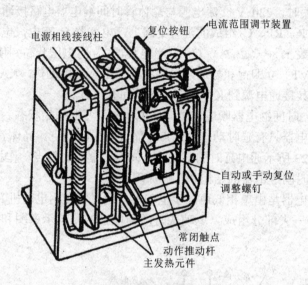

（a）JR 型热继电器结构

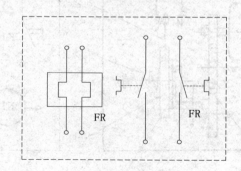

（b）电气符号

图 1-28　热继电器的基本结构与电气符号

热继电器的主发热元件串接于电动机三根电源线中。当电动机在正常额定状态下运行时，热继电器通过的电流在其额定电流值以内，热元件（一般都是双金属片）受热稍有变形（弯曲），热继电器的推动杆不动作，也就是说热继电器不动作。

当电动机超负荷运行时，电流很大（超过额定电流），此电流使热元件受热后变形大（弯曲程度大），当热元件弯曲变形到一定程度，则变形的热元件推动推动杆移动（推动杆俗称为扣板），推动杆使热继电器常闭触点断开；常闭触点断开致使控制电动机启动的接触器断电，接触器主触点断开，使电动机断电停止转动。

热继电器的常开触点是供报警电路用的。当热继电器动作时，常闭触点断开，使电动机断电停转，常开触点闭合，使报警电路通电，报警器件动作（发光、鸣叫等）。

热继电器电流超过额定电流时，它不能立即动作，这是因为热元件有一个热量积累过程。热继电器只能用于过载保护，绝不能用于短路保护。

6. 行程开关（限位开关）的结构和工作原理

行程开关是机床控制电路、电力提升系统电路中最常用的控制器件。行程开关可分为接触式行程开关和无接触式行程开关两大类。下面分别进行介绍。

（1）接触式（机械式）行程开关。

机械式行程开关有直柄式、曲柄式、重锤式三种基本形式。这三种行程开关只是机械作用力方式不同，外形有区别，但是内部结构相类同。图 1-29 所示为机械式行程开关的外形、内部结构和电气符号。

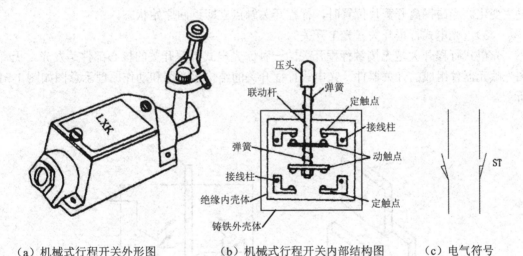

（a）机械式行程开关外形图　　（b）机械式行程开关内部结构图　　（c）电气符号

图 1-29　机械式行程开关的外形、内部结构和电气符号

由图 1-29 所示的机械式行程开关可见，机械式行程开关主要由压头、联动杆、动触点、定触点、接线柱、绝缘内壳体、铸铁外壳体及转动曲柄和压力轮（图上未标示）等部件组成。

当压力轮受外力作用时，曲柄转动，从而使压头及联动杆移动，联动杆带动动触头移动，使行程开关的常闭触点先断开，常开触点后闭合。联动杆移动还压缩复位弹簧，为行程开关的曲柄、联动杆、动触点的复位储存能量。一旦外力消失，行程开关立即返回到初始状态。

（2）干簧管行程开关（又称为簧片式行程开关）。

干簧管行程开关是一种无接触式行程开关。它由磁钢、干簧片和保护套管组成。干簧管行程开关的结构和电气符号如图1-30所示。

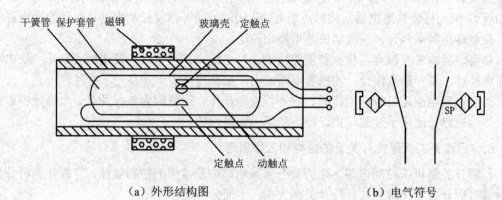

（a）外形结构图　　　　　　（b）电气符号

图1-30　干簧管行程开关的结构和电气符号

干簧管行程开关结构简单、动作可靠、使用寿命长、容易更换干簧管。干簧管行程开关适合于开关动作频繁的控制系统中。

干簧管行程开关工作原理很简单。当磁钢位于簧片位置时，动触点就动作使触点状态发生变化。当磁钢离开簧片位置时，行程开关触点立即返回原始状态。

（3）光电式行程开关（光电开关）。

光电式行程开关是无接触行程开关的一种。光电式行程开关的核心部件是发光二极管和光敏元器件组成的开关器件。光电式行程开关的结构示意图和动作原理示意图如图1-31所示。

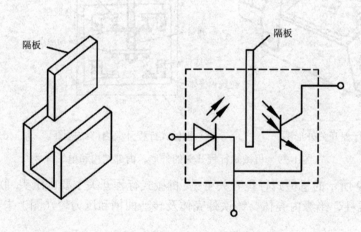

（a）结构示意图　　　　　（b）工作原理示意图

图1-31　光电式行程开关的结构示意图和工作原理示意图

光电式行程开关中的发光二级管和光敏三极管是平行设置的，两者间有2～5 mm的距离；有一块可移动的遮光隔板能移进和移出于发光二极管与光敏三极之间的间隙。当遮光隔板移开时，发光二极管发出的光线照射到光敏三极管的基极，则光敏三极管饱和导通，相当于开关闭合；当遮光板移进到发光二极管与光敏三极管之间位置时，发光二极管发出的光线被隔板挡住，不能照射到光敏三极管的基极，所以三极管不导通，相当于开关断开。通过以上分析可知，只要移动隔板，即可以控制开关的闭合和断开。

　　光电式行程开关的实际电路要比图 1-31（b）所示的电路要复杂得多，其工作原理如上所述。

　　光电式行程开关除有上面介绍的这种类型外，还有由发光二极管和光敏电阻器组成的光电式行程开关。由发光二极管和光敏电阻器组成的光电式行程开关工作过程同上所述。光敏电阻器的电阻值与其光照强度及光通量有密切关系。当光敏电阻器被光充分照射时，光敏电阻器的电阻值几乎为零，而当光被遮挡住时，光敏电阻器的电阻值几乎为无穷大。实际这种光电式行程开关与图 1-31 所示光电式行程开关结构相同，只是用光敏电阻器来代替图 1-31（b）中的光敏三极管。

　　光电式行程开关对使用环境有要求。光电式行程开关只能用于微粉尘和无强烈腐蚀气体或无油污和无强腐蚀液体环境中。

　　（4）电感式接近开关（无接触行程开关的一种）。

　　电感式接近开关是无接触行程开关的一种类型。电感式接近开关的外形和电气符号如图 1-32 所示。

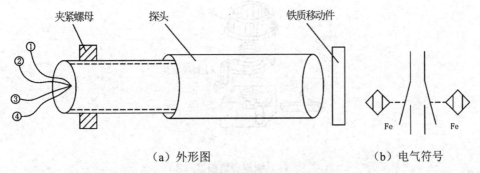

（a）外形图　　　　　　　　　（b）电气符号

图 1-32　电感式接近开关的外形和电气符号

　　由图 1-32 所示接近开关可见，电感式接近开关是由圆柱形探头、铁质移动件、夹紧螺母组成。在圆柱形探头内部装有电磁感应器件和半导体开关元件。当接近开关接通电源后，铁质移动件移动到探头平面端，会使磁路的磁通发生变化，至使电磁感应器件产生感应电势，最后使半导体开关元件动作。

　　在使用电感式接近开关时，探测平面要干净，铁质移动件与探测平面距离不超过 10 mm，移动件在探测平面下边移动的速度在规定的速度范围内。之所以有这样的要求，是因为探头内部的器件动作对磁场变化强度有要求，器件的动作需要时间。如果探测头平面有污垢、或者铁质移动件距探测平面远，就会严重影响磁通变化，则行程开关失灵。如果铁质移动件在探测平面下移动速度太快，探头内的器件还未来得及动作，移动件就离开感应面，接近开关也会失去控制作用。这一点，在具体工作中必须引起极大重视，否则就要产生机械事故或造成逻辑混乱。

7. 熔断器的结构和工作原理

熔断器是所有电路中必有的控制元件。熔断器是用作短路保护的。所谓电路的短路保护，就是当电路的负载端（电源以外部分）有短路故障发生时，熔断器的熔丝（或熔片）能立即熔断，而使负载与电源之间断开，从而保护电源和负载。

熔断器分为高压熔断器和低压熔断器两类。高压熔断器多为管状，它用于高压电路。例如变压器高压端所用的熔断器就是常见的高压熔断器的一种。低压熔断器是指用于 660 V 以下电路中的熔断器。低压熔断器可分为管式、插入式、螺旋式三种结构型式。低电压大电流的熔断器多为管式熔断器或者大型插入式熔断器（电流超过 60 A 的熔断器）；低压小电流（电流 60 A 以下）的熔断器多为螺旋式和插入式两种熔断器；而仪器和仪表中常用的熔断器为玻璃管式快速熔断器（10 A 以下）。

熔断器的结构很简单，几种常用熔断器的结构如图 1-33 所示。

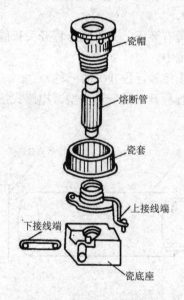

（a）螺旋式熔断器

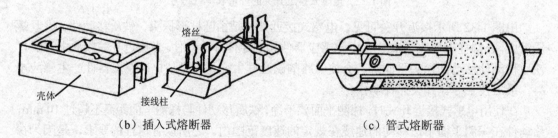

（b）插入式熔断器　　　　　　　　　（c）管式熔断器

图 1-33　几种常用熔断器的结构

熔断器是由熔丝、接线柱、壳体（或插座）组成的。

熔断器的熔丝一般是用熔点很低的铅锡合金材料制成的。当熔丝所通过的电流超过其允许通过的最大电流时，电流在熔丝上产生热量过多，会使熔丝立即熔断，从而切断电源与负载之间的联系。熔丝通过的电流在其正常范围以内，虽然熔丝也有热量产生，但不会使熔丝熔断。

在具体选择熔断器时应注意以下几点:

(1) 根据电路负荷电流选择熔断器;

(2) 根据电路电压高低选择熔断器;

(3) 根据电路负载性质选择熔断器;

(4) 根据具体电力设备选择熔断器。

例如对于固定不动的配电盘,我们常采用插入式熔断器;而对于震动比较大的电气设备或者经常移动的电气设备,装于此类设备上的配电盘一般选用螺旋式熔断器。例如我们对没有冲击电流的电路(如电热设备电路、照明电路)选择熔断器时,熔丝额定电流略大于被保护电路的总电流即可。对于有冲击电流电路(如电动机的负载电路)选择熔断器时,熔丝额定电流应等于或大于 2~3 倍负载的额定电流。

为了便于选择有电动机的负载电路的熔断器,必须了解熔断器熔丝电流与小型异步电动机功率之间的关系,见表 1-8 所列。

表 1-8 熔断器熔丝电流与小型异步电动机功率的关系

电动机功率(kW)	电动机额定电流(A)	熔丝电流(A)
0.6	1.83	5
1.0	4.93/2.84	10/5
1.7	7.65/4.43	15/10
4	9.75	20
4.5	9.97	20
5.5	12.9	20
7.5	17	30
10	22	40
13	26	50
17	35	60
22	42	100
30	56	100
40	74	150
55	102	200

8. 电流互感器的功能与应用

电流互感器主要用于将被测试的交流大电流按比例地变成为容易测量的小电流,以便用安培计进行测量。通过电流互感器测量交流大电流时,小量程电流计测得的数值乘以电流互感器的变比,就是线路中被测大电流的实际值。要注意的是,有的电流计和电流互感器是配套使用的,这样的电流计盘面所标值是扩大后的数值,也就是在测量电流选用配套的电流计和电流互感器时,电流计指针所指示的值就是实际电流值。

LQC-0.5 型电流互感器的外形图和电气符号如图 1-34 所示。

电流互感器原边绕组匝数很少(只有 1 匝或几匝),而副边绕组匝数多。电流互感器原边绕组串接于被测电路中,而副边绕组接电流计。

图 1-34 所示电流互感器的原边只有一个绕组,而副边(次级)有两个绕组,这种电流互感器国家标称为在一个铁芯上有两个次级绕组的电流互感器。次级的两个绕组是供不同

电流计接线用的。例如电流互感器标明为 1: 5/10，说明次级使用的电流计有两种，一种是 1: 5 的电流计，另一种是 1:10 的电流计。两种变比不同的电流计只要对应接上电流互感器的次级绕组，所测得的值都是实际线路的电流值。

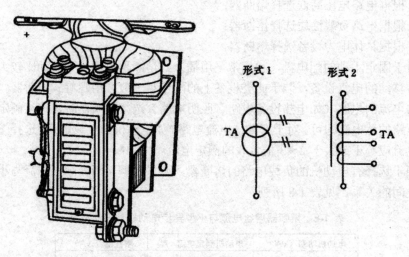

（a）LQG－0.5 型低压电流互感器外形示意图　　　（b）电气符号

图 1-34　电流互感器的外形图和电气符号

电工仪器中的测流钳（电流钳）是电流互感器的一种变形。测流钳的外形如图 1-35 所示。

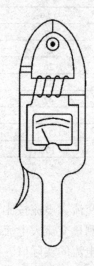

图 1-35　测流钳的外形

由图 1-35 所示的测流钳可见，测流钳的铁芯如同一个钳子，测电流时将钳口压开，引入被测导线，然后闭合钳口（松开手动扳杆），则仪表就指示出电流值。

电流互感器除用来测电流外，常用于测量三相正弦交流电路的用电量，即电流互感器与三相电度表相配合使用，用以测电路的用电量。利用三个电流互感器（变比相同）与功率表（电度表）配合测三相电路用电量的接线图如图 1-36 所示。

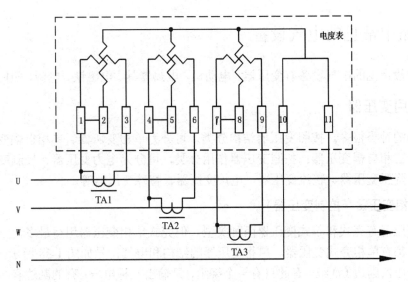

图 1-36　利用电流互感器与功率表配合测三相电路用电量的接线图

9.　电压互感器的功能与应用

电压互感器是用来将高电压（交流）降为低电压的专用器件。通常电压表的量程是不能满足测量高电压的，扩大电压表的量程又增加了仪表绝缘性能的要求，同时直接用电压表测高电压对人身安全不利，所以在实际应用中都是通过电压互感器将高压降为低压后再进行测量。

电压互感器的外形和电气符号如图 1-37 所示。

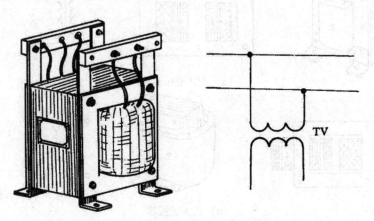

（a）电压互感器的外形　　　（b）电压互感器电气符号

图 1-37　电压互感器的外形和电气符号

电压互感器原边匝数很多，它并接在被测电压的两根导线上；电压互感器的副边（次级）绕组匝数很少，它接在电压表两个接线柱上。在具体使用电压互感器时，其副边绕组绝对不允许短路，因为副边绕组匝数很少，一旦副边短路，其电流特别大，会立即烧毁绕组。

在使用电压互感器时，其铁芯及副边绕组低电位端必须安全接地，以确保人身安全。

1.6　电路中常见的电气设备

电路中最常见的电气设备有变压器、电动机、电热器具、电磁铁、电铃、照明设备等。

1.6.1　常用变压器

变压器的种类很多。按照变压器结构分类，可分为单相变压器、单相自耦变压器、三相变压器、三相自耦变压器；按照变压器作用分类，可分为电力变压器、控制变压器、升压变压器、降压变压器、整流变压器、电炉变压器、特殊变压器等。

1.　单相变压器（控制变压器）

单相变压器有壳式和芯式变压器两种类型，但壳式单相变压器用得最多，一般仪器和电路中几乎都有单相壳式变压器。单相变压器的结构和电气符号如图 1-38 所示。

单相变压器副边（次级）有的只有一个绕组，只输出一种电压；有的副边有一个绕组，但有几个抽头引出，可输出几种电压；有的副边有多个绕组，分别输出电压。单相变压器副边输出几种电压时，其电压值一般为 6.3 V、24 V、36 V、110 V 几种。

单相变压器常用于整流电路，这种变压器又称为单相整流变压器；单相变压器也常用于安全照明（36 V 交流电压），因此这种变压器又称为单相照明变压器，而交流 36 V 电压称为安全电压。

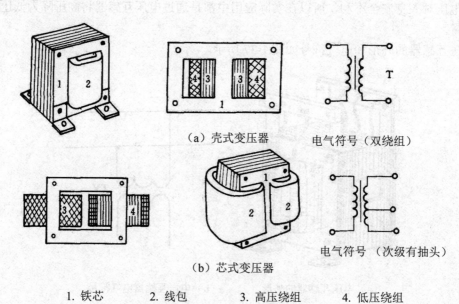

（a）壳式变压器　　　电气符号（双绕组）

（b）芯式变压器　　　电气符号（次级有抽头）

1. 铁芯　　　2. 线包　　　3. 高压绕组　　　4. 低压绕组

图 1-38　单相变压器的结构和电气符号

2.　三相变压器

三相变压器又常常称为动力变压器或三相电源变压器。三相变压器为芯式变压器，它有三个原边绕组和三个副边绕组；一个原边绕组与一个副边绕组组成一相绕组；一相绕组套于铁芯的同一个芯柱上。三相变压器有三个铁芯芯柱，有三相绕组。三相变压器的结构与电气符号如图 1-39 所示。

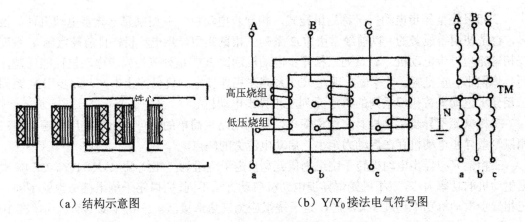

（a）结构示意图　　　　　　　　　　　（b）Y/Y₀ 接法电气符号图

图 1-39　三相变压器的结构与电气符号

三相变压器原边和副边绕组有以下几种连接方式△/△-5、Y/△、Y/Y₀-12 及△/Y₀，三相变压器原、副边绕组的连接方式如图 1-40 所示。

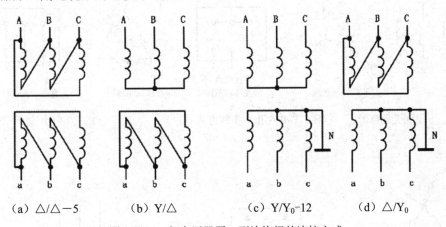

（a）△/△−5　　　（b）Y/△　　　（c）Y/Y₀-12　　　（d）△/Y₀

图 1-40　三相变压器原、副边绕组的连接方式

3.　选用变压器应注意事项

在实际选用变压器时要特别注意变压器的电压等级（原、副边电压值）和变压器的容量。变压器容量是指变压器电压与电流的乘积。单相变压器容量（S）等于原边电压与原边电流的乘积，三相变压器的容量（S）等于 $\sqrt{3}$ 倍的原边线电压与线电流乘积。单相变压器和三相变压器容量的数学表达式分别为：

$$S = I_{IN} U_{IN} \text{ 和 } S = \sqrt{3}\, I_{IN} U_{IN} \text{（VA）}$$

式中，U_{IN} 为原边线电压，单位为 V；I_{IN} 为原边线电流，单位为 A。

1.6.2　常用电动机

实际电力拖动系统中最常用的电动机有三相鼠笼型异步电动机、三相绕线型异步电动机、单相异步电动机、直流电动机等 4 种类型。下面分别介绍这 4 种电动机。

1. 三相鼠笼型异步电动机

三相鼠笼型异步电动机又称为鼠笼式三相异步电动机。三相鼠笼型异步电动机种类很多，也是使用得最多的。以前经常用 JO2 系列三相鼠笼型异步电动机，目前经常用 Y 系列三相鼠笼型异步电动机。Y 系列三相异步电动机远比 JO2 系列三相异步电动机性能优越，而且体积小、重量轻、效率高。现在 JO2 系列三相异步电动机已停止生产，逐步用 Y 系列三相异步电动机替代旧系列的 JO2 系列三相异步电动机。

三相鼠笼型异步电动机具有结构简单，控制电路也简单的特点，所以使用普遍。但三相鼠笼型异步电动机存在启动力矩小，启动电流大的缺点。

三相鼠笼型异步电动机转子绕组为鼠笼型，定子绕组为三相绕组（AX、BY、CZ）。根据电动机的功率大小，三相鼠笼型异步电动机启动方法不同，所以定子绕组接法也就不同。三相异步电动机功率超过 3 kW 时，定子绕组应为三角形接法。三相异步电动机功率在 10 kW 以内时，可以直接全压启动，而功率超过 10 kW 时，则应采取降压启动。三相鼠笼型异步电动机定子绕组最常见的 3 种接线方式及电动机的电气符号，如图 1-41 所示。

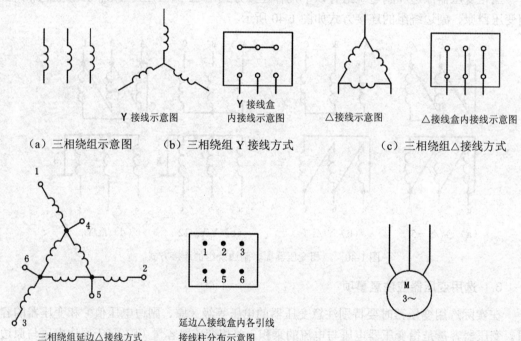

Y 接线示意图　Y 接线盒内接线示意图　△接线示意图　△接线盒内接线示意图

（a）三相绕组示意图　（b）三相绕组 Y 接线方式　（c）三相绕组△接线方式

三相绕组延边△接线方式　延边△接线盒内各引线接线柱分布示意图

（d）大功率三相电动机三相绕组延边△定子绕组接线方式　（e）三相异步电动机电气符号

图 1-41　三相鼠笼型异步电动机定子绕组最常见的 3 种接线方式及电动机的电气符号

三相鼠笼型异步电动机铭牌上都标明定子绕组接线方式，在具体接线时一定按电动机铭牌标明的接线方式接线，否则电动机就不能正常运行。

2. 三相绕线型异步电动机

三相绕线型异步电动机定子和定子绕组与鼠笼型异步电动机定子和定子绕组完全相同，区别在转子。三相绕线型异步电动机的转子绕组和定子绕组一样也是分为三相绕组，转子绕组一端（三相绕组的尾端或首端）接在一起，而另外的三个端头经过引出线分别接到固定在轴上的三个相互绝缘的滑环上，三个滑环通过电刷与外电路相接通。三相绕线型异步电动机转子绕组示意图与电气符号如图 1-42 所示。这样可以在转子三相绕组中串入附加电阻器或频敏电阻器，以改善电动机的启动性能和调速特性。电动机启动完毕，转轴上的 3 个滑环通过电刷短路。

由于三相绕线型异步电动机的转子绕组可以通过滑环和电刷外串接的电阻器提高电动机启动力矩，所以它被广泛地应用于提升设备。

三相绕线型异步电动机定子绕组接线方式与三相鼠笼型异步电动机定子绕组接线方式相同。

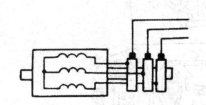 

（a）绕线型异步电动机转子绕组示意图　　　　（b）三相绕线型异步电动机电气符号

图 1-42　三相绕线型异步电动机转子绕组示意图与电气符号

3. 单相异步电动机（单相鼠笼型异步电动机）

单相异步电动机所使用的电源为单相 220 V 交流电。它的转子结构与三相鼠笼型异步电动机转子结构相同，但定子绕组却特殊，单相鼠笼型异步电动机结构示意图和电气符号如图 1-43 所示。

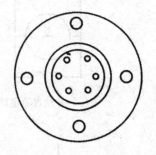 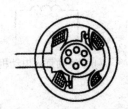

（a）分相式单相异步电动机结构示意图　　（b）罩极式单向异步电动机结构示意图　　（c）单相异步电动机的电气符号

图 1-43　单相鼠笼型异步电动机结构示意图和电气符号

罩极式单相异步电动机功率在 500 W 以内，分相式单相异步电动机功率在 2 kW 以内。单相异步电动机结构简单、制造方便、成本低、运行噪声小、维护容易，但启动性能差、功率因数和效率低。它多用于启动阻力很小的装置上，如用作仪器风扇电动机，台式风扇电动机等。

4. 直流电动机

直流电动机有永磁直流电动机、他励直流电动机、并励直流电动机、串励直流电动机和复励直流电动机等 5 种类型。图 1-44 所示是直流电动机的基本结构；图 1-45 所示是 5 种直流电动机的电气符号（简称为电气符号）。永磁直流电动机、他励直流电动机、并励直流电动机等 3 种类型直流电动机具有恒转速特性；串励直流电动机和复励直流电动机的转速随负载阻力增加而降低。直流电动机调速方便，可以通过调压或调磁实现调速。直流电动机主要用于具有调速或恒转速要求的设备上。

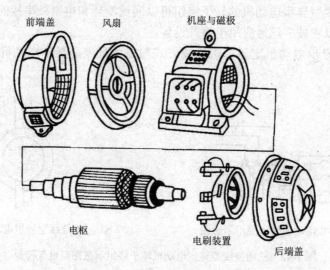

图 1-44　直流电动机的基本结构

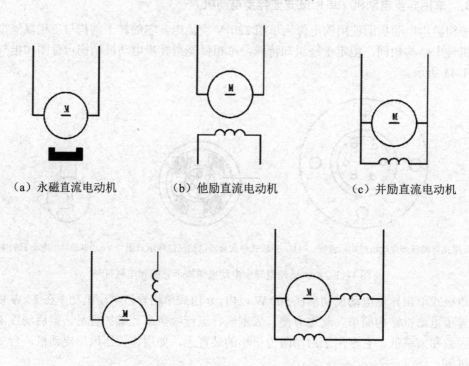

（a）永磁直流电动机　　　（b）他励直流电动机　　　（c）并励直流电动机

（d）串励直流电动机　　　（e）复励直流电动机

图 1-45　5 种直流电动机的电气符号

1.6.3 电加热装置

电加热装置有电阻加热装置、电弧炉、感应加热炉、电解槽和电镀槽等。以上电加热装置的电气符号如图1-46所示。

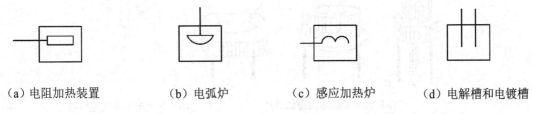

（a）电阻加热装置　　（b）电弧炉　　（c）感应加热炉　　（d）电解槽和电镀槽

图1-46　电加热装置的电气符号

1.6.4 照明灯和信号灯

照明灯有白炽灯、投光灯、聚光灯、泛光灯、普通荧光灯、防爆荧光灯、专用电路事故照明灯等。

信号灯是用来作信号指示用，信号灯有红色、绿色和黄色等几种。

照明灯和信号灯的电气符号如图1-47所示。

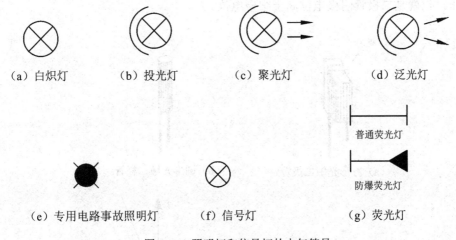

（a）白炽灯　　　（b）投光灯　　　（c）聚光灯　　　（d）泛光灯

普通荧光灯

防爆荧光灯

（e）专用电路事故照明灯　　（f）信号灯　　（g）荧光灯

图1-47　照明灯和信号灯的电气符号

1.7 电路中常用的光敏元器件

电路中常用的光敏元器件主要有光敏电阻器、光敏二极管、光电三极管、光敏晶闸管、光电耦合器等。

1. 光敏电阻器

光敏电阻器的电阻值与其受到的光照强度成反比关系，即光照强度越强，电阻值越小，当光照的强度达到一定值时，则其电阻值约为零欧，而无光照时，其电阻值约为几百千欧。利用光敏电阻器的这种特性，用它与半导体器件组成可控光电开关，这种光电开关被广泛应用于自动控制系统中。

光敏电阻器的外形及电气符号如图 1-48 所示。

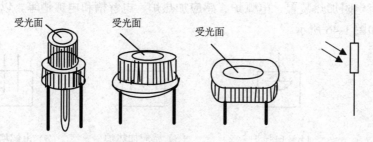

（a）常见光敏电阻器的外形　　　　　（b）光敏电阻器的电气符号

图 1-48　光敏电阻器的外形及电气符号

2. 光敏二极管

光敏二极管的外形和电气符号及伏-安特性曲线如图 1-49 所示。光敏二极管正向特性和普通二极管相同，而反向特性非常特殊，反向漏电流大小与光照强度成正比关系，即光照强度越强，则反向漏电流越大。利用光敏二极管的这种特性，制造出很多光控元器件，被广泛应用于自动控制电路中。在应用中，要特别注意光控电路中的光敏二极管一定要反向加电压，也就是二极管阴极电位高于阳极电位。

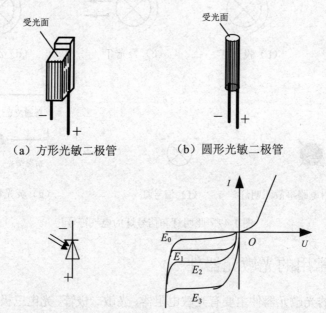

（a）方形光敏二极管　　　　（b）圆形光敏二极管

（c）光敏二极管的电气符号　　（d）光敏二极管的伏-安特性曲线

图 1-49　光敏二极管的外形和电气符号及伏-安特性曲线

3. 光敏三极管

光敏三极管的外形和电气符号及输出特性曲线如图 1-50 所示。

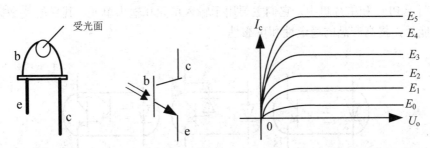

　（a）光敏三极管的外形　（b）光敏三极管的电气符号　（c）光敏三极管的输出特性曲线

图 1-50　光敏三极管的外形和电气符号及输出特性曲线

　　光敏三极管和普通晶体三极管的伏-安特性基本相同，只是光敏三极管是由光照强弱控制集电极电流大小的。图 1-50（c）所示是光敏三极管的输出特性曲线，图中光照强度分别用 E_0、E_1、E_2、E_3、E_4、E_5 等表示，$E_5 > E_4 > E_3 > E_2 > E_1 > E_0$。其中 E_0 表示光照强度非常小，所以集电极电流非常小。

　　光敏三极管常被用于制成光电耦合器，光电耦合器常用作抗干扰电路的输入单元和输出单元。

4．光敏晶闸管

　　光敏晶闸管的外形和电气符号如图 1-51 所示。光敏晶闸管的控制信号为光波，光源可以是可见光源和红外线光源等。正因为光敏晶闸管有此特性，所以被广泛用于制造光电耦合器件。在分析含有光敏晶闸管电路时，要注意它与光敏三极管的区别，光敏晶闸管只需要脉冲式光波照射，也就是说只要有一定强度的光照射瞬间，光敏晶闸管就立即导通，导通后不再需要光照射；若要关断只能加反向电压或者断开电源。光敏三极管导通需要光照射，一旦没有光照射，则其立即截止。

　　通过以上分析可见，光敏晶闸管只需短信号光照，而光敏三极管则需长信号光照。

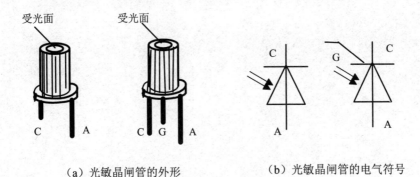

　　　（a）光敏晶闸管的外形　　　　　　　　　（b）光敏晶闸管的电气符号

图 1-51　光敏晶闸管的外形和电气符号

5．光电耦合器

　　常用光电耦合器的结构和电气符号如图 1-52 所示。图中各种光电耦合器的发光器件是发光二极管，光敏器件分别是光敏三极管、光敏二极管、光敏晶闸管等。光电耦合器目前大量应用于 PLC 和单片机中，它们主要用于输入单元和输出单元，其目的就是提高产品的抗干扰能力，提高产品的稳定性和可靠性。

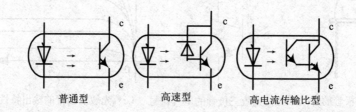

普通型　　　　　高速型　　　　高电流传输比型

（a）发光二极管和光敏三极管组成光电耦合器

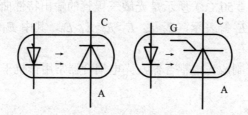

（b）发光二极管和光敏晶闸管组成的光电耦合器

图 1-52　常用光电耦合器的结构和电气符号

第2章　电气原理图识图方法

读懂电气原理图应该掌握识图的基本方法和步骤，应该熟悉电路中常见的保护环节、自锁环节、联锁环节，应该熟悉并掌握常用的几种基本电路。本章将先介绍电气原理图识图的基本步骤；然后介绍电路中常见的保护环节、自锁环节、连锁环节；再介绍常用的时序电路、以位置控制为原则的电路、以速度控制为原则的电路、以多地点控制为原则的电路、以温度控制为原则的电路；最后举例说明电气原理图的识图方法。

2.1　电气原理图中的主电路和辅助电路

电气原理图根据习惯画法可分为主电路和辅助电路（又称为控制电路）两种电路。

现以三相异步电动机启动控制电路的电气原理图为例，讲解什么是主电路，什么是辅助电路。

三相异步电动机启动控制电路的电气原理图如图2-1所示。

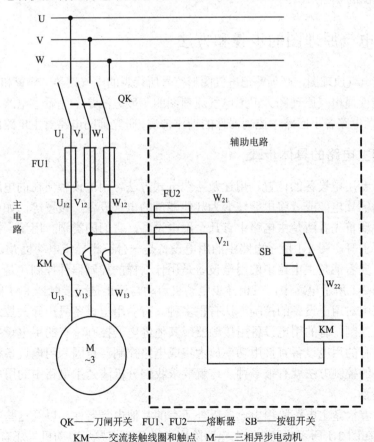

QK——刀闸开关　FU1、FU2——熔断器　SB——按钮开关

KM——交流接触线圈和触点　M——三相异步电动机

图2-1　三相异步电动机启动控制电路的电气原理图

2.1.1　主电路

主电路是指给用电设备（电动机、电弧炉等）供电的电路，是受辅助电路控制的电路。主电路又称为主回路。主电路习惯画在图纸的左边或上部。图2-1所示电路中左边的电路就是主电路。

2.1.2　辅助电路

辅助电路是指给控制器件供电的电路，是控制主电路动作的电路，也可以说是给主电路发出指令信号的电路。辅助电路又称为控制电路、控制回路等。辅助电路习惯画在图纸的右边或下部。图2-1所示电路中右边的电路就是辅助电路。

在实际电气原理图中，主电路一般比较简单，用电设备数量较少；而辅助电路比主电路要复杂，控制器件也较多，有的辅助电路是很复杂的；例如用单片机或者以计算机为控制核心的控制电路就是很复杂的。如用单片机组成的控制电路是由输入信号电路、信号处理中心（单片机）、输出信号电路、信号放大电路、驱动电路等多个单元电路组成的。在每个单元电路中又有若干小的回路，每个小的回路中有一个或几个控制器件。这样复杂的控制电路分析起来是比较困难的，要求有扎实的理论基础和丰富的实践经验。为此我们由浅入深地介绍识读电气原理图的识图知识。

2.2　识读电气原理图的步骤和方法

要想读懂电气原理图，必须熟记电气图形符号所代表的电气设备、装置和控制器件。在此基础上才能读懂电气原理图。识读电气原理图的一般方法是：先看主电路，后看辅助电路，并根据辅助电路各小回路中控制器件的动作情况，研究辅助电路对主电路的控制原理。

2.2.1　识读主电路的具体步骤

第一步　看用电设备的位置、用途及接线方式方法。用电设备所在的电路是主电路。用电设备是指消耗电能或者将电能转变为其他能量的电气设备、装置等，如电动机、电弧炉等。读图时要首先看清楚主电路中有几个用电设备，它们的类别、用途、接线方式以及一些不同的要求等。图2-1所示电路中的用电设备是一台三相异步电动机M。

第二步　要看清楚主电路中的用电设备是用什么样的控制器件控制，是用几个控制器件控制的。图2-1所示电路中，三相异步电动机启动与停止是受接触器KM控制的。

实际电路中对用电设备的控制方法有很多种。有的用电设备只用开关控制，有的用电设备用启动器控制，有的用电设备用接触器或其他继电器控制，有的用电设备是用程序控制器控制，而有的用电设备直接用功率放大集成电路控制。正因为用电设备种类繁多，所以对用电设备的控制方法就有很多种，这就要求我们分析清楚主电路中的用电设备与控制器件的对应关系。

第三步　看清楚主电路除用电设备以外还有的其他电气器件，以及这些电气器件所起的作用。例如在图2-1所示电路中，主电路除用电设备三相异步电动机外还有刀闸开关QK和熔断器FU两个器件。刀闸开关QK是总电源开关，也就是使电路与电源相接通或断开的开关；FU 熔断器起到对电路短路时的保护作用，即电路发生短路时，熔断器的熔丝立即熔断，使负载与电源断开。

一般情况下主电路中的电气器件都比辅助电路中的控制器件要少。读主电路时，可以顺着电源引入端朝下逐步识读。

第四步　看电源的种类和电压等级。电源有直流电源和交流电源两种类型。

直流电有的是直流发电机供给，也有的是整流设备供给。直流电源常见的电压等级为 660 V、220 V、110 V、24 V、12 V 等。交流电多数情况下是由三相交流电网供电，有时也用交流发电机供电。交流电源低电压等级有 380 V、220 V、110 V、36 V、24 V 等，频率多为 50 Hz（高频交流发电机发的交流电频率不是 50 Hz）。

在图 2-1 所示电路中，电源为 380 V 交流三相电，电压频率为 50 Hz。

2.2.2　识读辅助电路的具体步骤和方法

第一步　看懂辅助电路的电源。分清辅助电路电源种类和电压等级。辅助电路的电源有两种：一种是交流电源，另一种是直流电源。

辅助电路所用交流电源电压一般为 380 V 或 220 V，频率为 50 Hz。辅助电路电源若是引自三相电源的两根相线（火线），则电压为 380 V；若辅助电路电源取自三相电源的一根相线和一根零线，则电压为 220 V。辅助电路电源若为直流，一般常用的直流电源电压等级有 110 V、24 V、12 V 等三种。

若在同一个电路中主电路电源为交流，而辅助电路电源为直流电源，一般情况下，辅助电路是通过整流装置（整流环节）供电。若在同一个电路中主电路和辅助电路的电源都为交流电，则辅助电路电源一般引自主电路。在图 2-1 所示电路中，主电路和辅助电路电源都是交流电；辅助电路电源是从主电路 FU1 熔断器的下端引出的，辅助电路电源电压为 380 V。

只有弄清楚辅助电路的电源种类和电压等级，才能合理地选择控制器件。图 2-1 所示电路的辅助电路电源为交流 380 V，则控制器件的按钮开关 SB 耐压应为交流 500 V；控制器件的接触器线圈额定电压必须是 380 V（俗称为 380 V 交流接触器）。由此可见，辅助电路中的控制器件所需的电源种类和电压等级必须与辅助电路电源种类和电压等级相一致。绝对不允许将交流接触器、继电器等控制器件用于直流电路中，也不允许直流接触器、继电器等控制器件用于交流电路。一旦将有线圈的交流控制器件误接于直流电路，控制器件通电后会立即使线圈烧毁；而误将有线圈的直流控制器件接入交流电路，控制器件通电也不会正常动作。

第二步　弄清辅助电路中每个控制器件的作用。弄清辅助电路中的控制器件对主电路用电设备的控制关系是识读电路图最关键环节。可以说弄清了辅助电路各控制器件的作用和各控制器件对主电路用电设备的控制关系，就是读懂了电路原理图。

辅助电路是一个大回路，而在大回路中经常包含着若干个小的回路；在每个小回路中有一个或多个控制器件。一般情况下，主电路用电设备越多，则辅助电路的小回路和控制器件也就越多。在实际电路中控制器件数都比主电路用电设备数多。

在图 2-1 所示的电路中，辅助电路只有一个回路，在此回路中有两个熔断器（FU2）、一个按钮开关（SB）、一个交流接触器（KM）等三种控制器件。熔断器 FU2 是作辅助电路短路保护用的；按钮开关 SB 是控制交流接触器 KM 线圈通/断电的控制器件；而交流接触器 KM 通过其主触点控制主电路三相异步电动机的启动或停止。

当我们将总电源刀闸开关 QK 闭合后，则主电路和辅助电路都与电源接通（即电路有电压，而无电流）。按下按钮开关 SB 时，其常开触点闭合，使交流接触器 KM 线圈有电压和电流（称为接触器得电），接触器的常开触点（主电路中的触点）闭合，最后主电路的电动机 M 与电源接通启动运行。当松开按钮开关 SB 时，则 SB 常开触点复位（返回断开状态），交流接触器 KM 线圈断电（失去电压和切断电流），交流接触器 KM 的常开触点恢复断开状态，最后使电动机 M 断电停止运行。

在电路得电工作状态，若辅助电路发生短路故障，会使熔断器 FU2 先熔断，使 KM 线圈失电，导致电动机 M 断电停止运行。若主电路发生短路故障，会使熔断器 FU1 熔断，也会使辅助电路的接触器 KM 失电。当熔断器 FU1 的两个熔丝都熔断时，电动机 M 定子绕组没有电流，电动机 M 立即停转。

综上所述，可见弄清辅助电路中各控制器件的动作情况及对主电路中用电设备的控制作用是读懂电路原理图的关键。

第三步　分析辅助电路中各个控制器件之间的制约关系。这是读懂电路的工作原理的重要环节，也是电路识图的重要步骤。

在电路中所有的电气设备、装置、控制器件都不是孤立存在的，而是相互之间都有密切关系的；有的器件之间是控制与被控制的关系，有的是相互制约关系，有的是联动关系。在辅助电路中控制器件之间的关系也是如此。在图 2-1 所示的辅助电路中按钮开关 SB 就是控制交流接触器 KM 线圈通电或断电的器件。

2.3　电路中的保护环节、自锁环节及连锁环节

实际电路中保护环节是必不可少的，而自锁环节和连锁环节也是最常见的。熟悉这些环节，对我们识图是很有利的。

2.3.1　电路中的保护环节

在一个电路中最常用的保护环节有短路保护和过载保护环节两种。有的电路除具有以上两种保护环节外，还有缺相保护（即三相电源缺相时，使电路断电）、欠压保护、过流保护等环节。

1.　短路保护环节

短路保护是指电路发生短路故障时能使故障电路与其电源断开的保护环节。短路保护常用熔断器实现，在图 2-1 所示电路中，FU1 和 FU2 熔断器都是短路保护环节。在实际电路中有的熔断器与刀闸开关合为一体，在画电路图时将熔断器画在刀闸开关上。带熔断器的刀闸开关的电气符号如图 2-2 所示。

短路保护熔断器都设置在靠近电源部位，也就是被保护电路的电源引入位置。

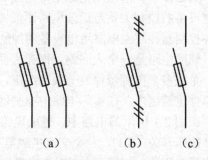

(a)　　　(b)　　(c)

图 2-2　带熔断器的刀闸开关的电气符号

2. 过载保护环节

过载保护环节是电力拖动电路中重要的保护环节。过载保护是指对电动机过载时，能使电动机自动断电的保护。过载保护常用热继电器实现。具有短路保护和过载保护的电动机启动控制电路如图 2-3 所示。

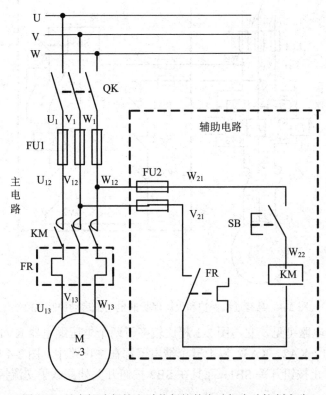

图 2-3　具有短路保护和过载保护的电动机启动控制电路

由图 2-3 所示电路可见，它只比图 2-1 所示电路多了一个热继电器 FR。热继电器的发热元件串接于三相异步电动机定子绕组电路中，而热继电器的常闭触点串接于控制回路的交流接触器 KM 线圈下端。

当闭合刀闸开关 QK 后，按下按钮开关 SB，则交流接触器 KM 线圈得电动作，KM 主触点闭合，电动机 M 启动运行。若电动机运行中过载，则电动机定子绕组电流过大，通过热继电器的热元件电流过大，会使热继电器动作，则热继电器的常闭触点断开，从而使辅助电路中交流接触器 KM 线圈断电，KM 的主触点断开，使电动机断电，从而保护电动机。

3. 电路的过流保护和欠压保护环节

电路过流保护常用电流继电器实现，电路欠压保护常用电压继电器实现。这两种继电器动作特殊，可以实现对电路的过电流保护和欠电压保护。

电流继电器线圈通过电流等于或超过整定电流时，它才能动作，其线圈通过电流小于整定电流时，它不动作。

电压继电器只有其线圈所加电压为整定值时，它才能动作，一旦线圈电压值低于整定电压值的一定量值后，则电压继电器会立即返回原始状态(使常开触点断开、常闭触点闭合)。

用电流继电器和电压继电器作为电路过流和欠压保护的电动机启动控制电路如图 2-4 所示。

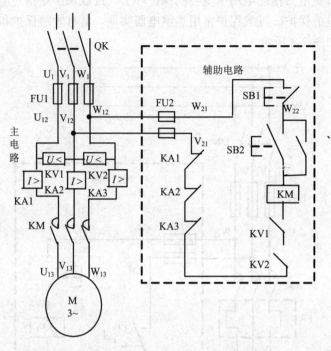

图 2-4　具有过流保护和欠压保护的电动机启动控制电路

由图 2-4 所示电路可见，它与图 2-3 相比较多了两个电压继电器 KV1 和 KV2，多了 3 个电流继电器 KA1、KA2、KA3；以上五个继电器都在主电路中。图 2-4 所示电路比图 2-3 所示电路还多了停止按钮开关 SB1，而且在 SB2 按钮开关处并联了交流接触器 KM 的辅助触点（常开触点）。

下面分析 KV1、KV2、KA1、KA2、KA3 这 5 个继电器的作用。电压继电器 KV1 和 KV2 跨接于主主电路的三根相线上；当刀闸开关 QK 闭合时，两个电压继电器所承受的是线电压，若电源电压正常，则 KV1 和 KV2 都会动作，使其常开触点（辅助电路中的 KV1 和 KV2）闭合；为交流接触器 KM 线圈得电提供通路。当电源电压低于规定范围值时（欠压），KV1 或 KV2 会因线路欠压而复归原始状态，使辅助电路中的 KV1、KV2 触点至少有一个断开，致使交流接触器 KM 线圈断电，使得主电路的用电设备（电动机 M）断电停止工作。

电流继电器 KA1、KA2、KA3 都是串接于主电路的三根相线中。当电动机 M 通电工作时，3 个电流继电器线圈都有电流通过，因为三个电流继电器的额定电流是电动机额定电流 1.5～2 倍，3 个电流继电器通过的电流都没有达到电流继电器动作电流值，所以 3 个电流继电器都不动作，它们的常闭触点（辅助电路中的 KA1、KA2、KA3）都处于闭合状态，接触器 KM 得电正常工作。

当电动机 M 在运行过程中，如果电流突然很大（电动机过载严重），通过 KA1、KA2、KA3 线圈的电流达到动作电流值时，则 3 个电流继电器会立即动作，使其常闭触点断开，则辅助电路交流接触器 KM 线圈通电回路断开，KM 失电，则其常开动合触点都会断开，从而使电动机 M 断电，停转。

以上叙述的内容就是电压继电器和电流继电器所起到的欠压保护和过流保护作用。

在图 2-4 所示的电路中电压继电器 KV1 和 KV2 还起到缺相保护的作用。当闭合刀闸开关合上后，若电源缺相（有一根相线对地无电压或两根相线对地无电压），则两个电压继电器 KV1 和 KV2 至少有一个继电器不动作，所以交流接触器 KM 线圈回路是断开状态。如果电路处于正常通电工作状态时，突然电源缺相，则 KV1 或 KV2 至少会有一个断电立即返回原始状态，而使辅助电路断电，接触器 KM 失电，常开触点断开，使主电路的用电设备（电动机 M）断电。由此可见图 2-4 电路中的 KV1 和 KV2 两个电压继电器不但能起到欠压保护作用，还能起到缺相保护作用。

2.3.2　电路中的自锁环节

自锁环节是指继电器得电动作后能通过自身的常开触点闭合，能够给其线圈供电的环节。在图 2-4 所示电路图中就有自锁环节。在图 2-4 的辅助电路中并联于启动按钮开关 SB2 旁边的 KM 常开触点就是自锁环节（此触点称为自锁触点）。

其自锁过程是：当 QK 闭合后，按动 SB2 开关，则使 KM 线圈立即通电动作，SB2 开关旁边并联的常开触点立即闭合，此闭合触点能给其线圈供电（与 SB2 开关状态无关），也就说 SB2 开关断开后，接触器 KM 靠自身触点供电。

2.3.3　电路中的连锁环节

电路中的连锁环节(又称互锁环节)实质是辅助电路中控制器件之间的相互制约环节。实现电路连锁有两种基本方法：一种方法是机械连锁，另一种方法是电气连锁。具有机械连锁和电气连锁的电路图如图 2-5 所示。

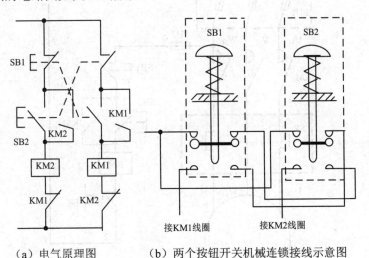

　　（a）电气原理图　　　　（b）两个按钮开关机械连锁接线示意图

图 2-5　具有机械连锁和电气连锁的电路图

在图 2-5 所示电路中两个按锁开关 SB1 和 SB2 之间是机械连锁,而接触器 KM1 与 KM2 之间是电气连锁。按钮开关 SB1 和 SB2 之间的机械连锁由图 2-5（b）所示接线示意图中可看出，当先按 SB1 时，SB1 的常闭触点断开，而使得 SB2 按钮常开触点不可能接通电源；而当按动 SB2 按钮时，其常闭触点断开，因而使 SB1 的常开触点不可能接通电源。当将两个按钮同时按下时，则两个开关的常闭触点都断开，两个开关的常开触点都无法与电源接通，当然辅助电路中的 KM1 和 KM2 都不会得电动作。

图 2-5 所示电路中的电气连锁环节是通过 KM1 线圈下面串的 KM2 常闭触点与 KM2 线圈下面串的 KM1 常闭触点实现的。当 KM1 得电动作时，则 KM2 的常闭触点断开，使 KM2 不能得电；同理 KM2 得电动作时，则 KM1 的常闭触点断开，也使 KM1 不能得电，也就是说两个接触器不可能同时得电动作。这就是电气连锁的作用，也是设置电气连锁的目的。

2.4 几种常用的电路

为了加深对电气原理图识图方法的理解，更容易读懂复杂的电路图，下面解读最常见的几种简单的电路。

2.4.1 最常用小功率三相异步电动机启动控制电路

三相异步电动机功率在 10 kW 以下，可以采用直接启动方法（全压启动）。直接启动是指电动机的启动电压等于其额定电压。小功率三相异步电动机直接启动控制电路如图 2-6 所示。

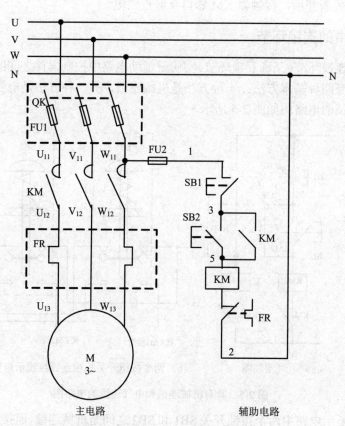

图 2-6　小功率三相异步电动机直接启动控制电路

由图 2-6 所示电路可见，主电路用电设备为三相异步电动机；主电路电源为三相交流电源，线电压为 380 V；主电路除电动机外，还有刀闸开关 QK 和熔断器 FU1，刀闸开关和熔断器合装成一体；还有热继电器的发热元件 FR 和交流接触器 KM 的三对常开主触点。

在辅助电路中控制器件有熔断器 FU2，停止按钮开关 SB1、启动按钮开关 SB2、交流接触器和热继电器 FR 的常闭触点。辅助电路电源为单相交流电源，电压为 220 V。辅助电路中按钮开关 SB1 和 SB2 控制交流接触器线圈通/断电。交流接触器 KM 的主触点控制主电路中三相异步电动机 M 的通/断电。

电路中有短路保护环节和过载保护环节。主电路中的熔断器 FU1 起到全部电路的短路保护作用。辅助电路中熔断器 FU2 起到对辅助电路短路保护的作用。电路中的热继电器起到对电动机过载的保护作用。

在辅助电路中有自锁环节。自锁触点并联于启动按钮开关 SB2 两端。

2.4.2　时序电路

时序电路是指电气设备或装置在运行的过程中，其动作状态能按照时间先后有顺序地发生变化的电路。电动机启动过程中定子绕组接法的改变可用时序电路来实现。也就是说，电动机通过辅助电路的控制，使电动机开始启动时定子绕组为星形接法，过一段时间后（例如 40 秒钟）电动机定子绕组自动从星形接法转换为三角形接法继续启动，并转为正常运行。

三相异步电动机"Y－△"启动控制电路如图 2-7 所示。

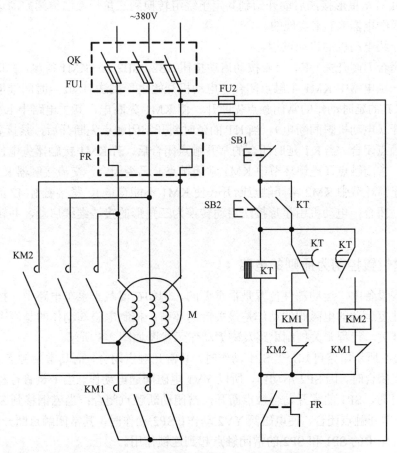

图 2-7　三相异步电动机"Y－△"启动控制电路

图 2-7 所示电路中主电路的三相异步电动机 M 由两个交流接触器 KM1 和 KM2 控制，电动机 M 有过载保护（热继电器 FR 起过载保护作用）和短路保护坏节（熔断器起短路保护作用）。主电路电源为 380 V 三相交流电源。辅助电路控制器件有起短路保护作用的熔断器 FU2，有停止按钮开关 SB1 和启动按钮开关 SB2，有时间继电器 KT、交流接触器 KM1 和 KM2。

辅助电路中的时间继电器 KT 和交流接触器 KM1 和 KM2 组成时序单元电路。也就是说交流接触器 KM1 和 KM2 的动作受时间继电器 KT 的控制，并控制主电路中的电动机 M 定子绕组的星形接法启动与三角形接法启动运行之间的转换。

辅助电路有自锁环节和电气连锁环节。自锁环节是并联于启动按钮开关 SB2 旁边的时间继电器 KT 的快跳常开触点。辅助电路中电气连锁环节由串接于交流接触器 KM1 线圈下边的 KM2 常闭触点和串接于交流接触器 KM2 线圈下边的 KM1 常闭触点组成。也就是说交流接触器 KM1 得电动作，迫使交流接触器 KM2 不能得电动作；而反过来也是如此，以确保电动机 M 定子绕组星形接法启动时，不会发生定子绕组三角形接法。只有电动机星形接法启动一段时间后（定时时间）才能使电动机先断开星形接法，紧接着立即转为三角形接法。实际电动机在定子绕组从星形接法转换为三角形接法过程中，电动机有极短瞬间是处于断电状态的（既不是星形接法，也非三角形接法状态）。

电动机 M 从星形接法启动开始到其定子绕组转换到三角形接法继续启动这段时间的控制是由时间继电器 KT 来实现的。

下面介绍电动机的启动过程。

首先闭合刀闸开关 QK，接着按动启动按钮 SB2。SB2↓→KM1 得电，同时 KT 得电并开始计时→主电路中 KM1 主触点闭合→电动机开始星形接法启动。当时间继电器定时时间已到时。KT 的延时动作的常闭触点先断开，使 KM1 先断电，其主电路中 KM1 的三对常开触点断开（电动机瞬间断电）。当 KT 的延时断开常闭触点先断开后，紧接着 KT 延时闭合的常开触点闭合。当 KT 延时闭合的常开触点闭合后，若 KM1 接触器失电使其常开触点已经断开，常闭触点（连锁环节中 KM1 常闭触点）已经闭合，交流接触器 KM2 会得电动作，使其连锁环节中 KM2 常闭触点断开（使 KM1 不能得电），紧接着 KM2 的主触点（三对主触点）闭合，电动机由星形接法启动转换为三角形的接法继续启动，并转换为运行的状态。

2.4.3 以位置控制为原则的电路

在有些设备中，运动部件位置是很重要的。例如在混凝土泵车电路中，控制输送混凝土活塞杆往复运动的电磁阀的动作是最关键的环节；控制电磁阀动作的是两个无接触的干簧管行程开关。行程开关控制电路及磁钢动作示意图如图 2-8 所示。

由图 2-8 所示电路可知，当 SP1 动作时，其常开触点闭合，而其常闭触点断开。当 SP1 的常开触点闭合时，因 SP2 不动作，所以 YV1 电磁阀通电动作。当干簧管行程开关的磁钢从 SP1 移开时，SP1 的常开动合触点断开，常闭动断触点闭合；当磁钢移到 SP2 位置时，SP2 动作，常开触点闭合，使电磁阀 YV2 动作；SP2 动作时，其常闭触点断开使 YV1 不能得电动作。图中的 SP1 和 SP2 的常闭触点起到连锁作用。

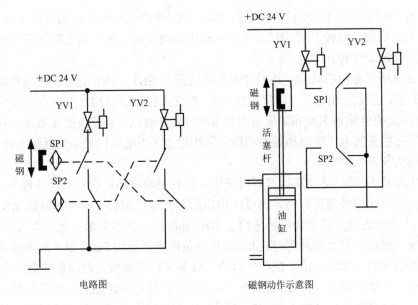

电路图　　　　　　　　　　磁钢动作示意图

图 2-8　行程开关控制电路及磁钢动作示意图

2.4.4　以速度控制为原则的电路

以速度控制为原则的电路中的用电设备动作状态由用电设备的速度来控制。三相异步电动机正常启动控制与能耗制动电路如图 2-9 所示。

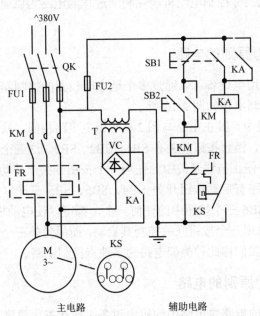

主电路　　　　　　　　　辅助电路

图 2-9　三相异步电动机正常启动控制与能耗制动电路

由图 2-9 所示电路可知，主电路电源为 380 V 三相交流电源；主电路的用电设备是三相异步电动机。

主电路中有短路保护器件（熔断器 FU1）和过载保护器件（热继电器 FR）。电动机启动过程与图 2-6 所示电路电动机启动过程相同。图 2-9 所示电路中电动机停止过程与图 2-6 所示电路电动机停止过程不同。图 2-9 所示电路中的电动机从运行状态转换为停止状态时，电动机有能耗制动过程。

在图 2-9 所示电路的辅助电路中有停止按钮开关 SB1（SB1 的常开触点和常闭触点都用），有启动按钮开关 SB2（只用常开触点），有交流接触器 KM（主触点串于电动机定子绕组电路中），有继电器 KA 和速度继电器 KS 的常开触点，有整流变压器 T，有桥式整流电路，整流后的直流电压可以加到电动机定子绕组上（当电动机处于能耗状态时）。辅助电路电源电压为交流 220 V。

有关电动机 M 的启动过程这里不再重述，现只说明电动机能耗制动过程。

当电动机以正常转速运行时，速度继电器的常开触点闭合（速度继电器 KS 旋转部件与电动机 M 同轴连接，当电动机转速超过 100 r/min 时，其常开触点就闭合）。

若使电动机由运行状态转为停止状态，只要按动停止按钮 SB1，则其常闭触点先断开，使交流接触器失电，电动机定子绕组串联的 KM 常开触点断开，电动机断电。在 SB1 常闭触点断开后，紧接着 SB1 常开触点闭合；因 SB1 常开触点和速度继电器常开触点都处于闭合状态，所以继电器 KA 得电动作，KA 常开触点闭合、电动机定子绕组通以直流电流，产生恒定磁场，电动机转子绕组中产生感应电势和电流，产生制动电磁力矩，使电动机转速迅速降低；当电动机转速低于 100 r/min 时，速度继电器 KS 常开触点断开，继电器 KA 失电，则电动机能耗制动过程结束，电动机从低速缓慢转动直到最后停止转动。

通过对电动机能耗制动过程的分析，可见电动机能耗制动过程时间长短取决于速度继电器 KS 工作状态。我们称控制电动机能耗制动过程的电路为以速度控制为原则的速度控制单元电路。

2.4.5　以地点控制为原则的电路

多地点控制电路对用电设备可以通过多个地点所设置的控制器件控制。多地点控制的三相异步电动机启动控制电路如图 2-10 所示。

在图 2-10 所示电路中，其主电路与图 2-6 所示主电路相同，只是辅助电路不同。在图 2-10 所示的辅助电路中，停止按钮开关有 SB1、SB2、SB3（这三个按钮开关可以分别安装于不同的位置），这三个停止按钮开关中的任何一个按钮开关一按动都会使 KM 失电，电动机停止转动。在辅助电路有启动按钮开关 SB4、SB5、SB6 三个（可以安装于不同位置），只要按动 SB4、SB5、SB6 三个按钮中的任何一个，都可以使电动机启动运行。

由于电动机 M 可以用三个按钮开关控制其启动，而用另外三个停止按钮开关都可以使电动机停止运行，所以我们称此种类型电路为多地点控制电路。

2.4.6　以温度控制为原则的电路

以温度控制为原则的电路主电路中的用电设备工作状态由温度决定。由温度控制的电阻加热器电路如图 2-11 所示。

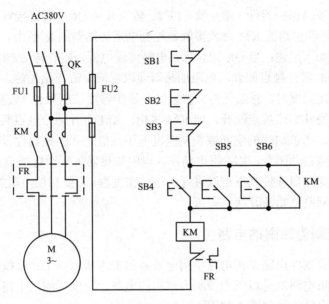

图 2-10　多地点控制的三相异步电动机启动控制电路

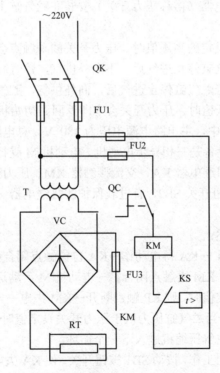

图 2-11　由温度控制的电阻加热器电路

由图 2-11 所示电路可知，主电路中的用电设备是电阻加热器（**RT**）。电阻加热器是通过整流变压器 **T** 和桥式整流电路 **VC** 供给直流电的。而整流变压器的电源为单相 220 V 交流电。

主电路中还有刀闸开关 **QK** 和短路保护器件（熔断器）**FU1**。

辅助电路是由短路保护器件（熔断器）FU2、转换开关 QC、交流接触器 KM 和温度继电器 KS 组成的。辅助电路的 KM 交流接触器控制电阻加热器的通/断电。

　　电路工作过程如下所述：当 QK 闭合后，电路接通电源，接着转动 QC，使之闭合，则 KM 得电动作，KM 常开触点闭合，电阻加热器通以直流电流开始加热。当被加热的空间或物料温度达到预定温度时，感温元件会将温度传递给温度控制器件（温度继电器），则温度控制器件动作，使其常闭触点断开，使 KM 失电，KM 常开动合触点断开，则电阻加热器断电，停止加热。当被加热的空间或物料温度低于某值时（温控器件设定的低温温度），则温控器件常闭触点自动闭合，KM 得电动作，电阻加热器重新通电加热。

　　电阻加热器在温控器件控制下可以进行上述工作过程。若要想使电阻加热器停止加热，可以将转换开关转回到原始断开状态即可。

2.4.7　以压力控制为原则的电路

　　以压力控制为原则的电路是指电路中用电设备的工作状态由工作系统的压力来控制的电路。如空气压缩机电路就是以压力控制为原则的电路。空气压缩机电路和工作原理示意图及压力继电器的电气符号如图 2-12 所示。

　　空气压缩机的压力继电器（俗称压力开关）安装在贮气缸上，压力开关的动触点由贮气缸内的气体驱动。

　　当贮气缸内气压达到设定的高压值时，压力开关的动触点会立即动作，使常闭触点断开，常开触点闭合。若贮气缸停止进气后，不向外供气，贮气缸内的压力不变化，压力开关不能返回到初始状态。若贮气缸停止进气后，向外供气，贮气缸内的压力会逐渐降低；当贮气缸内压力降到预定低值时，压力开关会立即返回到初始状态。

　　在 2-12（c）所示电路中，主电路电源电压为 380 V。总电源开关 QKF 是带熔断器的刀闸开关。主电路的用电设备是三相异步电动机。电动机 M 受控于辅助电路中的交流接触器 KM。辅助电路中有中间继电器 KA、交流接触器 KM、压力开关的常闭触点 KP，有停止按钮开关 SB1 和启动按钮开关 SB2，有过载保护的热继电器（FR）的常闭触点串入辅助回路中。

　　电路工作过程如下所述：

　　QKF 闭合→按动 SB2↓→KA 得电动作→KA 自锁触点闭合（若压力开关常闭触点闭合状态）→KM 得电动作（使 KM 主触点闭合）→电动机 M 启动运行（压缩机贮气）→贮气缸压力升高到压力开关设定值时，则 KP 触点断开→KM 失电→电动机断电（停止压缩空气过程）→贮气缸向外供气，当贮气缸压力低于压力开关设定值时→KP 触点闭合→KM 得电动作→电动机启动运行，空气压缩机进入下一个循环。

　　若要使空气压缩机停止工作，按动 SB1 按钮开关，使 KA 失电，则电路回到初始状态。

　　本小节分析了 7 种控制电路。这 7 种控制电路是比较常用的电路，有些复杂的电路往往是由以上所分析的各电路组合而成的。

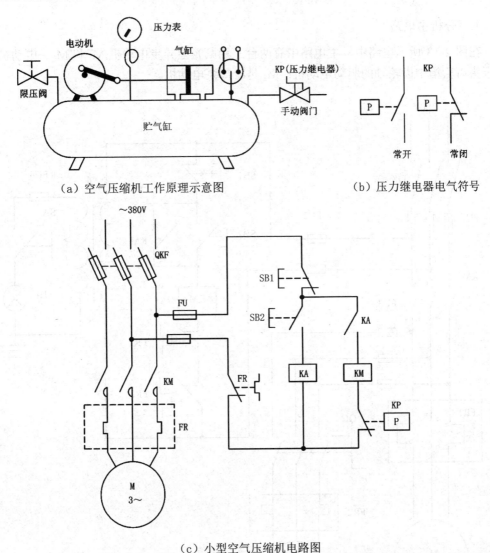

（a）空气压缩机工作原理示意图　　　　　　　（b）压力继电器电气符号

（c）小型空气压缩机电路图

图 2-12　空气压缩机电路和工作原理示意图及压力继电器的电气符号

2.5　识图举例

本节通过列举 C620－1 型普通车床控制电路、M7120 型平面磨床控制电路、大型水塔自动给水控制电路、三相绕线型异步电动机启动控制电路、提升系统控制电路等 5 个电路，详细讲解如何通过对主电路和辅助电路的分析，了解其控制过程，并掌握其工作原理。

2.5.1　C620－1 型普通车床控制电路

车床是金属加工中最普通的机床。为了使读者对车床控制电路有基本了解，故列举 C620－1 型普通车床控制电路加以分析。C620－1 型普通车床控制电路电气原理图如图 2-13 所示。

1. 分析主电路

在图 2-13 所示电路中，主电路中有两台三相鼠笼型异步电动机 M_1 和 M_2。电动机 M_1 是床头齿轮箱中齿轮轴的驱动电动机；M_2 是冷却泵电动机。

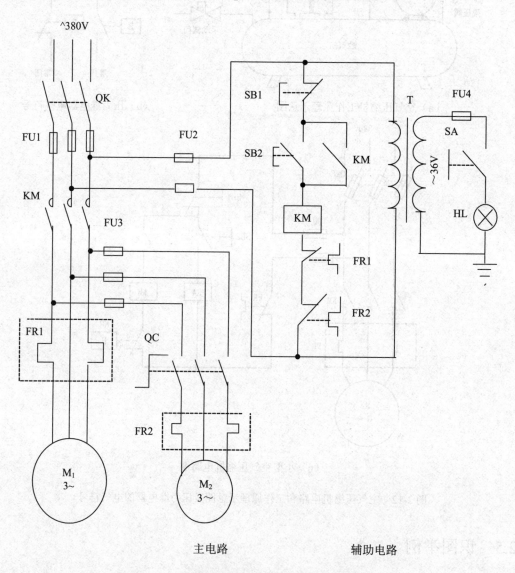

图 2-13　C620－1 型普通车床控制电路电气原理图

在主电路中有总电源开关 QK，有起短路保护作用的熔断器 FU1，有起过载保护作用的热继电器 FR1 和 FR2，有交流接触器 KM 的三对主触点，有控制电动机 M_2 的手动转换开关 QC。主电路为三相 380 V 交流电源。主电路中的电动机 M_1 是由辅助电路中的交流接触器 KM 控制的。

在电路中还有机床照明电路。机床照明电路是由照明变压器 T、熔断器 FU4、手动开关 SA、照明灯 HL 组成的。照明变压器原边输入电压为交流 380 V，副边输出电压为交流 36 V。当我们手动闭合开关 SA 时，则照明灯 HL 通电，关断 SA，则灯灭。

2.　分析辅助电路

在图 2-13 所示电路中，辅助电路电源电压为交流 380 V。辅助电路中有短路保护器（熔断器）FU2，有停止按钮开关 SB1，有启动按钮开关 SB2，有交流接触器 KM 的线圈，有两个热继电器 FR1 和 FR2 的常闭触点。辅助电路中有自锁环节，即 KM 交流接触器的自锁触点（并联于 SB2 两端的 KM 常开触点）。辅助电路中的 SB1 和 SB2 按钮开关是控制交流接触器 KM 线圈通/断电用的开关。

3.　分析辅助电路对主电路的控制作用

（1）　电动机 M_1 的启动过程。

将 QK 闭合→按动 SB2↓→KM 得电动作→主触点闭合（同时自锁触点闭合）→M_1 启动运行。

（2）　电动机 M_1 由正常运行转为停止过程。

按动 SB1↓→KM 失电→主触点断开（同时打开自锁）→电动机 M_1 断电停止转动。

若遇到紧急情况，应立即断开电源刀闸开关 QK，使电路断电，电路中所有的电动机（M_1 和 M_2）和照明灯、交流接触器都会断电，返回到初始状态。

若辅助电路或照明电路发生短路故障时，熔断器 FU2 应该先断开或只断开 FU4；若主电路发生短路故障时，熔断器 FU1 立即断开；若电动机 M_1 或 M_2 有严重过载情况时，则过载保护的热继电器就动作，从而使得辅助电路交流接触器 KM 失电，使电动机 M_1 和 M_2 断电停止运行。

2.5.2　M7120 型平面磨床控制电路的电气原理图

M7120 型平面磨床是中型平面磨削机床。它是由砂轮磨头、磨头快速升降机构和手动升降操纵机构、电磁吸盘、照明灯、信号灯、机身、床座、磨头旋转机构和 4 台电动机等部件组成的。M7120 型平面磨床控制电路的电气原理图如图 2-14 所示。

1.　分析主电路

（1）　主电路组成。主电路由以下器件组成。电源三相刀闸开关 OK；4 台三相鼠笼型异步电动机 M_1、M_2、M_3、M_4；4 个起过载保护的热继电器 FR1、FR2、FR3、FR4；一个起短路保护的熔断器 FU1；一个三相插头 XP1。

（2）　4 台三相异步电动机的作用。

M_1 —— 油泵电动机（工作台往复运动由油路控制）；

M_2 —— 磨削砂轮轴驱动电动机；

M_3 —— 冷却泵电动机；

M_4 —— 磨头升、降电动机。电动机 M_4 有正转和反转两种工作状态。

（3）　每台电动机的控制器件。

M_1 —— 受 KM1 交流接触器控制；

M_2 —— 受 KM2 交流接触器控制；

M_3 —— 受 KM2 和三相插件 XP1 两个器件控制；

M_4 —— 受 KA1 继电器和 KA2 继电器控制。KA1 动作使电动机 M_4 正转（磨头上升），KA2 动作使电动机 M_4 反转（磨头下降）。

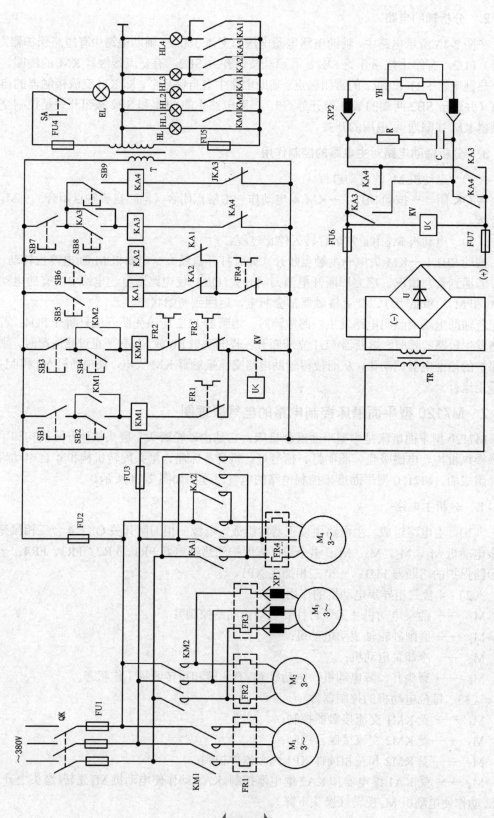

图 2-14 M7120 型平面磨床控制电路的电气原理图

2. 分析辅助电路

（1）辅助电路电源电压等级。辅助电路有两个大回路，即控制磁盘回路和控制各个交流接触器、继电器、信号灯、指示灯回路。两个大回路并联在一起接到三相电源的两根相线上，所以辅助电路电源为交流 380 V（接触器 KM1、KM2，继电器 KA1、KA2、KA3、KA4 的线圈额定电压为 380 V）。

（2）辅助电路中的控制器件。辅助电路由以下控制器件组成。7 个起短路保护作用的熔断器 FU1、FU2、FU3、FU4、FU5、FU6、FU7；2 个交流接触器 KM1 和 KM2；4 个交流继电器（中间继电器）KA1、KA2、KA3、KA4；9 个按钮开关 SB1、SB2、SB3、SB4、SB5、SB6、SB7、SB8、SB9；其中 SB1 和 SB3 为停止按钮开关，其余 7 个都是启动按钮开关；有一个照明变压器 T 和一个整流变压器 TR；一个照明灯 EL 和 5 个信号灯 HL、HL1、HL2、HL3、HL4；桥式整流电路和电磁吸盘，以及电磁吸盘放电回路（YH 和 R．C 串联电路）；手动照明灯开关 SA；控制辅助电路电源的继电器 KV（直流欠压继电器）。

（3）分析辅助电路对主电路的控制作用。

- KM1 和 KM2 两个交流接触器所在支路并联后串入 KV 的常开触点的作用，是确保电磁吸盘有直流电以后才能使 KM1 和 KM2 有得电的可能。即 KV 直流欠压继电器不动作，其常开触点不闭合，KM1 和 KM2 不能通过电流。

- 电动机 M_1 启/停控制过程。QK 闭合→KV 得电动作→按动 SB2↓→KM1 得电动作→主触点闭合（同时自锁触点闭合）→M_1 电动机启动运行。若使 M_1 停止转动只需按动 SB1 按钮开关，则 KM1 失电，电动机 M_1 停止转动。

- 电动机 M_2 启动与停止控制过程。QK 闭合→KV 得电动作→按动 SB4↓→KM2 得电动作→主触点闭合（自锁触点闭合）→电动机 M_2 启动运行。若使 M_2 停止转动只需按动 SB3 按钮开关，则 KM2 失电，电动机 M_2 停止转动。

- 冷却泵电动机 M_3 启动控制过程。当砂轮电动机启动后才能使 M_3 启动。只要将插头 XP1 插入插座，电动机就能启动运行，拔下插头 XP1，M_3 就停止运行。

- 电动机 M_4 正、反转控制过程。QK 闭合→按下 SB5↓（手按着不能松开）→KA1 得电动作→接通主触点→M_4 正转启动运行。手松开 SB5，则 KA1 失电，电动机 M_4 停止正转。

- QK 闭合→按下 SB6↓（手按着不能松开）→KA2 得电动作→主触点闭合→M_4 反转启动运行。手松开 SB6，则 KA2 失电，电动机 M_4 停止转动。

- 电磁吸盘 YH 磁化（产生磁场）过程。QK 闭合→按动 SB8↓→KA3 得电动作→主触点使电磁吸盘得电产生磁场。

- 电磁吸盘 YH 去磁过程。先按动 SB7 使电磁吸盘断开直流电源，但磁盘还会有剩磁存在。需点动 SB9 几次，使磁盘反方向产生磁通（起到消磁作用）；但 SB9 不能点动次数太多，也不能按下 SB9 时间太长，因为 SB9 使磁盘反方向产生磁通时间长，会产生与原来剩磁磁场相反的磁场，这样做不但没有消除剩磁，反而产生磁场，使工件不能从磁盘上拿下来。

- 照明灯控制过程。照明灯通过手动开关 SA 控制。SA 闭合，灯 EL 亮，SA 断开，EL 灯灭。

- 信号灯控制过程。电源指示灯 HL 受 QK 控制，只要 QK 闭合，电路有电，灯 HL 就始终亮着，只有电路断电时灯 HL 才熄灭，所以称 HL 为电源指示灯。

信号灯 HL1、HL2、HL3、HL4 受接触器和继电器 KM1、KM2、KA1、KA2、KA3、KA4 控制。即 KM1 得电动作，HL1 灯亮，说明 M₁ 电动机启动运行；KM2 得电动作，HL2 灯亮；说明电动机 M₂ 运行；KA1 或 KA2 得电动作，HL3 灯亮，说明电动机 M₄ 运行；KA3 或 KA4 得电动作，HL4 灯亮，说明电磁吸盘是通电励磁或去磁状态。

在磨床正常工作状态（磨削过程中）时，HL4 灯是常亮状态。电磁吸盘去磁过程，HL4 灯是短时间亮。若磨削过程中 HL4 灯突然灭了，应立即停止磨削，以避免被磨削工件从电磁吸盘上飞出造成设备事故或人身事故。

3. 分析电路中的保护措施

（1）短路保护。主电路中有 FU1 熔断器起到对整个电路的短路保护作用，当然 FU1 主要作用还是对主电路起短路保护作用；辅助电路中的 FU2 和 FU3 熔断器起到对辅助电路的短路保护作用；FU4 和 FU5 起到对照明电路和信号灯电路的短路保护作用；FU6 和 FU7 熔断器起到对电磁吸盘电路环节的短路保护作用。

（2）过载保护环节。热继电器 FR1、FR2、FR3、FR4 起到对电动机 M₁、M₂、M₃、M₄ 的过载保护的作用。也就是说一旦热继电器动作，则其常闭触点断开，会使受到热继电器常闭触点控制的交流接触器或继电器线圈失电，最后使过载电动机断电，停止运行。

（3）连锁环节。继电器 KA1 和 KA2、KA3 和 KA4 都有连锁环节。KA1 得电，KA2 不能得电；而 KA2 得电时，KA1 不能得电。这样做避免在启动电动机 M₄ 时使电源短路。同理 KA3 与 KA4 之间的连锁，是 KA3 得电动作，KA4 不能得电；而 KA4 得电动作时，KA3 不能得电。这样做的目的是避免电磁吸盘 YH 通电励磁或去磁时使直流电源短路。

（4）自锁环节。在辅助电路中，KM1、KM2、KA3 所在支路中都有自锁环节。

（5）制约环节。在辅助电路中，直流欠压继电器 KV 的常开触点制约着 KM1 和 KM2 能否得电。也就说只有电磁吸盘 YH 的直流电源无故障时，才能使 KM1 和 KM2 所在支路形成通路，才能使油泵电动机 M₁ 和砂轮电动机 M₂ 通电工作，否则 KM1 和 KM2 所在支路断路，使其不能动作，也就使电动机 M₁ 和 M₂ 不能工作。这样做的目的是为了保证生产的安全。

M7120 型平面磨床控制电路中各器件明细见表 2-1 所列。

表 2-1 M7120 型平面磨床控制电路中各元器件明细

文 字 符 号	名　称	型　号	规　格	数　量
QK	三相刀闸开关	HZ10−30/3	30 A	1 个
FU1	熔断器	RL1−60/30	内配 30 A 熔丝	3 个
FU2、FU3	熔断器	RL1−15/5	内配 5 A 熔丝	2 个
FU4、FU5	熔断器	RL1−15/2	内配 2 A 熔丝	2 个
FU6、FU7	熔断器	BLF−1	小型管式 2 A	2 个
M₁	油泵电动机（三相）	JO42−4	4 极、2.8 kW	1 台
M₂	砂轮电动机（三相）	JO2−4	4 极、4.5 kW	1 台
M₃	冷却泵电动机（三相）	JCB−22	4 极、0.125 kW	1 台
M₄	磨头升、降电动机	JOF-31−4	4 极、0.8 kW	1 台

（续表）

文字符号	名　称	型　号	规　格	数　量
KM1	交流接触器	C110－10/380 V	380 V、10 A	1 个
KM2	交流接触器	CJ10－20/380 V	380 V、20 A	1 个
KA1、KA2 KA3、KA4	交流继电器	JZ7－44/380 V （或 CJ10－10/380 V）	380 V　10 A	4 个
FR1	热继电器	JR10－10	6.1 A（整定电流）	1 个
FR2	热继电器	JR10－10	9.5 A（整定电流）	1 个
FR3	热继电器	JR10－10	6.1 A（整定电流）	1 个
FR4	热继电器	JR10－10	6.1 A（整定电流）	1 个
SB1～SB9	按钮开关	LA2	5 A	9 个
T	照明变压器	BK－50	（380 V/36 V、3.6 V）50 VA	1 个
TR	整流变压器	BK－400	（380 V/110 V）400 VA	1 个
KV	欠压继电器	JT3－11L	380 V/220 V	1 个
XP2	电磁吸盘插头插座	CY0－35	380 V/20 A	1 个
XP1	冷却泵电动机插件	CY0－36	DC110 V　1.45 A	1 个
YH	电磁吸盘		110 V/1.45 A	1 个
U	硅整流器	GZH1/2C0	220 V	4 个
R	电阻器	GF	50 W　1000 Ω	1 个
C	电容器	CZJJ	5 μF　660 V	1 个
HL～HI4	指示灯	ZSD－O	6.3 V	5 个
EL	照明灯	JC6－1	36 V	1 个
SA	照明灯开关	KN3－B（IZ10）	250 V　3 A	1 个

2.5.3　大型水塔全自动给水控制电路

这里解读的是一个大型水塔全自动给水设备控制电路的电气原理图，如图 2-15 所示。在这一电路中既有继电器控制，又有晶体管控制（用于信号控制）。

图 2-15 所示电路是由主电路、辅助电路、信号转换电路组成的。

1.　分析主电路

主电路中的电动机采取降压启动。主电路中的 TA 是三相自耦变压器，它是供电动机 M 降压启动用的器件。主电路电源是三相 380 V 交流电源。

主电路中有三相刀闸开关 QK，有起短路保护作用的熔断器 FU1，有起过载保护用的热继电器 FR，有 KM1、KM2、KM3 的常开主触点（每组三个常开触点）。

主电路中的电动机 M 受 KM1、KM2、KM3 三个交流接触器控制。当 KM2 和 KM3 主触点闭合时，电动机 M 为降压启动过程；当 KM2 和 KM3 主触点断开后，KM1 主触点闭合，电动机 M 由降压启动转换为全压继续启动，最后达到正常运行状态。

2.　分析辅助电路

辅助电路有 KM1、KM2、KM3 三个交流接触线圈和 KA1、KA2 两个中间继电器的线圈，有时间继电器 KT 线圈，有手动转换开关 SA，按钮开关 SB1 和 SB2，有信号指示灯 HL1、HL2、HL3，有起短路保护作用的熔断器 FU2、FU3。辅助电路电源为 380 V 交流电源。

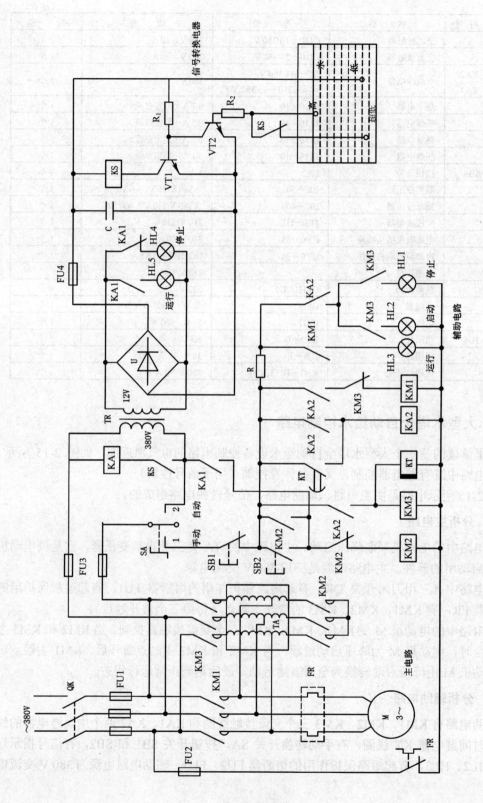

图 2-15 大型水塔全自动给水设备控制电路的电气原理图

手动开关 SA 为三位两通开关，即开关 SA 在"0"位置时，为断开状态；在"1"位置时为手动控制方式，开关 SA 在"2"位置时，为自动控制方式。

按钮开关 SB1 为停止开关，SB2 为启动按钮开关。当手动开关 SA 处于手动控制位置（在"1"位置）时，SB1 和 SB2 才能起作用。

（1）手动控制电路工作过程分析。当手动开关 SA 扳到手动位置"1"位置时，使电路为手动控制方式。以下是手动控制过程。

QK 闭合→SA 扳到"1"位置→按动 SB2↓→KM2 得电动作→KM2 一对常开触点闭合（同时 KM2 主触点闭合使自耦变压器 TA 为星形接法；KM2 自锁触点闭合）→使 KM3 得电主触点闭合（同时 KT 进入延时状态）→自耦变压器接通电源→电动机 M 降压启动。

当 KT 定时时间到，其延时使常开触点闭合→KA2 得电动作→KA2 串于 KM1 线圈线路的常开触点闭合（同时 KA2 常闭触点断开，使 KM2、KT、KM3 失电）→KM1 得电动作→KM1 主触点闭合→电动机全压启动运行。

（2）自动控制电路工作过程分析。QK 闭合→SA 扳到"2"位置→水位为低位→VT1 饱和导通→信号继电器 KS 得电动作，常闭触点断开，常开触点闭合→KA1 得电，常开触点闭合→KM2 得电动作→KM3 得电（KT 开始计时）→电动机通过 TA 降压启动。

当 KT 延时时间到，KT 延时使常开触点闭合→KA2 得电，串于 KM1 线圈支路的常开触点闭合（同时 KA2 常闭触点断开，使 KM2、KM3 失电）→KM1 得电，主触点闭合→电动机转为全压继续启动，并转到正常运行状态。

当水塔水位达到高位时→VT2 饱和导通→VT1 截止→KS 失电→KA1 失电→KM1、KA2 失电→电动机 M 停止运行。

说明：当 VT2 饱和导通，VT1 截止时，KS 失电→KS 常闭触点闭合→超低测点与低水位测点间有水导电，继续使 VT2 饱和导通，VT1 截止。

当水位再次降低为低水位以下时，则 VT2 截止，VT1 饱和导通，KS 得电动作，电路又重复上述过程。

3. 信号转换电路

通过以上分析可见信号转换电路的功能是将水塔水位高、低的位置信号转换为电信号。也就是如前所述的低水位时，VT1 饱和导通，使 KS 得电动作，KS 常闭触点断开，使水塔水位为低水位时，虽然低水位与超低水位两个测试点为等电位，但仍维持 VT2 饱和导通，使 VT1 截止。

当水位达到高水位时，则 VT2 饱和导通，VT1 截止，使 KS 失电，KS 常闭触点闭合，这样使超低水位测试点与低水位测试点短路，因此使超低水位起作用，使 VT2 继续维持其饱和导通和 VT1 截止。也就是说水位降到低水位前 VT2 总是饱和导通，VT1 总是截止状态。只有水位再次降到低水位以下时，VT1 饱和导通，VT2 才截止，电路开始再次进行自动上水过程。

当信号转换电路出故障时，则不能保证自动上水过程运行正常。

4. 信号灯显示

自动上水过程中，只有两种指示状态，即上水泵停止或运行。上水泵不工作，则灯 HL4 亮；上水泵运行，则灯 HL5 亮，HL4 熄灭。

手动控制时，指示灯有 3 个，即：HL1、HL2、HL3；HL1 灯亮说明上水泵没有工作，HL1 熄灭、HL2 亮，说明电动机 M 为启动过程（降压启动过程），当 HL1 和 HL2 都熄灭，HL3 灯亮时，说明电动机已经处于全压运行状态。

5. 电路中的保护环节、自锁环节及联锁环节

（1） 短路保护环节。

主电路短路保护环节是由 FU1 熔断器起保护作用的；辅助电路短路保护环节是由 FU2、FU3 熔断器起保护作用的；信号电路直流电路短路保护环节是由 FU4 起保护作用的。

（2） 过载保护环节。

只有主电路电动机 M 有过载保护环节。它是由热继电器 FR 来完成过载保护任务的。

（3） 自锁环节。

KM2 交流接触器和 KA2 继电器所在支路有自锁环节。

（4） 联锁环节。

KM1 与 KM2 和 KM3 之间有联锁环节，这种联锁是通过 KA2 来实现的。KA2 动作使 KM2 失电，KM2 使 KM3 失电，而 KM3 常闭触点闭合后，再加 KA1 常开触点闭合，则 KM1 才能得电动作。也就是说 KM2 和 KM3 得电，则 KM1 不能得电动作；而 KM1 得电动作，则 KM2 和 KM3 必须是失电状态。

指示灯 HL1 与 HL2 之间有连锁环节，即 HL1 灯亮而 HL2 灯熄灭，而 HL2 灯亮 HL1 灯熄灭；指示灯 HL3 与 HI2，和 HL1 之间也有联锁，即 HL3 灯亮，而 HL1 和 HL2 灯熄灭；指示灯 HL4 与 HL5 灯之间有联锁，即 HL4 灯亮，而 HL5 灯熄灭，而 HL5 灯亮，HL4 灯熄灭。指示灯之间联锁是通过继电器或接触器的常开和常闭触点来实现的，也就是通过继电器或接触器来控制的。

2.5.4 三相绕线型异步电动机启动控制电路

三相绕线型异步电动机启动控制电路是最常见的电力拖动电路。控制三相绕线型异步电动机启动控制电路有很多种，但常用的基本有两种控制电路。一种是用鼓形控制器和其他继电器、接触器组成的控制电路，另一种是用按钮开关和继电器、接触器组成的控制电路。本例控制电路属于后者。三相绕线型异步电动机启动控制电路如图 2-16 所示。

1. 分析主电路

（1） 主电路电源。

主电路电源为三相交流 380 V 电源。

（2） 主电路中的元器件。

主电路中的用电设备是三相绕线型异步电动机。电动机 M 的转子电路中串有三组启动电阻器，即电动机启动时转子绕组中外串启动电阻器。

主电路中除电动机外，还有电动机的电磁抱闸 YB，有断路器（原称自动空气开关）QS，有熔断器 FU1，有热继电器 FR，有交流接触器 KM1 和 KM2 的主触点。

主电路中的电磁抱闸 YB 是当电动机通电时，将电动机轴抱闸松开；而当电动机断电时，电磁抱闸也断电，电磁抱闸在复位弹簧作用下推动闸皮抱住电动机轴，使电动机在强大制动力作用下立即停止转动。

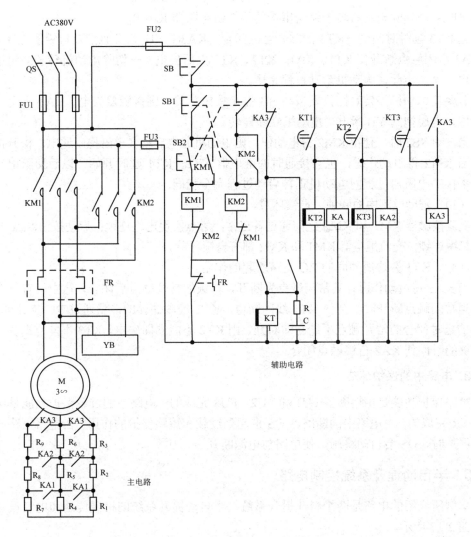

图 2-16　三相绕线异步电动机启动控制电路

2. 分析辅助电路

（1）辅助电路中的各控制器件。

辅助电路中的控制器件有：停止按钮开关 SB；使电动机正转启动按钮 SB1；使电动机反转启动按钮 SB2；控制电动机正转的交流接触器 KM1；控制电动机反转的交流接触器 KM2；定时用时间继电器 KT1、KT2、KT3；切除电动机转子绕组所串电阻器 $R_1 \sim R_3$、$R_4 \sim R_6$、$R_7 \sim R_9$ 这 3 组电阻器用的中间继电器 KA1、KA2、KA3。

（2）辅助电路对主电路的控制作用。

QS 闭合，使主电路与辅助电路与电源接通（有电压）。按动 SB1↓ →KM1 得电动作→主触点闭合（同时自锁）→电动机转子串接的全部电阻器 $R_1 \sim R_9$ 启动开始。

在 KM1 得电后，一对常开触点接通 KT1→KT1 延时闭合，常开触点闭合后→KA1 得电，常开触点闭合（同时 KT2 开始延时）→切除电动机转子绕组串接的第 1 组电阻器 $R_1 \sim R_3$。

当 KT2 延时时间到→KT2 延时闭合的常开触点闭合→KA2 得电，常开触点闭合（KT3

开始延时）→切除电动机转子绕组串接的第 2 组电阻器 $R_4 \sim R_6$。

当 KT3 延时时间到→KT3 的常开触点闭合→KA3 得电，常开触点及自锁触点闭合（同时 KA3 常闭触点断开使 KT1、KA1、KT2、KT3 先后失电）→切除电动机转子绕组串接的全部电阻器，至此，电动机启动过程完毕。

若要使电动机停转时，只要按动 SB 停止按钮开关，则接触器失电、KA3 失电，电动机断电，电磁抱闸 YB 断电，电动机立即停转。

当按动 SB2 时，使得 KM2 得电动作，则电动机通电启动（电磁抱闸通电，松开抱闸）。

当 KM2 得电动作时，也会接通时间继电器 KT1，KT1 延时开始，以后切除电动机转子所串接的电阻器过程同电动机正转启动过程完全相同。

（3）辅助电路中的联锁、自锁环节。

交流接触器 KM1 和 KM2 之间通过各自常闭触点实现电气连锁；启动按钮 SB1 与 SB2 组成机械连锁；交流继电器 KM1 和 KM2 都有自锁环节。

（4）KT1 旁边所并联的 RC 支路所起的作用。

当 KA3 得电动作时，其常闭触点先断开，自锁的常开触点后闭合，这中间有一个时间差。当常闭触点断开时，会使 KT1 线圈断电，KT1 线圈储存的能量通过 RC 支路释放掉，KT1 的延时闭合的常开触点不能立即断开，则 KT2 不能立即失电，KT3 不能立即失电，则有足够的时间使 KA3 自锁触点闭合。

3. 电路中的保护环节

短路保护功能是由熔断器 FU1 和 FU2、FU3 完成的。电路中的过载保护功能是由热继电器 FR 完成的。主电路中的断路器 QS 也起到过载和短路保护的作用。在电路短路严重或过载严重时，QS 会自动跳闸，使电路与电源断开。

2.5.5 半自动提升系统控制电路

本例所介绍的电路是两个料斗提升系统。半自动提升系统的机械传动和电气设备示意图如图 2-17 所示。

本例提升系统有两个料斗往返将物料提升到高处。两个料斗往返运动由电动机通过减速装置驱动。提升甲料斗时，乙料斗下降。

图 2-17 所示系统中，ST1、SE1、SL1、SH1 是控制甲料斗上升的 4 个限位行程开关，而 ST2、SE2、SL2、SH2 是控制乙料斗上升的 4 个限位行程开关。

ST1——甲料斗升到预定位置开始减速的行程开关；

SE1——甲料斗升到预定停止位置的行程开关；

SL1——甲料斗升到最高位置的行程开关；

SH1——甲料斗升到超高停止位置的行程开关；

ST2——乙料斗升到预定位置开始减速的行程开关；

SE2——乙料斗升到预定停止位置的行程开关；

SL2——乙料斗升到最高位置的行程开关；

SH2——乙料斗升到超高位置的行程开关。

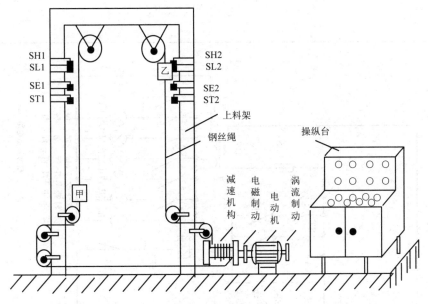

图 2-17　半自动提升系统的机械传动和电气设备示意图

下面就图 2-17 所示系统的工作状态进行说明。

当甲料斗升到 ST1 行程开关位置时，则 ST1 动作，系统进入减速运动状态，甲料斗继续上升，当甲料斗升到终点开关 SE1 位置时，甲料斗碰动 SE1，此时电动机应断电。甲料斗升到了预定位置，如果甲料斗升到 SE1 位置，电动机不能断电，则甲料斗会继续上升，当甲料斗升到最高限位开关 SL1 位置时，SL1 被碰动，电动机也会立即断电，停止甲料斗上升。如甲料斗到最高位置还没有停止，则甲料斗会碰到超高限位开关 SH1，则系统会强制断开电动机三相电源，使料斗停止上升，同时发出紧急报警。这种故障需要人为对系统检修，系统才能恢复正常工作状态，超高故障一般极少发生。

当乙料斗上升时，甲料斗下降。乙料斗上升到 ST2、SE2、SL2、SH2 位置时也会碰动这 4 个开关，所产生的动作效果同甲料斗上升过程中碰到 ST1、SE1、SL1、SH1 动作效果类同。

甲料斗上升时电动机正转，乙料斗上升时电动机反转。电动机启动和停止都通过操纵台上设置按钮开关控制。提升系统的工作状态有指示灯显示。

本系统是半自动控制系统，也就是说甲料斗提升需要按动相应按钮开关，则电动机开始正转，甲料斗开始上升；当甲料斗碰到 ST1 时自动减速运行，再碰到 SE1 时电动机断电，甲料斗自动倒料。若甲料斗碰到 SE1 时不能停止上升，则会碰到 SL1，甚至碰到 SH1 超高行程开关，系统会自动断开电路，进入报警状态。甲料斗上升的全过程只需人为操纵一次。甲料斗上升过程中可以人为操作使之停止运行。乙料斗上升过程与甲料斗上升过程相类同。

本例半自动提升系统控制电路的电气原理图如图 2-18 所示。

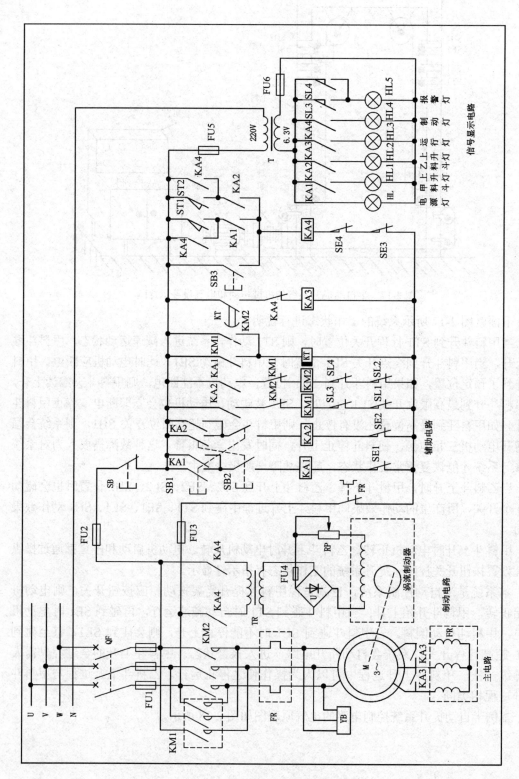

图 2-18　半自动提升系统控制电路的电气原理图

为了分析电路方便，将图 2-18 所示电路分为主电路、辅助电路、制动电路、信号电路四部分。下面分别进行解读。

1. 主电路

主电路电源为三相交流 380 V 电源。主电路是由断路器 QF、熔断器 FU1、热继电器 FR、电动机 M、制动电磁抱闸 YB、频敏电阻器 RP 等元器件和电气设备组成。

电动机 M 是三相绕线型异步电动机,转子绕组串入频敏电阻器供电动机 M 启动时用,电动机正常运行时频敏电阻器被切除。电动机 M 受控制器件 KM1 和 KM2 的控制。

电磁抱闸 YB 与电动机同步通/断电。YB 通电,电磁抱闸吸合衔铁,使抱闸松开,电动机轴可以自由转动；而当 YB 断电时,则电磁抱闸将电动机轴刹住不动。

电动机提升料斗升到接近终点位置前有制动减速运行过程。制动减速过程由涡流制动器来完成的。

2. 辅助电路中的器件

辅助电路由以下器件组成。
- 按钮开关 SB、SB1 和 SB2。
- 行程开关 ST1、SE1、SL1、SH1、ST2、SE2、SL2、SH2 等。
- 交流接触器（~380V）KM1、KM2。
- 中间继电器（~380V）KA1、KA2、KA3、KA4。
- 定时器 KT。
- 变压器 T。
- 指示灯 HL、HL1、HL2、HL3、HL4、HL5。

3. 制动电路

涡流制动电路由整流变压器（TR）、桥式整流装置（U）、熔断器（FU4）、电位器（RP）、涡流制动器组成。涡流制动器只是在电动机提升料斗到终点前开始起作用,使电动机制动减速运行,以便料斗准确到位停止移动,并能倒掉料斗中的物料。

涡流制动器只有在甲料斗碰到 ST1 或者乙料斗碰到 ST2 时,KA4 继电器得电动作,KA4 继电器常开触点闭合,接通涡流制动器电路,涡流制动器才进入制动作用状态。

电磁抱闸 YB 是由三相电磁线圈、电磁衔铁和机械抱闸三部分组成的。三相电磁线圈与三相绕线式异步电动机的定子绕组并联,就保证了电磁抱闸的电磁线圈与电动机绕组同步通/断电。电磁线圈得电时,产生电磁力吸引衔铁松开闸片,电动机启动运行；当电磁线圈失电时,衔铁会在复位弹簧作用下复位,闸片抱住闸体,使电动机快速停止转动。

4. 信号电路

信号电路中有 6 个信号指示灯（HL、HL1、HL2、HL3、HL4、HL5）,电压为 6.3 V。

HL——电源接通指示灯,电源有电压,则亮；

HL1——甲料斗上升指示灯；

HL2——乙料斗上升指示灯；

HL3——电动机正常运行指示灯；

HL4——电动机减速制动状态指示灯；

HL5——料斗冲过终点达到最高位置报警指示灯。

信号灯受 QF、KA1、KA2、KA3、KA4、SL1、SL2 等器件的控制。

这个电路比较复杂，电路中包含电动机的正、反转控制环节，电动机的减速制动环节，电动机强制制动环节。电路中还有自锁、连锁控制环节及信号显示等。在分析电路时应采用化整为零的分析方法，要特别注意同一个继电器线圈和对应触点之间的关系，以及继电器之间是否存在联动或者相互制约关系等特殊问题。

5. 辅助电路分析

（1）辅助电路中的电气器件。

在辅助电路中，有以下主要电气器件：起短路保护的熔断器（FU2、FU3）；停止按钮开关（SB）；电动机 M 正转启动按钮开关（SB1）；电动机 M 反转启动按钮开关（SB2）；电动机制动过程手动按钮开关（SB3）；中间继电器（KA1、KA2、KA3、KA4）；交流接触器（KM1、KM2）；使电动机开始减速制动的行程开关（ST1、ST2）；电动机提升料斗到终点时，发出使电动机停止命令的终点开关（SE1、SE2）；料斗到极限位置时的限位开关（SL1、SL2、SH1、SH2）；时间继电器（KT）。

（2）辅助电路控制作用。

辅助电路是为了控制电动机启动、制动及停止而设置的电路。

- 电动机正转提升甲料斗和下降乙料斗的工作过程。QF 闭合→按动 SB1→KA1 得电动作→KM1 得电动作→电动机正转启动（频敏电阻器串入电动机转子绕组中启动），同时，KT 得电开始延时；当 KT 延时时间到时→KA3 得电动作→频敏电阻器被切除，电动机启动结束，转为正常运行状态；当提升甲料斗到行程开关 ST1 位置时→ST1 被碰动→KA4 得电动作→KA4 常开触点闭合→TR 接通电源→桥式整流输出直流电→涡流制动器工作→电动机处于制动减速状态（频敏变阻器也接入电动机转子电路）；当提升甲料斗到终点开关 SE1 位置时→SE1 被碰动→KA1 失电→KM1 失电→电动机断电，电磁抱闸抱住电动机轴，同时 KT 失电使 KA3 失电；KA4 失电使电动机结束制动减速。

- 电动机反转提升乙料斗和下降甲料斗工作过程。当 QF 闭合后，按动 SB2，则 KA2 线圈通电动作，使 KM2 线圈通电动作，电动机转子绕组反转启动；在 KM2 得电动作后，时间继电器 KT 线圈得电，KT 延时开始，KT 延时时间到，则 KA3 得电动作，切除频敏电阻器，电动机启动完毕，转为正常运行；当乙料斗碰到 ST2 时，电动机进入减速制动运行状态；当乙料斗碰到 SE2 时，电动机断电，同时电磁抱闸 YB 断电，电动机轴被抱闸抱住，电动机反转提升乙料斗过程完毕。

- 高点开关 SL1 和 SL2 的作用。超过终点开关 SE1 或 SE2 之后，又设置 SL1、SL2、两个高位开关和两个超高限位开关 SH1 和 SH2。设置超高限位开关的目的是为了在料斗提升过程中，一旦料斗到终点开关 SE1 或 SE2 时料斗不停，料斗会碰到最后设置的限位开关 SH1、SH2，电动机断电，料斗停止上升。如果电路中各电气器件动作正常，电路传输信号正常，电动机会正常启动和停止，SL1、SL2、SH1、SH2 是碰不到的，只有发生故障时，才可能发生冲过终点开关 SE1、SE2 位置的故障，才可能碰到 SL1、SL2、SH1、SH2 开关。

- 制动减速行程开关的控制作用。制动减速行程开关 ST1 和 ST2 只有料斗上升时碰到，才起到使电动机制动减速的控制作用，而料斗下降过程中碰到 ST1 或 ST2 是不起控制作用的。即 KA4 得电有 3 种方法（3 条途径）：第 1 种方法是用手按动 SB3，使其得电动作，电动机制动减速；第 2 种方法是电动机正转时 KA1 得电动作，KA1 串于 KA4 线圈支路，常开触点闭合和甲料斗碰到 ST1 时，才能使 KA4 得电动作，电动机制动减速；第 3 种方法是电动机反转时，KA2 得电动作，KA2 串于 KA4 线圈支路，常开触点闭合和乙料斗碰到 ST2 时，才能使 KA4 得电动作，电动机制动减速。

（3）信号显示电路工作情况说明。

当断路器 QF 闭合后，电源有电压（正常电压），则 HL 电源指示灯正常发光；当 KA1 得电动作（电动机正转，甲料斗提升过程），则甲料斗提升指示灯 HL1 亮；当提升甲料斗到 ST1 位置，碰到 ST1 时，KA4 得电动作，则制动指示灯 HL3 亮；当 KA2 得电动作（电动机反转，乙料斗提升过程），则乙料斗提升指示灯 HL2 亮；若出现超限位，则 SL1 或 SL2 被碰到，报警指示灯 HL5 亮。

通过观察指示灯亮、灭状态，可知提升系统的工作状态。

（4）电路中的保护环节。

QF 断路器有短路保护和过载保护功能。熔断器 FU1、FU2、FU3、FU4、FU5、FU6 起短路保护作用。热继电器 FR 起过载保护作用。限位开关 SL1 和 SL2 起限制料斗上升最高位置的作用。

（5）电路中的自锁和联锁环节。

辅助电路中按钮开关 SB1 与 SB2 之间有机械联锁环节；交流接触器 KM1 和 KM2 之间有电气连锁环节。

辅助电路中 KA1 和 KA2 继电器有自锁环节。

2.6　电气原理图识图方法总结

本章先介绍了电气原理图识图方法和识图步骤，紧接着介绍了电路中常见的控制环节和常用的控制电路，最后列举 5 个控制电路进行识图分析。通过以上对具体控制电路的分析，可以得出识读电气原理图的几个要点。

（1）对电路中电气图形符号必须熟悉，这是识图最基本的要求。

（2）了解电路中电气设备、装置和控制器件动作原理。

（3）熟悉具体机械设备、装置或控制系统的工作状态，有利于电气原理图的识图。

（4）分析主电路的关键是要明白主电路中的用电设备的工作状态是由哪些控制器件控制的。明白了控制与被控制的关系，就可以说对电气原理图基本读懂了。

（5）分析辅助电路时要明白辅助电路中各个控制器件之间的关系，要明白辅助电路中哪些控制器件控制主电路中的用电设备状态的改变。

分析辅助电路时最好是按照每条支路所串联的控制器件的相互制约关系去分析，然后再看该支路控制器件动作对其他支路中的控制器件有什么影响。采取逐渐推进法分析是比较好的方法。

辅助电路比较复杂时，最好是将辅助电路拆分为若干个单元电路，然后对各个单元电路进行分析，以便抓住核心环节，使复杂问题简化。

本章所选用的实例都是电力拖动方面的常见控制电路。照明电路和变配电电路都没有介绍，复杂的控制电路也没有介绍。这些电路，将在后面章节中进行详细讲解。

第 3 章　怎样看电路接线图

　　学会识读电气原理图是学会识读电路接线图的基础；而学会识读电路接线图又是进行实际电路接线的基础。反过来，通过具体电路接线的实践又会促进识读电路接线图和识读电气原理图能力的提高。

　　为了使读者学会识读电路接线图，并能亲自进行实际电路接线，从而提高识图能力，本章将先介绍识读电路接线图的方法和步骤，分析电气原理图与电路接线图的密切关系，然后对识图实例进行解读。

3.1　识读电路接线图常识

　　电路接线图是依据相应的电气原理图而绘制的，电路接线后必须达到电气原理图所能实现的功能，这也是检验电路接线是否正确的唯一标准。

　　电路接线图与电气原理图在绘图上是有很大区别的。从图 3-1 所示的三相异步电动机启动控制电路的电气原理图和电路接线图就可看出电气原理图与电路接线图有以下具体区别。

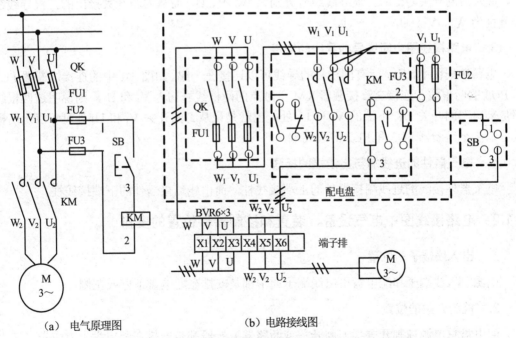

（a）电气原理图　　　　　　（b）电路接线图

图 3-1　三相异步电动机启动控制电路的电气原理图和电路接线图

　　电气原理图以表明电气设备、装置和控制器件之间的相互控制关系为出发点，以明确分析出电路工作过程为目标。电路接线图以表明电气设备、装置和控制器件的具体接线为出发点，以接线方便、布线合理为目标。电路接线图必须标明每条线所接的具体位置，每条线都有具体明确的线号。每个电气设备、装置和控制器件都有明确的位置，通常将每个控制器件的不同部件都画在一起，并且用虚线框起来。如：在电路接线图中，一个接触器是将其线圈、主触点、辅助触点都绘制于一起并用虚线框起来；而在电气原理图中，对同一个控制器件的不同部件是根据其作用绘制于不同的位置，如接触器的线圈和辅助触点绘制于辅助电路中，而其主触点则绘制于主电路中。

3.1.1 电路接线图各电气设备、装置和控制器件的画法

电路接线图的电气设备、装置和控制器件都应按照国家规定的电气图形符号画出，而不考虑其真实结构。在绘制电路接线图时，必须遵循以下绘制原则和按具体规定绘制。

1. 电路中各器件位置及内部结构处理

电路接线图中每个电气设备、装置和控制器件是按照其所在配电盘中的真实位置绘制的，同一个控制器件集中绘制在一起，而且经常用虚线框起来。有的元器件用实线框图表示出来，其内部结构全部略去，而只画出外部接线，如半导体集成电路在电路图中只画出集成块和外部接线，而在实线框内标出它的型号。

2. 电路接线图中的每条线都应标有明确的标号

每根线的两端必须标同一个线号。电路接线图中串联元器件的导线线号标注有一定规律，即串联的元器件两边导线线号不同。由图 3-1 中带熔断器刀闸开关 QK 两边的导线可见，进入刀闸开关 QK 的三根导线线号分别为 W、V、U，而从刀闸开关接出的三根导线线号分别为 W_1、V_1、U_1。

3. 电路接线图中同线号的导线的连接

电路接线图中，凡是标有同线号的导线可以连接在一起。如图 3-1 中的连接熔断器 FU2 和 FU3 的两根线和连接交流接触器 KM 主触点的两根线号均为 V_1 和 U_1，则说明这四根线都是来自刀闸开关 QK 下端的 V_1 和 U_1 处；也就是说从刀闸开关 V_1 和 U_1 处可各引出两根线分别接于熔断器 FU3 和 FU2 的进线端。

4. 电气器件的进线端与出线端的接法

电气器件接线的进线端接器件的上端接线柱，而出线端接器件的下端接线柱。

3.1.2 电路接线图中电气设备、装置和控制器件位置的安排

1. 出入线端子的位置

电源引入线端子和配电盘引出线端子通常都是安排在配电盘下方或左侧。

2. 控制开关的位置

配电盘总电源控制开关（刀闸开关或断路器）一般都是安排在配电盘上方位置（左上方或右上方）。

3. 熔断器的位置

配电盘有熔断器时，熔断器也是安装在配电盘的上方位置。

4.　开关的位置

电路中按钮开关、转换开关、旋转开关一般都是安装于容易操作的面板上，而不是安装于配电盘上。按钮开关、转换开关、旋转开关与配电盘上控制器件之间的连接线通常都通过端子连接。

5.　指示灯的位置

电路中的指示灯（信号灯）都是安装在容易观察的面板上。指示灯的连接线也是通过配电盘所设置的端子引出。

6.　交直流元器件的位置

电路中采用直流控制的元器件与采用交流控制的元器件应分开区域安装，以避免交流与直流连接线搞错。

3.1.3　配电盘导线布置方法

配电盘导线布置（又称为布线）分为板前布线和板后布线两种。

板前布线示意图如图 3-2 所示。

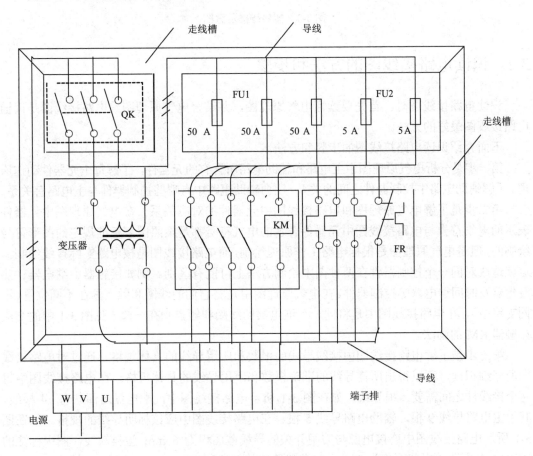

图 3-2　板前布线示意图

板前布线应遵循以下两个原则。

- 布线时一般将电源引入线与其他线分开布置，将直流线路与交流线路分开布置；
- 配电盘采取板前布线时，尽量做到走线美观。板前布线一般用走线槽布线的方式，有的也采取线龙走线方式。塑料线槽示意图如图 3-3 所示。

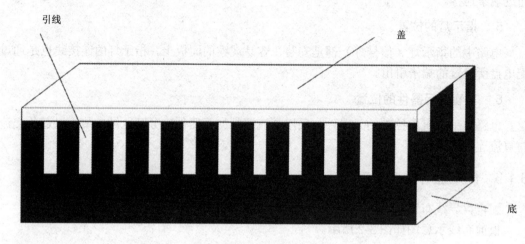

引线　　　　盖

底

图 3-3　塑料线槽示意图

3.2　识读电路接线图的方法和步骤

识读电路接线图时，首先要读懂电气原理图，并结合电气原理图看电路接线图是读懂电路接线图最好的方法。

下面介绍识读电路接线图的步骤和方法。

第一步是分析电气原理图中主电路和辅助电路所含有的元器件，了解每个元器件动作原理。了解辅助电路中控制器件之间的关系，明白辅助电路中有哪些控制器件与主电路有关系。

第二步是了解电气原理图和电路接线图中元器件的对应关系。在电气原理图中元器件表示的电气符号与电路接线图中元器件表示的电气符号都是按照国家标准规定的图形符号绘制的，但是电气原理图是根据电路工作原理绘制，而电路接线图是按电路实际接线绘制，这就造成对同一个控制器件在两种图中绘制方法上可能有区别。例如接触器、继电器、热继电器及时间继电器等控制器件，在电气原理图中是将它们的线圈和触点画在不同位置（不同支路中），在电路接线图中是将同一个继电器的线圈和触点画在一起。见图 3-1 中的交流接触器 KM 的画法。

第三步是了解电路接线图中接线导线的根数和所用导线的具体规格。通过对电路接线图的仔细识读，可以得出所需导线的准确根数和所用导线的具体规格。在电路接线图中每两个接线柱之间需要一根导线。如在图 3-1 所示电路接线图中，配电盘内部共有 14 根线，其中主电路导线 9 根，辅助电路导线 5 根。在电路接线图中应该标明导线的规格。如在图 3-1 所示电路接线图中连接电源与刀闸开关的导线截面积为 6 mm^2 塑料软线，图中标注的 BVR6×3 表示 3 根截面积为 6 mm^2 的塑料绝缘的软线。

在很多电路接线图中并不标明导线的具体型号规格，而是将电路中所有元器件和导线型号规格列入元器件明细表中。

如果电路接线图中没有标明导线的型号规格，而明细表中也没有注明导线的型号规格，这就需要接线人员选择导线（有关导线的选择另外说明）。

第四步是根据电路接线图中的线号研究主电路的线路走向。分析主电路的线路走向是从电源引入线开始，依次找出接主电路的用电设备所经过的电气器件。电源引入线规定用的文字符号 L_1、L_2、L_3 或 U、V、W、N 表示三相交流电源的三根相线（火线）和零线（中性线）。如图 3-1 所示电路中电源到电动机 M 之间连接线要经过配电盘端子引入→QK 刀闸开关→交流接触器 KM 的主触点（三对主触点）→配电盘端子（W_2、V_2、V_3）→电动机接线盒的接线柱。

第五步是根据线号研究辅助电路的线路走向。在实际电路接线过程中主电路和辅助电路是分先后顺序接线的。这样做的原因，是为了避免主、辅电路线路混杂，另外主电路和辅助电路所用导线型号规格也不相同。

分析辅助电路的线路走向是从辅助电路电源引入端开始，依次研究每条支路的线路走向。如图 3-1 所示电路的辅助电路电源是从交流接触器两对主触点的一端接线柱上引出的（标有 V_1 和 U_1 线的接线柱）。辅助电路线路走向是从 U_1→熔断器 FU2→按钮开关 SB→KM 线圈→FU3 熔断器→V_1。

3.3　识读电路接线图实例

电路接线图种类很多，但最常用的有照明电路、电力拖动电路、变配电电路三种。在三种电路中电力拖动电路接线最复杂，其他电路接线比较简单。下面分别介绍三种电路接线图的识图方法。

3.3.1　照明电路接线图

照明电路接线图与其他两种电路接线图画法有重要区别。现以建筑物照明为例，说明照明电路接线图画法和识图方法。

要看懂照明电路接线图，应该了解照明电路中灯具、开关和配电箱的电气图形符号，熟悉照明电路接线图画法。照明电路中常用的元器件电气图形符号见表 3-1 所列，电路中常用绝缘导线的型号、工作电压及敷设要求见表 3-2 所列；电路中常用导线规格见表 3-3 所列；BXR 型橡皮软线规格见表 3-4 所列；BLV、BV、BLV－105 型、BV－105 型单芯及二芯聚氯乙稀导线规格见表 3-5 所列；BVR、BVR－105 型聚氯乙烯软线规格见表 3-6 所列。

表 3-1　照明电路中常用的元器件电气图形符号

序　号	符号名称	图形符号（GB4728）	文字符号（GB7159）
1	天棚灯	◖◗	
2	花灯	⊗	E 或 EL
3	壁灯	 ⊖	
4	矿山灯	 ⊖	E 或 EL

（续表）

序　号	符 号 名 称	图形符号（GB4728）	文字符号（GB7159）
5	安全灯	⊖	E 或 EL
6	防爆灯	○	E 或 EL
7	球形灯	●	E 或 EL
8	普通白炽灯	⊗	E 或 EL
9	单管荧光灯	├──┤	E 或 EL
10	投光灯一般符号	(⊗	E 或 EL
11	聚光灯	(⊗=	E 或 EL
12	泛光灯	(⊗<	E 或 EL
13	防爆荧光灯	├─◄	E 或 EL
14	专用电路事故照明灯	⊗	E 或 EL
15	探照灯	(⊲	E 或 EL
16	广照灯	(<	E 或 EL
17	防火防尘灯	⊗	E 或 EL
18	信号灯	⊗	E 或 EL
19	局部照明灯	•(	E 或 EL
20	弯灯	⌐o	E 或 EL
21	开关一般符号	⌐o	S
22	三极开关： 　一般符号 　暗装 密闭（防火） 　防爆	●ϵ ⌐oϵ ⊖ϵ ●ϵ	S
23	单极拉线开关	⌐o↑	S
24	单极双控拉线开关	⌐o↑	S
25	单极三线双控开关	⌐o	S
26	多拉开关	⌐o	S
27	调光器	⌐o⊦	S
28	照明配电箱（屏）	▬	AL
29	动力或动力-照明配电箱	▭	AP

（续表）

序　号	符　号　名　称	图形符号（GB4728）	文字符号（GB7159）
30	多种电源配电箱（屏）		AA
31	直流配电盘（屏）		AZ
32	事故照明配电箱（屏）		AL
33	交流配电盘（屏）		AJ
34	单相插座； 一般符号 暗装 密闭（防水） 防爆		X 或 XS
35	带接地插孔单相插座； 一般符号 暗装 密闭（防水） 防爆		X 或 XS
36	带接地插孔三相插座； 一般符号 暗装 密闭（防水） 防爆		X 或 XS
37	电信插座符号		X 或 XS

表 3-2　电路中常用绝缘导线的型号、工作电压及敷设要求

序　号	名　　称	新 型 号	旧 型 号	工作电压（V）	敷设场合与要求
1	铝芯氯丁橡皮线 铜芯氯丁橡皮线	BLXF BXF	BLXF BXF	交流 500 直流 1000	固定敷设用，尤其适合于户外，可明敷或暗敷
2	铝芯橡皮线 铜芯橡皮线	BLX BX	BBLX BBX	交流 500 直流 1000	固定敷设用，可明敷或暗敷
3	铜芯橡皮软线	BXR	BBXR	交流 500 直流 1000	室内安装，要求较柔软时的场合
4	铝芯绝缘氯丁橡皮护套电线 铜芯绝缘氯丁橡皮护套电线	BLXHL BXHL	BLXHF BXHF	交流 500 直流 1000	敷设于较潮湿的场合，可明敷或暗敷
5	铝芯聚氯乙烯绝缘电线 铜芯聚氯乙烯绝缘电线	BLV BV	BLV AV、BV	交流 500 直流 1000	固定敷设于室内外及电气设备内部，可明敷或暗敷，最低敷设温度不低于−15℃

（续表）

序　号	名　称	新型号	旧型号	工作电压（V）	敷设场合与要求
6	铝芯耐热105℃聚氯乙烯绝缘电线 铜芯耐热105℃聚氯乙烯绝缘电线	BLV－105 BV－105	BLV－105 BV－105	交流500 直流1000	固定敷设高温环境的场所，可明敷或暗敷，最低敷设温度不低于-15℃
7	铜芯聚氯乙烯软线	BVR	BVR AVR	交流500 直流1000	固定敷设，安装时要求柔软时用，最低敷设温度不低于-15℃
8	铝芯聚氯乙烯绝缘护套电线 铜芯聚氯乙烯绝缘护套电线	BLVV BVV	BLVV BVV	交流500 直流1000	固定敷设于潮湿的室内和机械防护要求较高的场合。可明敷和暗敷或直接埋地下，最低敷设温度不低于-15℃
9	农用铝芯聚氯乙烯绝缘电线 农用铝芯聚氯乙烯绝缘护套电线	NLV NLVV	- -	交流500 直流1000	直埋地下，埋设深度1m以下，最低敷设温度不低于-15℃
10	铜芯耐热105℃聚氯乙烯绝缘软线	BVR－105	AVR-105	交流500 直流1000	同BV－105，用于安装时要求柔软的场合
11	纤维和聚氯乙烯绝缘电线	BSV	ASV	交流500 直流1000	电器、仪表等用做固定敷设的线路接线用
	纤维和聚氯乙烯绝缘软线	BSVR	ASVR	交流250 直流500	用于交流250V或直流500V的场合
12	丁腈聚氯乙烯复合物绝缘电气装置用电线 丁腈聚氯乙烯复合物绝缘电气装置用软线	BVF BVFR	AVF AVFR	交流500 直流1000	用于交流500V或直流1000V以下的电器、仪表等装置作连接线用

表3-3　电路中常用导线规格（小线径）

BLX、BX、BLXF　BXF型氯丁橡皮线规格					
导线截面积 （mm²）	导线结构 （根数/直径mm）	电线最大外径（mm）			
		BLX　BX			BLXF、BXF
		1芯	2芯	3芯	4芯	
0.75	1/0.97	4.4	—	—	—	3.4
1	1/1.17	4.5	8.7	9.2	10.1	3.5
1.5	1/1.37	4.8	9.2	9.7	10.7	3.7
2.5	1/1.76	5.2	10.0	10.7	11.7	4.1
4	1/2.24	5.8	11.1	11.8	13.0	4.6
6	1/2.73	6.3	12.2	13.0	14.3	5.0
10	7/1.33	8.1	15.8	16.9	18.7	7.0
16	7/1.70	9.4	18.3	19.5	21.7	8.7

表 3-4 BXR 型橡皮软线规格（小线径）

导线截面积（mm²）	导线结构（根数/直径 mm）	绝缘层厚度（mm）	电线最大外径 （mm）
0.75	7/0.37	1.0	4.5
1	7/0.43	1.0	4.7
1.5	7/0.52	1.0	5.0
2.5	19/0.41	1.0	5.6
4	19/0.52	1.0	6.2
6	19/0.64	1.0	6.8
10	19/0.82	1.2	8.2
16	49/0.64	1.2	10.1

表 3-5 BLV 、BV、BLV－105 型、BV－105 型单芯及二芯聚氯乙烯导线规格

导线截面积（mm²）	导线结构（根数/直径 mm）	绝缘厚度（mm）	电线最大外径（mm）	
			单 芯	二 芯 平 行
0.2	1/0.5	0.4	1.4	1.4×2.8
0.3	1/0.6	0.4	1.5	1.5×3.0
0.4	I/0.7	0.4	1.7	1.7×3.4
0.5	I/0.8	0.5	2	2.0×4.0
0.75	1/0.97	0.6	2.4	2.4×4.8
1.0	1/1.13	0.6	2.6	2.6×5.2
1.5	1/1.37	0.8	3.3	3.3×6.6
2.5	1/1.76	0.8	3.7	3.7×7.4
4	1/2.24	0.8	4.2	4.2×8.4
6	1/2.73	0.8	4.8	4.8×9.6
10	7/1.33	1.0	6.6	6.6×13.2
16	7/1.70	1.0	7.8	—

表 3-6 BVR、BVR－105 型聚氯乙烯软线规格

导线截面（mm²）	导线结构（根数/直径 mm）	绝缘厚度（mm）	电线最大外径（mm）
0.75	7/0.37	0.6	2.5
1.0	7/0.43	0.6	2.7
1.5	7/0.52	0.8	3.5
2.5	19/0.41	0.8	4.0
4	19/0.52	0.8	4.5
6	19/0.64	0.8	5.3
10	49/0.52	1.0	7.4
16	49/0.64	1.0	8.5

1. 厂房照明电路接线图

小型厂房照明电路接线图如图 3-4 所示，下面以此图为例进行解读，教给读者对照明电路接线图的基本识图知识。

由图 3-4 所示电路接线图可见，绘制建筑照明电路接线图（平面图）时应该绘出建筑物的平面图，在建筑物平面图形内再绘出电路接线图。照明接线图应标明灯具类型、灯距本层地面的高度，还应标明或说明照明灯具开关距本层地面的高度，标明照明配电箱距本层地面的高度。

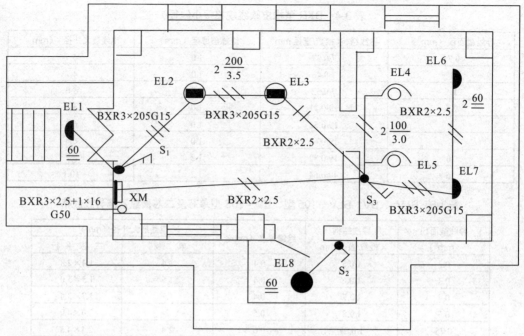

图 3-4　小型厂房照明电路接线图

注：1. 未标明的管线为 B×3×2.5 G15PA 配线
　　2. 灯开关距地面距离 1.4 m
　　3. 照明配电箱中心距地面 1.8 m

对图 3-4 作如下说明：

$2\dfrac{200}{3.5}$——功率 200 W，距地面高度 3.5 m，灯数 2 盏；

EL1——60 W/220 V，天棚灯 1 盏；

EL2、EL3——200 W/220 V，安全灯 2 盏，距地面 3.5 m；

EL4、EL5——100 W/220 V，弯灯 2 盏，距地面 3 m；

EL6、EL7——60 W/220 V，天棚灯 2 盏；

EL8——60 W/220 V，球形灯 1 盏；

BXR×3×2.5——铜芯橡皮电线 3 根，截面积为 2.5mm²；

G50——铁管，管径为 50 mm；

S₁——双极暗装灯开关；

S₂——单极暗装灯开关；

S₃——双极暗装灯开关。

灯开关距地面 1.4 m，照明配电箱中心距地面 1.8 m，所有导线采用穿铁管暗配线。

2. 居民楼电路接线图（第 2 层楼两户电路）

居民楼配电箱一般是一个栋口（楼口）一个，各住户按照三相电源平衡原则配线。现在设定配电箱在第 2 层楼。居民楼第 2 层两户电路接线图如图 3-5 所示。

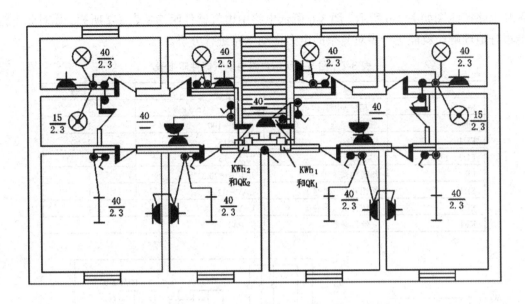

图 3-5　居民楼第 2 层两户电路接线图

说明：1. 所有灯单极暗开关距地面 1.5 m　　　4. 照明配电箱距地面 1.8 m（中心高度）

　　　2. 分线盒距地面 2.6 m　　　　　　　　5. 暗装带接地插孔单相插座距地面 0.5 m

　　　3. 所有导线都是 BV2×4 G15PA 配线　　6. 分户配电箱距地面 1.8 m

　　由图 3-5 所示电路接线图可见，居民楼照明电路的进户配电箱很简单，里边只有单相电度表和带熔断器的刀闸开关（双极单相刀闸开关）。近年建筑的居民楼房每户都设有单相电度表和单极断路器，每户还设有漏电保护器。每户单相电度表和单极断路器是每个楼门集中设置于三层或四层走廊内。每户漏电保护器设置于每户进户线位置。所列举的实例，每户设置照明配电箱，每户的进线是从其照明配电箱引出的。

　　由图 3-5 所示电路接线图可以看出每户的墙上都有 5 个分线盒，每户都有 2 盏 40 W 白炽灯、1 盏防水防尘灯 15 W/220 V、2 盏荧光灯、1 盏天棚灯（走廊中有盏天棚灯），每户都安装了带接地插孔单相插座 5 个，每个灯都有板式开关控制。

　　图中对电路中所有的电气器件安装都有具体位置的规定。在图 3-5 中灯具、开关、分线盒等都标明了距地面高度，但没有标明这些器件立体坐标，这是因为照明接线电路还有建筑布线总图，在总图上明确标明每个器件所在平面位置，所以每层照明线路图只标明灯具的类型、功率、距地面高度即可。

　　这里所介绍的有关照明电路接线图比较简单，而实际电路都比这两个电路要复杂，但总的内容不会有太多的变化。

3.3.2　电力拖动电路接线图

　　电力拖动电路接线图是最复杂、种类最多的电路，也是最容易出现接线错误的电路。为此我们对这部分电路接线图进行详细讲解。

1. 三相异步电动机启动控制电路的电气原理图和电路接线图

　　三相异步电动机（10 kW 以下）启动控制电路是最常见的电力拖动电路，其电气原理图和电路接线图如图 3-6 所示。图 3-6 所示电路中电气器件明细见表 3-7 所列。如对此电路能很好地理解，就能进一步对复杂的电力拖动电路进行分析。

表 3-7　图 3-6 所示电路中电气器件明细表

符　号	器件名称	型　号	数　量
M	三相鼠笼型异步电动机	Y132S－4（5.5 kW）	1
QF	三极断路器	DZ10－100	1
FU1	熔断器	RL1－15	3
FU2、FU3	熔断器	RL1－15	2
FR	热继电器	JR16B－20/3	1
SB1	按钮开关（红色）	LAY－11	1
SB2	按钮开关（绿色）	LAY－11	1
KM	交流接触器	3TB40	1

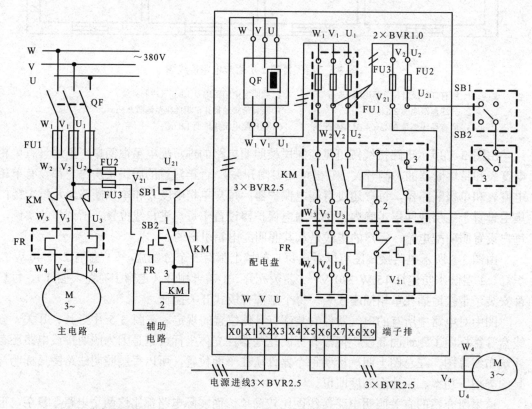

（a）电气原理图　　　　　　　　　　（b）电路接线图

图 3-6　三相异步电动机启动控制电路的电气原理图和电路接线图

由图 3-6（a）所示电气原理图可见，电气原理图中主电路和辅助电路的控制与被控制的关系很明确，电路的工作过程很容易看出来。只要顺着线路便很容易看出，若闭合 QF 断路器，再按动 SB2 按钮开关，则 KM 交流接触器动作，主电路中的 KM 主触点闭合，电动机 M 接通电源开始启动运行。

图 3-6（b）所示电路接线图标明了配电盘上各控制器件与电源、电动机、按钮开关的

连线关系，也标明了配电盘内各控制器件之间的连线。在具体分析接线图时，从电源端开始顺主电路看起，可见电源线通过端子排的 W、V、U、引入→QF 上端→QF 下端→FU1 熔断器上端→FU1 下端→KM 主触点→FR 热继电器→端子 W_4、V_4、U_4→电动机 M。

分析辅助电路时，从辅助电路电源端开始。从 FU1 熔断器中的两个熔断器下端引入 380 V 电源→FU2、FU3 上端→FU2、FU3 下端→FU2 下端→SB1 常闭触点一端（U_{21} 标号端）→SB1 常闭触点"1"标号端→SB2 常开触点"1"标号端→KM 辅助触点一端"1"标号端→KM 辅助触点"3"标号端（与线圈"3"标号端并联）→SB2 按钮常开触点"3"标号端。从 FU3 下端 V_{21} 标号端→FR 常闭触点"2"标号端→KM 线圈"2"标号端。

通过以上对电路接线图分析可知，只要将标注有同线号的两个接线柱用导线连接起来，就使电路形成完整的回路。

实际电路接线图中主电路是比较简单的，辅助电路比较复杂，所以我们分析电路接线图时，应该把主要精力放在分析辅助电路上。

2.　X8120W 型万能工具铣床电路

X8120W 型万能工具铣床电气原理图如图 3-7 所示，X8120W 型万能工具铣床电路接线图如图 3-8 所示。

图 3-7 和图 3-8 是两张实际机床电路图纸。图中电动机和控制器件明细见表 3-8 所列。

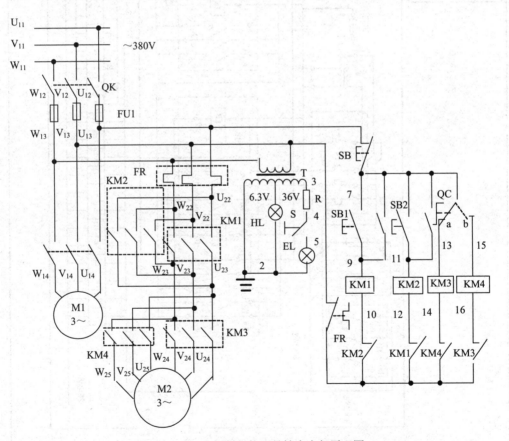

图 3-7　X8120W 型万能工具铣床电气原理图

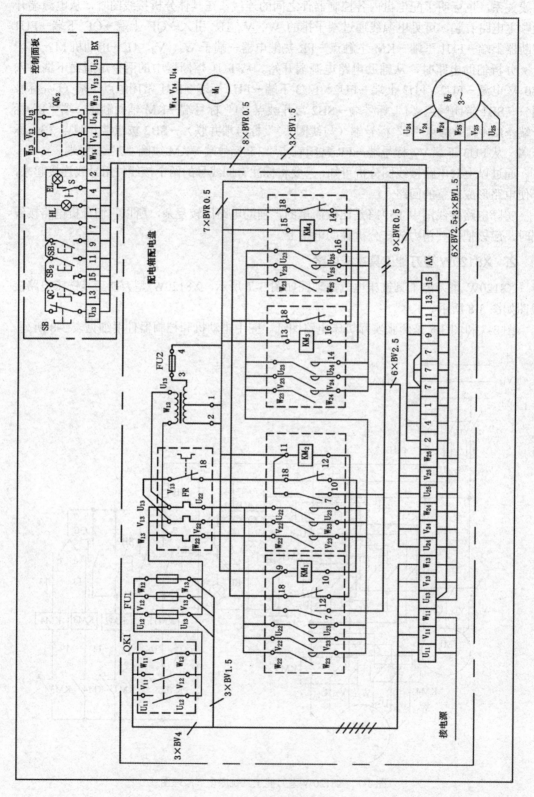

图 3-8 X8120W 型万能工具铣床电路接线图

表 3-8　图 3-7 和图 3-8 所示电路中电动机和控制器件明细表

图形符号	名　称	型　号	数　量	备　注
M_1	冷却泵电动机	DB-52B （0.15 kW/2760 r/min）	1	
M_2	铣头电动机（双速电动机）	JDO252-4/2		5.2/7 kW，380 V， 1460/2870 r/min
KM1 KM2 KM3 KM4	交流接触器	CJ20-20/380 V	4	
QK1	电源刀闸开关	HK2-30/3（30 A/500 V）	1	
QK2	冷却泵电动机刀闸开关	HK2-15/3（15 A/500 V）	1	
FR	热继电器	JR1-1（14.5 A）	1	
FU1	熔断器	R11-60（熔体 60 A）		
FU2	熔断器	RL1-15（熔体 2 A）		
SB	停止按钮开关	LA19-11D（红色）	1	
SB1、SB2	启动按钮开关	La19-11D（绿色）	2	
QC	转换开关	HZ10-S/1	1	
HL	信号灯	JC6-2（36 V 40 W）	1	
EL	照明灯	DK1-0（6.3　0.2 W）	1	
T	照明变压器	BK-100 VA 380 V/36 V、6.3 V	1	

同样，分析图 3-8 电路接线图时，也要从电源引入端开始，对主电路接线和辅电路接线两部分分别进行分析。

（1）看图 3-8 电路接线图主电路接线走向。

电源→AX 端子排 U_{11}、V_{11}、W_{11}→QK1→FU1→FU2→KM1、KM2→KM3、KM4→AX 端子排 W_{24}、V_{24}、U_{24}、W_{25}、V_{25}、U_{25}→M_2 电动机。

另外，FU1→AX 端子排 U_{13}、V_{13}、W_{13}→BX 端子排 W_{13}、V_{13}、U_{13}→QK2→BX 端子排 W_{14}、V_{14}、U_{14}→M_1 电动机。

（2）看图 3-8 电路接线图辅助电路接线走向。

辅助电路电源的一根引出线从 AX 端子 U_{13}→

BX 端子 U_{13}→SB→SB1→BX 端子"9"号→AX 端子"9"号→KM1，线圈一端→KM2 常闭触点→

→SB2→BX 端子"11"号→AX 端子"11"号→KM2，线圈一端→KM1 常闭触点→

→QC→BX 端子"13"号→AX 端子"13"号→KM3，线圈一端→KM4 常闭触点→

→BX 端子"15"号→AX 端子"15"号→KM4，线圈一端→KM3 常闭触点→

→Bx 端子"7"号→AX 端子"7"号→KM1 和 KM2 常开触点一端

→FR 常闭触点→V_{13} 热继电器热元件的电源引入端。

辅助电路 U_{13} 到 V_{13} 之间是一个大的回路，在此大回路中有四个小回路（或称为有四条支路）。

（3）看辅助电路中的信号显示和照明电路接线。

从热继电器 FR 上端的 W_{13} 和 V_{13} 之间引两根线到照明变压器 T 的原边→变压器副边→FU2 及 AX 端子排的 1、2、4 号端→BX 端子排的 1、2、4 号端子→信号灯 HL 和经 S 开关到 EL 照明灯。

3.3.3　变配电电路接线图

变配电电路是变压电路和配电电路的总称。变电站和变电所是供电系统中很重要的环节。各个用电单位一般都设有变电所，有的小单位没有变电所，而设有配电所（或配电室）。变电所和配电所最大的区别就在于变电所设有变压设备（变压器）和配电屏，而配电所只有配电屏（或配电盘）。

实际变电电路比较简单，而配电电路就要复杂些。一般小型变配电电路的结构方框图如图 3-9 所示。

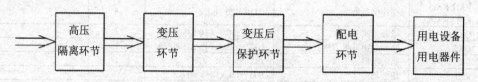

图 3-9　一般小型变配电电路的结构方框图

实际的变电和配电设备的选用及设备安装，配电屏或配电盘的元器件布置和接线，都有统一标准规定。

1.　一般小型低压配电盘电路介绍

小型配电盘电路最简单的是只有单相（220 V，一相）电源的配电盘，复杂的小型配电盘则有多个回路。

（1）　单回路单相电源（220 V）小型配电盘。

单回路单相电源（220 V）小型配电盘如图 3-10 所示。

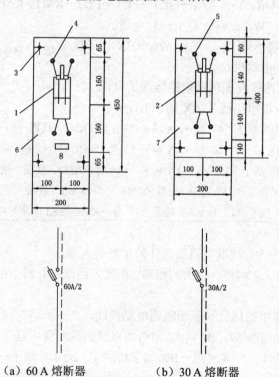

（a）60 A 熔断器　　　　　（b）30 A 熔断器

1. 带熔断器刀闸开关（KH1－60 A/2）　2. 带熔断器刀闸开关（HK1－30 A/2）　3. 木螺丝（Φ4×50）
4. 绝缘护套（Φ12）　5. 绝缘护套（Φ9）　6. 配电板（200×450）　7. 配电板（200×400）　8. 卡片框

图 3-10　单回路单相电源（220 V）小型配电盘

（2）　多回路小型配电盘。

图 3-11 和图 3-12 所示是多回路配电盘的盘面布置及电路接线图。这是摘自国家建筑企业《电气装置标准图集》的 D464 标准图。

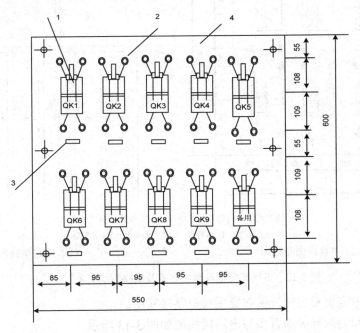

1. 带熔断器刀闸开关（HK1－15 A/2）　2. 绝缘护套（Φ9）　3. 卡片框　4. 配电板

（a）盘面布置图

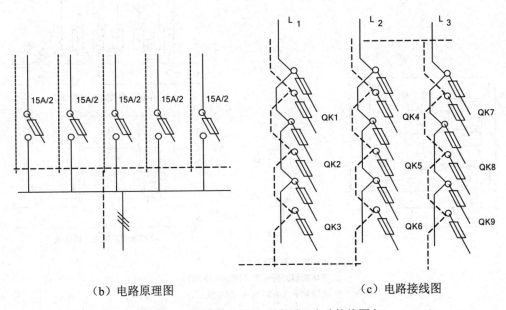

（b）电路原理图　　　　　　　　　　　　　（c）电路接线图

图 3-11　多回路配电盘盘面布置及电路接线图之一

由图可见，照明配电盘（板）的电路接线很简单，但要注意：三相四线制照明线路是多回路接线，应尽量使每相电源所分配的负载平衡。

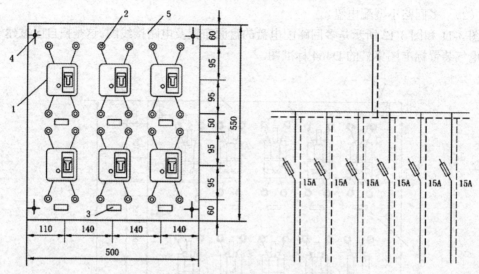

1. 铁锚式单相负荷开关（15A） 2. 绝缘护套（Φ9）
3. 卡片框 4. 木螺丝 5. 配电板（500×550）

（a）配电盘盘面布置图   （b）电路接线图

图 3-12　多回路配电盘盘面布置及电路接线图之二

（3）　单相电度表和刀闸开关布置图与电路接线图。

单相电度表和刀闸开关布置图与电路接线图如图 3-13 所示。

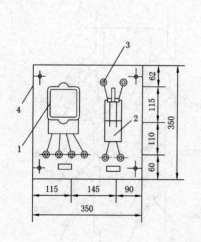

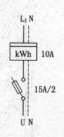

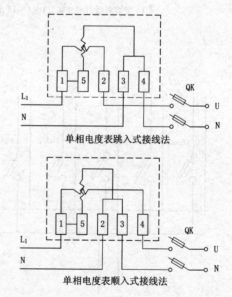

单相电度表跳入式接线法

单相电度表顺入式接线法

1. 单相电度表（DD10－10A）
2. 带熔断器刀闸开关（HK1－15A/2）
3. 绝缘护套（Φ9）　4. 配电板

（a）单相电度表和刀闸开关　　（b）单相电度表和刀闸开关　　（c）单相电度表和刀闸开关
　　　盘面布置图　　　　　　　　　　电气原理图　　　　　　　　　　接线图

图 3-13　单相电度表和刀闸开关布置图与电路接线图

（4）　三相四线制电度表配电盘盘面布置图与电路接线图。

三相四线制电度表配电盘盘面布置图与电路接线图如图 3-14 所示。由图可见，电度表的接线比前面的图 3-10、图 3-11、图 3-12 接线稍复杂些。接线时，每个接线柱所对应的接线有严格要求，特别是电度表的接线不允许有接线错误，否则电度表就不能正确计量。三相电度表种类较多，电度表的接线也有多种，每种电度表的端子盖板内壁都标有接线线路图，必须严格按其标明的线路图接线。

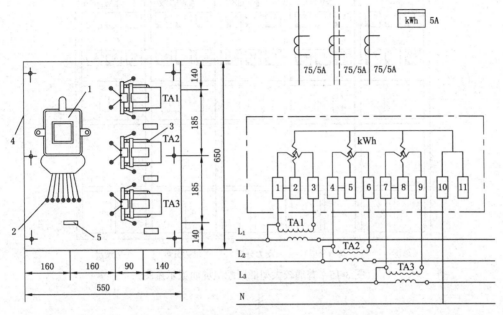

1. 三相电度表（DT2－5 A）　2. 绝缘护套（Φ 9）
3. 电流互感器（LQG0. 75 A/5）
4. 配电盘　5. 卡片框

（a）配电盘盘面布置图　　　　　　　　　（b）电路接线图

图 3-14　三相四线制电度表配电盘盘布面图与电路接线图

2. 普通大型低压配电屏

普通较大型低压配电屏有总配电屏和动力分屏、照明分屏。在总屏上常配有三块电压表、三块电流表、功率因数表、有功电度表、无功电度表、总电源刀闸开关和自动断路器、电流互感器等电气器件。在分屏上常配有刀闸开关、自动断路器（有些分屏配 CJ12 系列大型交流继电器）、电流互感器、电流表、有功电度表等电气器件。普通较大型低压配电屏面板示意图如图 3-15 所示，普通较大型低压配电屏电路原理图如图 3-16 所示。

在图 3-16 所示电路中 QK 是总电源刀闸开关，QF 是自动断路器，FU1、FU2、FU3 是三组熔断器，TV 是两个电压互感器，TA 是三个电流互感器；图中还有总电源有功电度表、无功电度表、功率因数表、电流表、电压表，另外还有每块分配电屏的刀闸开关、自动空气开关、电流互感器。

普通较大型低压配电屏电源电压一般在 500 V 以下，最常见的是 380 V 和 220 V 低压配电屏。配电屏接线一般都分为一次接线线路和二次接线线路。配电屏一次接线线路指的是电源线的接线，普通较大型低压配电屏一次接线实际线路图如图 3-17 所示。二次接线线路指的是配电屏上仪表接线线路，普通较大型低压配电屏总屏二次接线电气原理图如图 3-18 所示，图 3-17 和图 3-18 电路中电气器件明细见表 3-9 所列。普通较大型低压配电屏总屏二次接线实际线路图如图 3-19 所示，普通较大型低压配电屏动力配电分屏的电气原理图如图 3-20 所示。下面对普通较大型低压配电屏的总屏和分屏的具体接线线路加以解读。

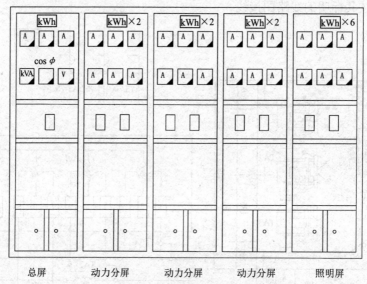

图 3-15　普通较大型低压配电屏面板示意图

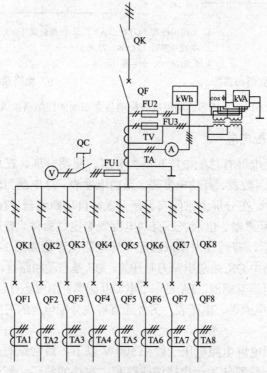

图 3-16　普通较大型低压配电屏电路原理图

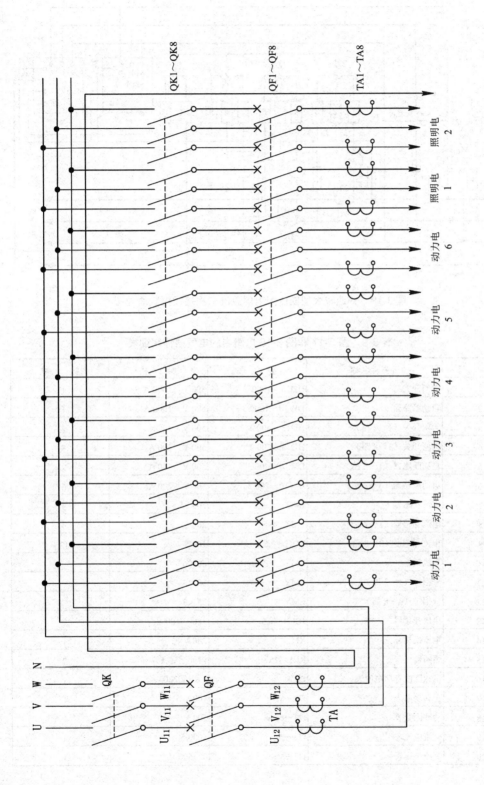

图 3-17　普通较大型低压配电屏一次接线实际线路图

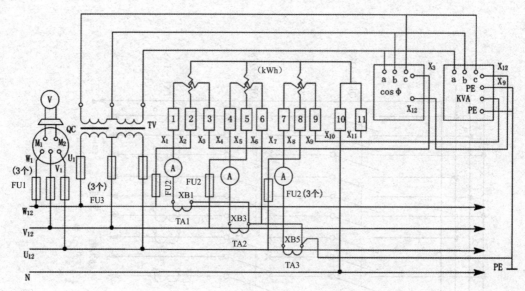

图 3-18 普通较大型低压配电屏总屏二次接线电气原理图

表 3-9 图 3-17 和图 3-18 电路中的电气器件明细表

序　号	元器件名称	型　号	规　格	数　量
1	刀闸开关	HD13—1000/3	500 V 1000 A	1
2	自动断路器	DW10—1000/3	500 V 1000 A	1
3	刀闸开关（1～2 路）	HD13—400/3	500 V 400 A	2
4	刀闸开关（3～8 路）	HD13—200/3	500 V 200 A	7
5	自动断路器（1～2 路）	DW10—400/3	500 V 400 A	2
6	自动断路器（3～8 路）	DW10—200/3	500 V 200 A	6
7	电流互感器	LMZ—0.5	1000/5	3
8	电流互感器（1～2 路）	LMZ—0.5	206/5	4
9	电流互感器（3～8 路）	LQG—0.5	100/5	12
10	母线铝排	LMY	80×6	
11	分铝排（1～2 路）	LMY	30×3	
12	分铝排（3～8 路）	LMY	25×3	
13	电压互感器	JDG4—0.5	380 V/100 V	2
14	电压换相开关	XH1—V	380 V	1
15	熔断器	RL1—15	内配熔芯 5 A	9
16	三相四线有功电度表	DT2	3×3802203×5 A	1
17	无功功率表	ITI—W	100 V/5 A	1
18	功率因数表	ITI—cosφ	100 V/5 A	1
19	交流电流表	ITI—A	1000/5	3
20	交流电压表	ITI—V	0～500 V	1

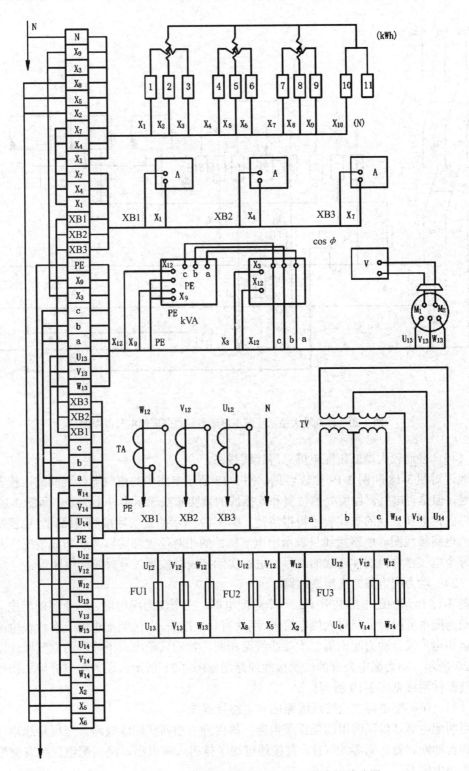

图 3-19 普通较大型低压配电屏总屏二次接线实际线路图

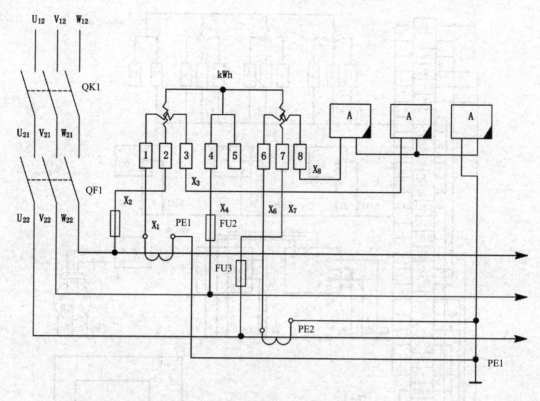

图 3-20　普通较大型低压配电屏动力配电分屏的电气原理图

（1）　普通较大型低压配电屏总屏接线线路。

通过对图 3-18 和图 3-19 比较可见，图 3-18 所示电路中的电气器件之间的连接表示得很清楚，但是对电气器件所处的位置和连接线的真实布线表示得并不清楚；而图 3-19 对电气器件的位置和导线的布线表示得很清楚。图 3-19 所示的是实际接线线路图，也就是我们所说的电路接线图。电路接线只表示出电气器件的相对位置和实际导线布线情况，并明确标明每个电气器件接线柱连线的线号，进行实际接线时按照线号对应接线即可。

（2）　动力配电屏二次接线线路。

图 3-15 所示的配电屏共五个：一个总配电屏、三个动力配电屏、一个照明配电屏。在每个动力配电屏面板上配有六块电流表、两块有功电度表。在照明配电屏上有六块电流表、六块单相电度表。动力配电屏二次接线线路相同，我们只画出一个分屏的电气原理图。见图 3-20 所示。动力配电分屏的二次接线线路图如图 3-21 所示。动力配电分屏二次接线线路电气器件明细见表 3-10 所列。

（3）　照明配电屏二次接线线路图（电路接线图）。

照明配电屏是供照明用的低压配电屏，屏内为三相四线配线线路。三根相线通过刀闸开关和自动断路器，而零线（N）直接通过端子排引入和引出。照明配电屏装有交流电流表和单相电度表。

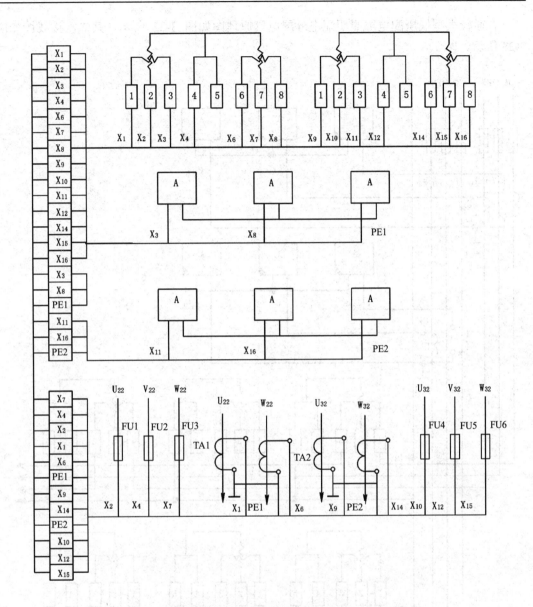

图 3-21　普通较大型低压配电屏动力配电分屏二次接线线路图

表 3-10　动力配电分屏二次接线线路电气器件明细表

序　号	元器件名称	型　号	规　格	数　量
1	三相二线有功电度表	DS5	$3 \times 380 \text{ V } 3 \times 5 \text{ A}$	6
2	电流互感器（1～2 路）	LQG－0.5	200/5	4
3	电流互感器（3～6 路）	LQG－0.5	100/5	8
4	交流电流表（1～2 路）	1TI－A	200/5	6
5	交流电流表（3～6 路）	ITI－A	100/5	12
6	熔断器	RL1－15	内配 5 A 熔丝	18

普通较大型低压配电屏照明配电分屏电气原理图如图 3-22 所示，其二次接线图如图 3-23 所示。

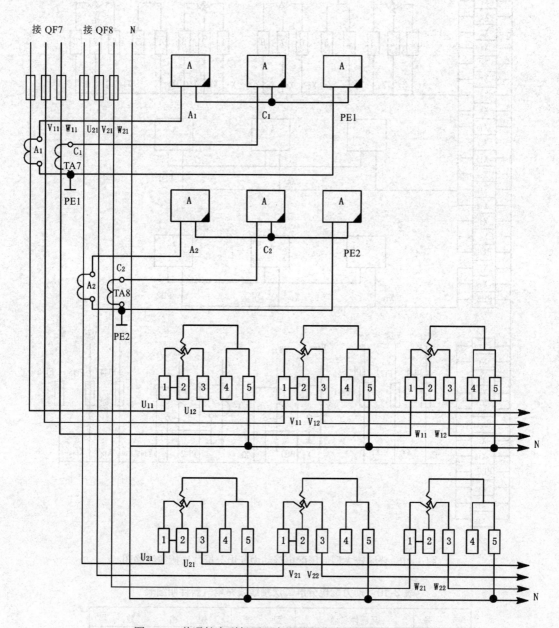

图 3-22　普通较大型低压配电屏照明配电分屏电气原理图

图 3-23 所示的普通较大型低压配电屏照明配电分屏二次接线图中的六块电流表测量的是线电流，六块有功电度表测量每相电源的有功电量值。从图中还可看出电流表是通过电流互感器测线电流。整体接线是很整齐的。将电流表接线与有功电度表接线分配电屏两侧布线，这样做有利于接线和接线后的检查。照明配电屏电气器件明细见表 3-11 所列。

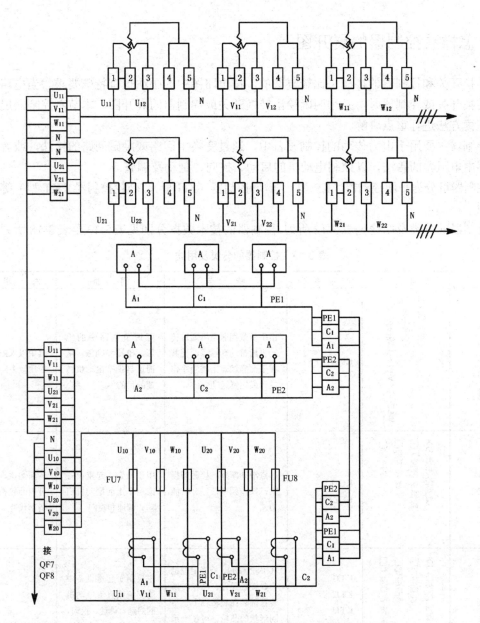

图 3-23　普通较大型低压配电屏照明配电分屏二次接线图

表 3-11　照明配电屏电气器件明细表

序　号	元器件名称	型　号	规　格	数　量
1	单相有功电度表	DD28	220 V 80 A	6
2	熔断器	RL1—60	内配 60 A 熔丝	6
3	电流互感器	LQG—0.5	100/5	4
4	交流电流表	ITI—0.5	100/5	6
5	大端子排	D1—100	500 V　100 A	10 节 3 个
6	小端子排	DC—P6	500 V　10 A	15 节 2 个

3.4 怎样看控制器的展开图

转换开关和控制器的接线是比较复杂的，在电路图中的画法也有特殊要求。当电路图中有转换开关或控制器时，必须明确绘出转换开关或控制器的展开图。本节对控制器展开图的识读方法进行重点讲解。

控制器主要用于电力传动的控制设备中，通过变换主回路或励磁回路的接法，或者变换电路中电阻器的接法，以控制电动机的启动、换向、制动及调整。

控制器可分为平面控制器（KP型）、鼓形控制器（KG型）、凸轮控制器（KT型）等三种类型。

控制器的分类及用途见表3-12所列；控制器的技术数据分别见表3-13至表3-18所列。

表 3-12　控制器的分类及用途

类　　别	型号含义	产品系列	特　　点	用　　途	说　　明
平面控制器	KP 平面控制器　□ 设计序号　□ 额定电流1～10A,12～25A	KP1～KP5	由手柄或伺服电机通过传动机构带动触点，使其在平面静触点上按顺序作旋转或往复运动	可调节电路中的电压、电流和励磁，从而达到调节电动机转速的目的	其中以KP5应用较多
鼓形控制器	KG 鼓形控制器　J 交流 Z 直流　□ 设计序号　□ 额定电流	KGJ1 KGZ1	触点滑动摩擦、接触磨损大，操作频率低，分析能力差	用于冶金、起重设备或电车上的电动机启动、调速和换向	逐渐淘汰，可用凸轮控制器代替
凸轮控制器	KT 凸轮控制器　□ 设计序号　□ 额定电流　□ 交流 Z 直流	KTJ1 KTJ2 KTJ3 KTJ4 KTJ10 KTJ12 KTZ1 KTZ2	其手轮（柄）、外壳定位机构、接触元件、凸轮转换装置都装在旋转轴上。不同形状的凸轮，可使一系列的触点组按照规定顺序接通或断开电路。触头采用积木式，双排布置，结构紧凑，装配方便，便于维修	主要用于起重设备中的交流或直流电动机的启动、调速、换向、制动和停止；也适合于要求相同的其他电力驱动装置，如卷扬机、绞车、挖掘机、电车等	可代替鼓形控制器

其中：KP5系列平面控制器的技术数据见表3-13所列；KGJ1系列交流鼓形控制器的技术数据见表3-14所列；KGZ1系列直流鼓形控制器的技术数据见表3-15所列；KTJ1系列凸轮控制器的技术数据见表3-16所列；KT10系列交流凸轮控制器的技术数据见表3-17所列；KT12系列交流凸轮控制器的技术数据见表3-18所列。

表 3-13 KP5 系列平面控制器的技术数据

型 号	KP5－10	KP5－25
触点额定电流	10 A	25 A
触点额定电压	440 V	440 V
动触点（横梁）移动速度 mm/s	6、 12、 24、 48、 72.5	6、 12、 24、 48、 72.5
动触点走完全程时间（s）	36.7、18.3、9.2、4.6、3.03	36.7、18.3、9.2、4.6、3.03
回路数	1～6	1～6
每回路极数	20、40、54、70、80、90、160、240	20、40、54、70、80、90、160、240
配用的伺服电机	S321 型 110 V	S321 型 110 V
控制器机械寿命	10 万次	10 万次

表 3-14 KGJ1 系列交流鼓形控制器的技术数据

型 号	位 置 数		转子及定子电流（A）		JC40%时的额定功率（kW）		每小时最多操作次数
	向前（上升）	向后（下降）	JC40%	长期的	220 V	380 V	
KGJ1－40/1	5	5	60	40	12	15	120
KGJ1－40/2	5	5	2×60	＊	＊	＊	120
KGJ1－100/1	8	8	130	100	35	44	120
KGJ1－100/2	8	8	2×130	＊	＊	＊	120

＊表示由定子回路接触器的容量决定。

表 3-15 KGZ1 系列直流鼓形控制器的技术数据

型 号	位 置 数		长 期 电 流（A）	JC40%时的额定功率（kW）		每小时最多操作次数
	向前（上升）	向后（下降）		220 V	380 V	
KGZ1－40/1	5	5	40	9	－	120
KGZ1－40/1	4	5	40	9	－	120
KGZ1－25/1	5	5	25	6	13	120
KGZ1－25/1	4	5	25	6	13	120

表 3-16 KTJ1 系列凸轮控制器的技术数据

型 号		KTJ1—80/1	KTJ1—80/2	KTJ1—80/5	KTJ1—150/1
额定电流（A）		80	80	80	150
额定电压（V）		380	380	380	380
工作位置数	向前（上升）	6	6	5	7
	向后（下降）	6	6	5	7
在40%通电率时，所控制的电动机最大功率（kW）	220 V	22	＊	2×7.5	60
	380 V	380	＊	2×11	100
转子电路触点	额定电流（A）	80	80	50	150
	40%通电率时的最大电流（A）	120	2×120	2×75	225
辅助触点额定电流（A）		15	15	15	15
每小时最多操作次数		600	600	600	600
最大工作周期（min）		10	10	10	10

注：＊表示无定子电路触点，其最大功率应由电动机定子电路中的接触器决定，但 KTJ1－80/2 型应不超过 KTJ1－80/1 型的规定。

KTJ1—80 型凸轮控制器将改新设计为 KT12—60J 型凸轮控制器。主触点能分断交流 80 A；辅助触点能分断交、直流 15 A。

表 3-17　KT10 系列交流凸轮控制器的技术数据

型　号	位 置 数		额定电流（A）	控制额定功率（kW）		操作力（公斤力）	机械寿命（百万次）	每小时关合次数不高于
	左	右		220 V	380 V			
KT10－25J/1	5	5	25	7.5	11	5	3	600
KT10－25J/2	5	5	25	①	①	5	3	600
KT10－25J/3	1	1	25	3.5	5	5	3	600
KT10－25J/5	5	5	25	2×3.5	2×5	5	3	600
KT10－25/6	5	5	25	7.5	11	5	3	600
KT10－25/7	1	1	25	3.5	5	5	3	600
KT10－60J/1	5	5	60	22	30	5	3	600
KT10－60J/2	5	5	60	①	①	5	3	600
KT10－60J/3	1	1	60	11	16	5	3	600
KT10－60J/5	5	5	60	2×7.5	2×11	5	3	600
KT10－60J/6	5	5	60	22	30	5	3	600
KT10－60J/7	1	1	60	11	16	5	3	600

注：① 由电动机定子回路接触器决定控制电动机额定功率。
　　② 控制额定功率为其控制的电动机的 25%持续率时的功率。
　　③ 当控制器关合频率超 600 次/小时时，须将控制器的额定功率下降 60%。

表 3-18　KT12 系列交流凸轮控制器的技术数据

型　号		KT12—25J/1	KT12—25J/2	KT12—25J/3
额定电流（A）		25	25	26
额定电压（V）		380	380	380
工作位置数目	向前（上升）	5	5	1
	向后（下降）	5	5	1
在 40%持续率时，所控制的电动机最大功率（kW）	220 V	11	2×5	7.5
	380 V	16	2×7.5	11
转子电路触点	额定电流（A）	30	30	—
	40%通电率时最大电流（A）	50	2×25	—
辅助触点额定电流（A）		10	10	10
每小时最多操作次数		600	600	600
最大工作周期（min）		10	10	10
可控制电动机台数		1	2	1

3.4.1　控制器展开图的第 1 种画法

下面以凸轮控制器 KTJ1－80/2 和 KT－2005 为例，说明控制器展开图的绘制方法（第 1 种画法）。

凸轮控制器的结构示意图如图 3-24 所示。KT－2005 型凸轮控制器的展开图如图 3-25 所示。

由图 3-24 所示结构示意图可见，凸轮控制器旋转轴上装有旋转手柄（或手轮），装有相互绝缘的动触指，动触指的形状各异，凸轮尺寸也不相同。凸轮控制器还有静触指，静触指上有接线柱，用以对外接线。

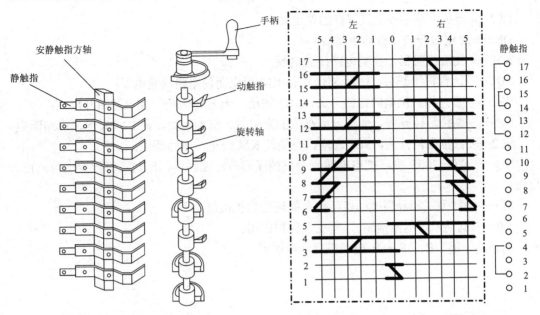

图 3-24 凸轮控制器的结构示意图　　图 3-25 KT—2005 型凸轮控制器的展开图

图 3-25 所示是 KT—2005 型凸轮控制器的展开图。此图非常重要。此展开图标明了 KT—2005 型凸轮控制器左、右各有五个位置，中间为"0"位置。KT—2005 型凸轮控制器的动触指有 17 个，静触指也有 17 个。在点画线框内表明的是 KT—2005 型的动触指在各个位置时与静触指是否是接通状态。图中的粗实线表明动触指与静触指接通，而粗黑线之间的短接线（斜黑实线）表明动触指之间是短接的。在图中，KT—2005 型凸轮控制器的动触指 1 与 2 短接，3 与 4 之间短接，4 与 5 短接，6 与 7 与 8、9、10、11 之间短接，12 与 13 短接，13 与 14 短接，15 与 16 短接，16 与 17 短接。

图中 KT—2005 型凸轮控制器的静触指（点画线框外的小圆圈）2 与 4 短接，12 与 17 短接，14 与 15 短接。

在图 3-25 所示控制器展开图中，当手柄在"0"位置时，动触指与 1、2、3、4、5 静触指相接触，这时静触指之间通、断情况如下，即 1 与 2 静触指相接通，3、4、5 三个静触指相通，由于静触指 2 与 4 之间有短接线，所以实际上是静触指 1、2、3、4、5 都相通；而静触指 12 与 17 无论动触指在任何位置，都是相短接的。如当手柄在右"1"位置时，则动触指与静触指 17、16、14、13、11、5、4 相接触；静触指 17、16、12 相通，13、14 相通。静触指 2、4、5 相通。又如手柄在左"1"位置时，动触指与 16、15、13、12、11、4、3 静触指接触，静触指 2、3、4 相通，静触指 12、13、17 通，15 与 16 相通。

通过以上分析可知凸轮控制器动触指与静触指接触（相通）与静触指之间相通是两种不同的概念。静触指之间相通或断开取决于动触指之间连线和静触指之间连线，以及手柄位置等三个条件。

为了加深对凸轮控制器展开图的认识，我们给出利用 KT—2005 型凸轮控制器控制绕线型三相异步电动机正、反转电路，如图 3-26 所示。图 3-26 中的电气器件明细见表 3-19 所列。

图 3-26 所示电路中各电气器件的作用如下。

QF——总电源开关（自动断路器）；

KM——交流接触器，控制电路接通电源；

SB1——闭合按钮开关，按动 SB1 可使 KM 得电而使电路接通电源；

SB2——紧急停止供电的按钮开关，SB2 按动，则 KM 失电，使电路断开电源；

SL1——高位限位开关，即提升到高位的限位时，SL1 碰动，则 KM 失电，电路断电；

SL2——低位限位开关，SL2 碰动，也能使 KM 失电，电路断电；

BQ——KT－2005 型，把电能转变为机械能的凸轮控制器，控制三相异步电动机正、反转；

M——绕线型三相异步电动机，把电能转变为机械能；

YB——制动器（电磁抱闸），起安全保护作用；

R_1、R_2、R_3、R_4、R_5——电动机启动电阻器。

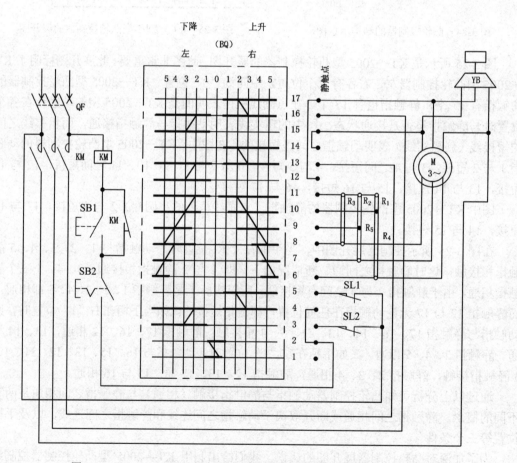

图 3-26　KT－2005 凸轮控制器控制绕线型三相异步电动机正、反转电路

表 3-19　图 3-26 中的电气器件明细表

序　号	符　号	元器件名称	型　号	规　格	数　量
1	QF	自动断路器	DZ10－250	额定电流 120 A 整定电流 1000 A	1
2	KM	交流接触器	CJ12B－100	380 V	1
3	SB1	按钮开关	LA19－11	500 V　5 A	1
4	SB2	带自锁按钮开关	LAY3－11	500 V　5 A	1
5	SL1、SL2	限位开关	LX22－6	380 V	2
6	BQ	凸轮控制器	KT－2005	380 V/22 kW	1
7	YB	交流制动器	TJ2－200	三相 380 V	1
8	M	绕线型三相异步电动机	JZR51－8	（380 V　22 kW）	1
9	R_1、R_2、R_3、R_4、R_5	电阻器	ZX15	380 V　4.6 kW	1

下面介绍图 3-26 所示电路的工作过程。

第一步：闭合 QF 总电源开关，然后按动 SB1 按钮开关，KM 得电动作，电路与电源接通。

第二步：旋动 KT－2005 型凸轮控制器手柄，提升或者下降重物。

以提升重物过程为例，详细说明 KT－2005 型凸轮控制器的作用。

当把 KT－2005 手柄从"0"位置向右转到"1"位置时，KT－2005 型凸轮控制器的动触指分别与静触指 4、5、11、13、14、16、17 相接通。此时静触指的 4 与 5 相通，使行程开关 SL1 串入 KM 线圈回路；静触指 13 与 14 相通，使电动机定子的一相绕组与电源相通，静触指 16 与 17 相通，使电动机定子绕组另外一相与电源相通，电动机三相定子绕组都接通电源，电动机转子绕组串入全部电阻器启动。

当手柄旋转到右侧"2"位置时，KT－2005 型凸轮控制器的动触指与静触指 4、5、10、11、13、14、16、17 相接通。电动机继续启动。由于 KT－2005 型凸轮控制器手柄在右"2"位置时，使静触指 10 与 11 短接，所以使电动机转子串的启动电阻器 R_1 被切除，电动机转速已经升高。

当 KT－2005 型凸轮控制器手柄转到右"3"位置时，动触指与静触指 4、5、9、10、11、15、14、16、17 相接通。由于使静触指 9、10、11 短接，所以使电动机转子绕组串的电阻器 R_1 和 R_2 都被切除了。电动机转速继续升高。

当 KT－2005 型凸轮控制器手柄转到右侧"4"位置时，KT－2005 型凸轮控制器的动触指与静触指 4、5、8、9、10、11、13、14、16、17 相接通。由于静触指 8、9、10、11 短接，使得电动机转子绕组所串电阻器 R_1、R_2、R_3 都被切除，电动机转速更高了。

当 KT－2005 型凸轮控制器手柄转到右侧"5"位置时，KT－2005 型凸轮控制器的动触指与静触指 4、5、6、7、8、9、10、11、13、14、16、17 相接通。此时电动机转子绕组所串电阻全部被切除，电动机进入高速运行状态。

当电动机从正常正转运行到停止状态过程时，应该及时使 KT－2005 型凸轮控制器的手柄从右侧"5"位置逐级返回到"0"位置，即从右侧"5"→"4"→"3"→"2"→"1"→"0"位置。KT－2005 型凸轮控制器手柄返回过程是使电动机转子逐级串入电阻，转速逐级下降，电动机在低速运转状态下转为断电而停止转动。

如果使电动机反转（下降重物），则使 KT－2005 型凸轮控制器的手柄从"0"位置向左侧逐级旋转。

当 KT－2005 型凸轮控制器手柄转到左侧"1"位置时，KT－2005 型凸轮控制器的动触指与静触指 3、4、11、12、13、15、16 相通，使电动机定子绕组与电源线相接相序发生变化（与电动机正转启动相比较），电动机反转启动。电动机转子串入全部启动电阻器。

当 KT－2005 型凸轮控制器手柄继续逐次旋转到左侧"1"位、"2"位、"3"位、"4"位、"5"位时，电动机转子所串电阻器逐次切除。

当电动机由反转运行到停止过程中，KT－2005 型凸轮控制器的手柄也是应该及时从左侧的"5"位置逐级返回到"0"位。在此过程中电动机转子逐次串入电阻器，电动机速度逐次下降，电动机是在低速状态下断电而停止运行。

3.4.2 控制器展开图的第 2 种画法

为了对控制器展开图两种不同画法进行对比，现以两种不同画法画出 KT－2005 型凸轮控制器展开图。如图 3-27 所示。

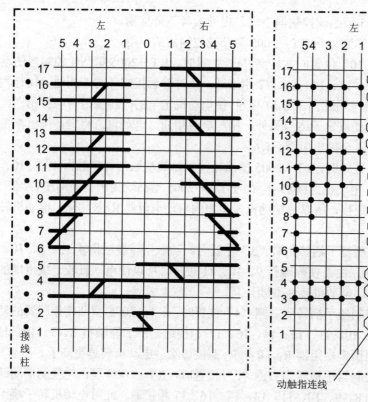

（a）第 1 种画法   （b）第 2 种画法

图 3-27 KT－2005 型凸轮控制器展开图的两种画法

控制器展开图的第 2 种画法是用纵线表示控制器手柄旋转的不同位置，即位线；而横线表示静触指位置，也就是静触指接线柱所在的位置。纵线与横线的正交点表示动触指与静触指是否接通；若纵线与横线正交点上有黑色实心圆点，则表示动触指与静触指相通；没有黑色实心圆点，则表明动触指与静触点是断开状态。图 3-27（b）所示的第 2 种画法中，当 KT－2005 型控制器的手柄在"0"位置时，1、2、3、4、5 的动触指与静触指相接通，而其他的动触指与静触指都是断开状态。

以两种不同画法画出 KTJ1－80/2 型凸轮控制器展开图如图 3-28 所示。

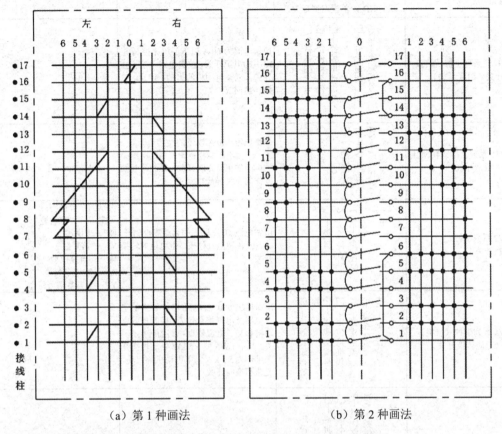

（a）第 1 种画法　　　　　　（b）第 2 种画法

图 3-28　KTJ1－80/2 型凸轮控制器展开图的两种画法

控制器的静触指接线柱可直接与用电设备相接，单独用来控制用电设备工作状态。控制器也可以通过控制继电器的得电与失电来控制用电设备。

在电路有控制器时，必然有控制器展开图；若没有控制器展开图，就无法分析电路工作状态。由此可见，学会识读控制器展开图是特别重要的。

3.5　怎样识读转换开关和主令控制器展开图

在实际电路中转换开关和主令控制器（LK 系列）是常见的控制器件。这两种器件结构特殊，所以绘图时其电气符号也特殊，并且要画出展开图。

3.5.1　转换开关展开图

1.　转换开关类别、型号及适用场合

有关转换开关在第 1 章中已经有所介绍。本节主要介绍手拧式转换开关主要类型的展开图。在介绍其展开图前，先说明转换开关的类别、型号和适用场合。具体见表 3-20 所列。

表 3-20 转换开关类别、型号及适用场合

类别及名称	型号表示方法	适 用 场 合	说 明
HS 型刀型转换开关	表示方法同 HD 型刀闸开关，只是 HS 型为双投型开关，HD 为单投刀型开关。	同 HD 型刀闸开关	
HZ5 系列手拧式转换开关（组合开关）	HZ5—类组代号 □—额定电流 □—控制电动机功率 / □—定位特征代号 □—接线图编号	用做电流为 60 A 以下的机床控制电路中的电源开关，控制电路中的换接开关，以及电动机的启动、停止、变换、换向等	
HZ10 系列手拧式转换开关（组合开关）	HZ—类组代号 10—设计序号 □—额定电流 / □—类别 □—级数	用做电流 100 A 以下的换接电源开关；三相电压测量；调节电热电路中的电阻的串、并联开关；控制不频繁操作的小型异步电动机	
LW2 系列手拧式转换开关	LW—类组代号 2—设计序号 □—类别	用做电流 10 A 以下的远距离控制开关，或各种电气仪表、微电机的转换开关	类别的字母说明： 无字母——普通型 H——钥匙型 Y——信号灯 W——自复位型 Z——定位自复型 YZ——自复信号灯型
LW5 系列手拧式转换开关（万能转换开关）	LW—类组代号 5—设计序号 15—额定电流 □—定位特征代号 □—接线图编号 / □—接触系统档数	用做电压 500 V、电流 15 A 以下的主令电器及电气测量仪表、控制伺服电动机和交、直流辅助电路的转换开关，其中 LW5 型 5.5 kW 手动转换开关可作为 5.5 kW 以下电动机的启动、变速和换向开关	
LW6 系列手拧式转换开关（万能转换开关）	LW—类组代号 6—设计序号 □—基本特征代号 □—辅助规格 / □—热带使用的产品代号	用做电流 5 A 以下电路的控制开关，或作为控制 300 V、2 kW 以下三相异步电动机启动、停止的开关	产品代号说明： • TH 为热带使用产品的代号 • 没有 TH 为一般场合使用
LWX1 系列手拧式转换开关（万能转换开关）	LWX—类组代号 1—设计序号	在电压 250 V 和电流 5 A 以下的电路中，用做配电设备远距离控制开关及各种电气仪表的转换开关	
XH1—V 电压表换相开关	XH1—类组代号 V—为电压表	用于 500 V 以下多相电路中换相检测各相电压	
XH1—A 电流表换相开关	XH1—类组代号 A—为电流表	用于 5 A 以下的电流互感器的次级电路中，换相检测各相电流	

对 LWX1 系列型号表示法作如下说明。

- 用字母表示开关型号。

无字母为手柄不可取出，带定位及限位；

Y——表示带信号灯手柄，有定位及限位；

H——表示手柄可取出，带定位及限位；

W——表示带自复机构；

Z——表示带自复机构及定位。

- 用数字表示凸轮数，数字表示的是凸轮的个数。
- 用字母表示面板形状，E 为方形；Y 为圆形。
- 用数字表示手柄所处位置（有 1、2、3、4、5 五个档位）。
- 表示定位器在"8"时为 45°定位；90°定位则不表示。
- 表示有无限位装置，"X"表示有。
- 表示凸轮排列形式，"A"表示不按标准型排列。

2. 转换开关的展开图

（1）转换开关的展开图画法之一。

下面所介绍的转换开关的展开图画法均以 HZ5 系列转换开关接线图为例。双极开关的接线图如图 3-29 所示；三极开关的接线图如图 3-30 所示；四极开关的接线图如图 3-31 所示；两种电压的双极开关的接线图如图 3-32 所示；用转换开关控制三相异步电动机逆转的接线图如图 3-33 所示；用转换开关控制两种电源的接线图如图 3-34 所示；用转换开关控制三相异步电动机 Y-△启动的接线图如图 3-35 所示；用转换开关控制双速电动机的接线图如图 3-36 所示；用转换开关控制三速电动机的接线图如图 3-37 所示。

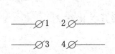

定位特征及图形编号	L02	
触点编号	0°	60°
1～2		×
3～4		×

（a）图形符号　　　　（b）触点关合表

图 3-29　双极开关接线图

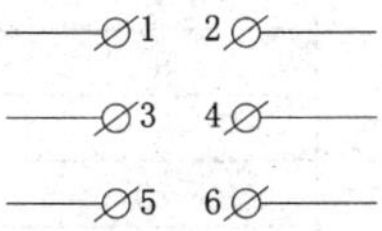

定位特征及图形编号	L02	
触点编号	0°	60°
1～2		×
3～4		×
5～6		×

（a）图形符号　　　　（b）触点关合表

图 3-30　三极开关接线图

由图 3-29 至图 3-37 所示转换开关接线图可见，转换开关有的只有两极，有的可以多到 20 极。HZ 系列手拧转换开关是分层组合型转换开关，通常每层只有一对触点（又称一极）。也就是说 3 极 HZ 系列转换开关有 3 层，20 极 HZ 系列转换开关有 20 层。也有些转换开关每层触点不是一对，而是两对以上，甚至多对。在具体接线时，应特别注意转换开关的手柄在不同位置时，触点间的通/断情况。

定位特征及 图形编号 触点编号	L03	
	0°	60°
1～2		×
3～4		×
5～6		×
7～8		×

（a）图形符号　　　　　（b）触点关合表

图 3-31　四极开关接线图

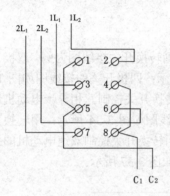

定位特征及 图形编号 触点编号	M04		
	60°	0°	60°
1～2	×		
3～4	×		
5～6			×
7～8			×

（a）图形符号　　　　　　　　（b）触点关合表

图 3-32　两种电压的双极开关接线图

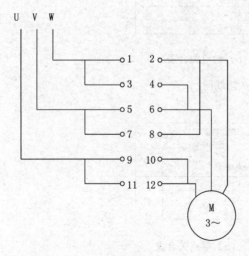

定位特征及 接线图 编号 触点编号	M05		
	60°	0°	60°
1～2			×
3～4	×		
5～6			×
7～8	×		
9～10			×
11～12	×		

（a）图形符号　　　　　　　　（b）触点关合表

图 3-33　用转换开关控制三相异步电动机逆转的接线图

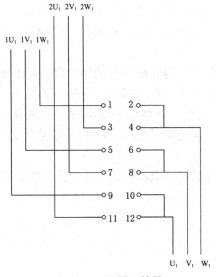

定位特征及 接线图 编号 触点编号	M06		
	60°	0°	60°
1～2			×
3～4	×		
5～6			×
7～8	×		
9～10			×
11～12	×		

（a）图形符号　　　　　　　　　　（b）触点关合表

图 3-34　用三极转换开关控制两种电源的接线图

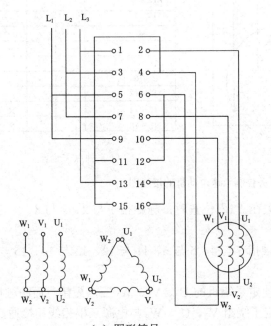

定位特征及 接线图 编号 触点编号	M07		
	0	Y	△
1～2		×	×
3～4			×
5～6			×
7～8		×	×
9～10		×	×
11～12		×	
13～14			×
15～16		×	

（a）图形符号　　　　　　　　　　（b）触点关合表

图 3-35　用转换开关控制三相异步电动机 Y-△ 启动的接线图

现在分析图 3-35 所示的三相异步电动机 Y-△ 启动用转换开关接线图。在图中，转换开关共有 8 对触点，转换位置有三个位置。

下面结合触点关合表，分析电动机定子 6 个接线头接线转换过程。

当转换开关在"0"位置时，所有的静触指之间都不通，电动机为断电状态。

当转换开关在"Y"接法位置时，转换开关静触指通过与动触指有规律地接通，使静触指 1 与 2、3 与 4、7 与 8、9 与 10、11 与 12、15 与 16 之间相通。静触指 1 与 2、7 与 8、

9 与 10 接通，使电动机定子绕组 U_1、V_1、W_1 与电源三根相线相接通，而静触指 3 与 4、11 与 12、15 与 16 相通，使电动机定子绕的另外一端 U_2、V_2、W_2 短接，电动机定子绕组接成 Y 接法而启动。

当转换开关手柄由"Y"位置拧到"△"位置时，则静触指与动触指接触发生变化，此时静触指 1 与 2、3 与 4、5 与 6、7 与 8、9 与 10、13 与 14 接通。静触指 1 与 2、13 与 14 接通，使电动机 U_1 与 W_2 短接接于电源一根相线 L_3；静触指 3 与 4、7 与 8 相通，使电动机定子绕组的 U_2 与 V_1 相短接接于电源 L_2 相线；静触指 5 与 6、9 与 10 相通，使电动机定子绕组的 V_2 与 W_1 短接接于电源 L_1 相线。

通过以上分析可见，当转换开关拧到"△"位置时，电动机为△连接运行的状态。

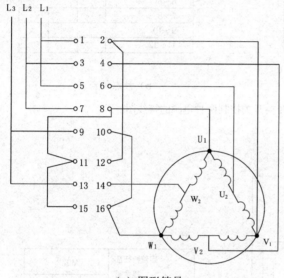

定位特征及接线图编号 触点编号	M08		
	0	1	2
1～2		×	
3～4			×
5～6			×
7～8		×	
9～10		×	
11～12			×
13～14			×
15～16			×

（a）图形符号　　　　　　　　　（b）触点关合表

图 3-36　用转换开关控制双速电动机的接线图

在图 3-36 所示接线图中，当转换开关在"1"位置时，静触指 1 与 2、7 与 8、9 与 10 相通，电动机定子绕组为低速运行。

当将转换开关拧到"2"位置时，静触指 3 与 4、5 与 6、11 与 12、13 与 14、15 与 16 相通。

静触指 11 与 12 和 15 与 16 相通，使定子绕组的 U_1、V_1、W_1 三点短接，而静触指 3 与 4、5 与 6、13 与 14 相通，使电动机定子绕组 V_2、U_2、W_2 与电源三根相线相接通，电动机定子绕组接成双"Y"形高速运行。

图 3-37 所示电路是用转换开关控制的三速电动机的接线图，它是通过转换开关控制电动机在不同转速下运行。在图中，转换开关有三个位置，它对应控制电动机三种转速运行状态。电动机的停止无法通过转换开关控制，所以图 3-37 所示接线图还应外加控制电源线 L_1、L_2、L_3 断开与接通的环节。

通过以上分析可见，如果电路中有转换开关时，就必须绘制出转换开关展开图和转换开关的触点的关合表。没有触点关合表，就很难分析出转换开关对电路的控制原理。识读组合式转换开关和其他类别转换开关展开图时，必须仔细研究触点关合表；具体接线时，也必须严格按照触点关合表所示的各对触点状态有规律地接线。

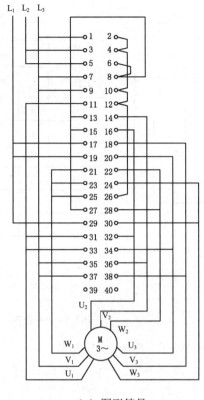

定位特征及接线图编号 触点编号	M16		
	1	2	3
1～2	×	×	
3～4			×
5～6	×	×	
7～8			×
9～10	×	×	
11～12	×	×	
13～14	×		
15～16	×		
17～18	×	×	
19～20	×		×
21～22	×		
23～24	×		
25～26		×	×
27～28		×	×
29～30		×	×
31～32		×	
33～34		×	
35～36			×
37～38			×
39～40	×	×	×

（a）图形符号　　　　　（b）触点关合表

图 3-37　用转换开关控制三速电动机的接线图

（2）转换开关展开图画法之二（三极以下转换开关）。

三极以下转换开关的展开图，有时又直接表示出转换开关手柄不同位置时，各触点状态，用 HZ3－71 型转换开关控制电动机正、反转的接线图如图 3-38 所示。

在图 3-38 所示接线图中，黑色的方块表示转换开关的动触片（或称为动触指）；黑色方块之间的短接线，表示两个动触片之间是短接的。在黑色方块旁边有六个圆点，它们表示是转换开关的静触指（定触片）；静触指有接线柱，用来对外连线。

在图 3-38 所示接线图中，当手柄旋到"Ⅰ"位置时，则电源线 L_1、L_2、L_3 分别与 1、3、6 三个静触指接通，电动机为正转。当手柄返到"0"位置时，电动机断电，停止转动。当手柄旋至"Ⅱ"位置时，则 L_1 与 5 触点通，L_2 与 2 触点通，L_3 与 4 触点通，电动机定子绕组接电源的相序正好与手柄在"Ⅰ"时相序相反，所以电动机反转。

在具体识读转换开关展开图的第 2 种画法时，应该按照转换开关手柄位置，看对应动触指与静触指之间关系；对于不是其对应位置的动触指不用分析（就认为是不存在）。在图 3-38 所示转换开关展开图时，分析手柄在"Ⅰ"位置时，只看图中标有"Ⅰ"位置的黑方块与静触指关系，可见通过六个动触指与六个静触指相接通，使得静触指 1 与 2、3 与 4、5 与 6 对应接通。分析转换开关手柄在"Ⅱ"位置时，只看"Ⅱ"位的动触指（4 个）与 6 个静触指的关系。可见通过 4 个动触指与 6 个静触指对应接通情况，静触指 1 与 2 通、3

与 5 通、4 与 6 通。

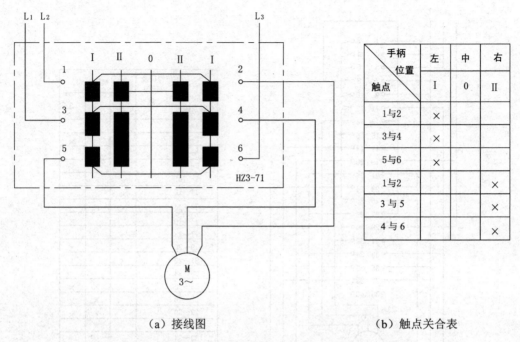

（a）接线图   （b）触点关合表

图 3-38 用 HZ3－71 型转换开关控制电动机正、反转电路

3.5.2 转换开关技术数据

HZ3 型系列组合开关的技术数据和用途见表 3-21 所列；HZ5 型系列转换开关的技术数据见表 3-22 所列；HZ10 型系列组合开关技术数据见表 3-23 所列；HZ10 型系列组合式转换开关类型、极数及额定电流见表 3-24 所列；LW5 型系列万能转换开关手柄转动位置见表 3-25 所列；LW5 型手动转换开关技术数据见表 3-26 所列；LW6 型系列万能转换开关手柄转换位置见表 3-27 所列；LW6 型系列万能转换开关型号和触头排列特征见表 3-28 所列；LW6 型系列万能转换开关的转换负载及分断电流能力见表 3-29 所列；LWX1 型系列小型密封万能转换开关分断能力见表 3-30 所列；XH1－V/A 型换相开关技术数据见表 3-31 所列。

表 3-21 HZ3 型系列组合开关的技术数据和用途

型　　号	触点额定电流（A）	能控制电动机功率（kW）			凸轮节数	用　　途
		220 V	380 V	500 V		
HZ3－131	10	2.2	3	3	3	安装于机床外部，控制电动机启、停
HZ3－431	10	2.2	3	3	3	安装于机床内部，控制电动机启、停
HZ3－132	10	2.2	3	3	3	安装于机床外部，控制电动机启、停
HZ3－432	10	2.2	3	3	3	安装于机床内部，控制电动机启、停
HZ3－133	10	2.2	3	3	3	安装于控制台，控制电动机倒、顺、停
HZ3－161	35	5.5	7.5	7.5	6	安装于控制台，控制电动机倒、顺、停
HZ3－452	5（110 V） 2.5（220 V）	—	—	—	5	安装于机床内部，控制电磁吸盘
HZ3－451	10	2.2	3	3	5	安装于机床内部，控制电动机变速

表 3-22　HZ5 型系列转换开关的技术数据

开　关　型　号	HZ5－10	HZ5－20	HZ5－40	HZ5－60
触点额定电流（A）	10	20	40	60
能控制用电设备功率（kW）	1.7	4	7.5	10
电压在 380 V×1.1 和 cosφ 为 0.35±0.05 时的接通与分断电流能力（A）	40	80	160	240

表 3-23　HZ10 型系列组合开关技术数据

开　关　型　号		HZ10—10		HZ10—25	HZ10—60	HZ10—100
额定电流（A）220V/380V		6	10	25	60	100
380 V 时极限操作电流（A）	闭合	—		94	155	—	—
	断开	—		62	108	—	—
380 V 时允许启动控制的小容量电动机功率（kW）		—		3/7	5.5/12	—	—

表 3-24　HZ10 型系列组合式转换开关类型、极数及额定电流

类　　型		新产品型号	代替老产品型号	极　数	层　数	额定电流（A） 10	25	60	100
同时通/断 注："J"表示机床用开关		HZ10－□/1	HZ1－□/1	1	1	√	√	√	√
		HZ10－□/2	HZ1－□/2	2	2	√	√	√	√
		HZ10－□/3	HZ1－□/3	3	3	√	√	√	√
		HZ10－□/4	HZ1－□/4	4	4	√	√	√	√
		HZ10－□/2J	HZ1－□/F25、E27	1	见产品	√	√	√	√
		HZ10－□/3J	HZ1－□ E16、E28	3	目录	√	√	√	√
交替通/断 注：分母的第 1 位数表示起点时的接通路数，分母的第 2 位数字表示通/断的总路数		HZ10－□/12	HZ1－□/E2	2	2	√	√		
		HZ10－□/13	HZ1－□/E3	3	3	√	√		
		HZ10－□/14	HZ1－□/E5	4	4	√	√		
		HZ10－□/24	HZ1－□/E66	4	4	√	√		
		HZ10－□/25	HZ1－□/E14	5	5	√			
		HZ10－□/26	HZ1－□ E37	6	6	√			
两位转换 （用"P"表示） 注：其中"有一位断路"的操纵机构有限位装置	有一位断路	HZ10－□P/1	HZ1－□ P/1、□/E4	1	2	√	√	√	√
		HZ10－□P/2	HZ1－□ P/2	2	2	√	√	√	√
		HZ10－□P/3	HZ1－□ P/3	3	3	√	√	√	√
		HZ10－□P/4	HZ1－□ P/4	4	4	√	√	√	√
	有二位断路	HZ10－□P/B1		1	2	√	√	√	√
		HZ10－□P/B2	HZ1－□ E11、E17	2	2	√	√	√	√
		HZ10－□P/B3		3	3	√	√	√	√
		HZ10－□P/B4	HZ1－□ E18	2	2	√	√	√	√
	无断路	HZ10－□P/01	HZ1－□/E20	1	2	√	√	√	
		HZ10－□P/02	HZ1－□/E21	2	2	√	√	√	
		HZ10－□P/03		3	3	√	√	√	
		HZ10－□P/04		3	4	√	√	√	
三位转换 （用"S"表示）		HZ10－□ S/1	HZ1－□/61	1	2	√	√	√	√
		HZ10－□ S/1	HZ1－□/61	1	2	√	√	√	√
		HZ10－□ S/1	HZ1－□/61	1	2	√	√	√	√
四位转换 （用"G"表示）		HZ10－□ G/1	HZ1－□ E12、E53	1	2	√	√	√	
		HZ10－□ G/2		2	4	√	√	√	
		HZ10－□ G/3		3	6	√	√	√	
测量三相电压的电压表用		HZ10－03 （HZ10－3X）	FZ1－3	3	3	√			
测量三线四线制电压的电压表用		HZ10－04	HZ1－□/E30	4	4	√			
换接两电阻单接串联或并联单接用		HZ10－□ R2	HZ1－□/E23		2	√	√		
换接两电阻并联单接及串联用		HZ10－□ R3	HZ1－□ E 24		2	√	√	√	

（续表）

类　　　型	新产品型号	代替老产品型号	极　数	层　数	额定电流（A）			
					10	25	60	100
换接三电阻、单接、双关、三并用	HZ10－□ R4			3	√			
控制Y电动机正反转用（操作机构有限位装置）	HZ10－□ N/3 （HZ10－□ N/3X）	HZ1－□ N/3	3	3	√	√	√	√
HZ10－□ X/3	HZ1－□ X/3		3	6	√	√		
特殊规格	HZ10－□/E6	HZ1－□/E6		5	√	√		
	HZ10－□/E7	HZ1－□/E7		5	V			
	HZ10－□/E8	HZ1－□/E8		4	√	√		
	HZ10－□/E29	Hz1－□/E29		4	√	√		
	HZ10－□/E35	HZ1－□/E35		4	√			
	HZ10－□/E41	HZ1－□/E41		3	√	√	√	√
	HZ10－□/E62	HZ1－□/E62		4	√	√		

表 3-25　LW5 型系列万能转换开关手柄转动位置

操作方式	代　号	操作手柄位置
自复位	A	0° 45°
	B	45° 0° 45°
定位式	C	0° 45°
	D	45° 0° 45°
	E	45° 0° 45° 90°
	F	90° 45° 0° 45° 90°
	G	90° 45° 0° 45° 90° 135°
	H	135° 90° 45° 0° 45° 90° 135°
	I	135° 90° 45° 0° 45° 90° 135° 180°
	J	120° 90° 60° 30° 0° 30° 60° 90° 120°
	K	120° 90° 60° 30° 0° 30° 60° 90° 120° 150°
	L	150° 120° 90° 60° 30° 0° 30° 60° 90° 120° 150°
	M	150° 120° 90° 60° 30° 0° 30° 60° 90° 120° 150° 180°

表 3-26　LW5 型手动转换开关技术数据

用　　途	型　号	定　位　特　征			接触系统挡数
直接启动开关	LW5—15/5.5Q		0°	45°	2
可逆转换开关	LW5—15/5.5N	45°	0°	45°	3
双速电动机变速开关	LW5—15/5.5S	45°	0°	45°	5

表 3-27　LW6 型系列万能转换开关手柄转换位置

定位特征代号	手柄定位角度
A	0° 30°
B	30° 0° 30°
C	30° 0° 30° 60°
D	60° 30° 0° 30° 60°
E	60° 30° 0° 30° 60° 90°
F	90° 60° 30° 0° 30° 60° 90°
G	90° 60° 30° 0° 30° 60° 90° 120°
H	120° 90° 60° 30° 0° 30° 60° 90° 120°
I	120° 90° 60° 30° 0° 30° 60° 90° 120° 150°
J	150° 120° 90° 60° 30° 0° 30° 60° 90° 120° 150°
K	210° 240° 270° 330° 330° 0° 30° 60° 90° 120° 150° 180°
L	0° 60°
M	0° 60°
N	0° 60° 120°
O	0° 60° 120
P	240° 300° 0° 60° 120° 180°

注：K 和 P 型开关无限位机构，能连续旋转 360°（顺转或者逆转）。

表 3-28　LW6 型系列万能转换开关型号和触头排列特征

型　号	触 头 座 数	触头座排列形式	触 头 对 数
LW6－1	1	单列式	3
LW6－2	2	单列式	6
LW6－3	3	单列式	9
LW6－4	4	单列式	12
LW6－5	5	单列式	15
LW6－6	6	单列式	18
LW6－8	8	单列式	24
LW6－10	10	单列式	30
LW6－12	12	双列式	36
LW6－16	16	双列式	48
LW6－20	20	双列式	60

表 3-29　LW6 型系列万能转换开关的转换负载及分断电流能力

电源种类	电压（V）	接通电流	分断电流（A）	
			感性负载 交流：$\cos\varphi \geqslant 0.35$ 直流：$t \leqslant 0.05\,s$	电阻负载
交流	1.05×380	5	5	5
直流	1.05×220	4	0.5	1.0
	1.05×110	7.5	1.0	2.5

表 3-30　LWX1 型系列小型密封万能转换开关分断能力

电　源		交流（A） 220 V	直流（A） 220 V	110 V
事故状态	纯电阻	20	2	5
	感性	7	1	3
正常运转	纯电阻	16	1.6	4
	感性	5.6	0.8	2.4

表 3-31　XH1—V/A 型换相开关技术数据

型　号	名　称	额定电压	额定电流	交流 50（Hz）	切换速度	负载性质
XH1－V	电压表换相开关	500 V	—	500 V	20 次/分	接在电压表线路中
XH1－A	电流表换相开关	—	5 A	6 A	20 次/分	接在电流互感器二次线路中

3.6　实际电路接线方法

电路正确接线是电路中各电气器件和电气设备、装置正常工作的保证。电路接线可分为串联接线、并联接线和混联接线三种基本形式。

3.6.1　电路接线形式

1.　电路串联接线

电路串联接线是指用导线将电路中的电气器件或用电设备顺次连接，没有三根导线汇接于一起的情况。电路串联接线示意图如图 3-39 所示。

由图 3-39 所示的电路串联接线示意图可见，按钮 SB1 和 SB2、接触器线圈 KM 之间是顺次串联相接的；照明灯 EL1、EL2、EL3 之间也是顺次串联相接的。

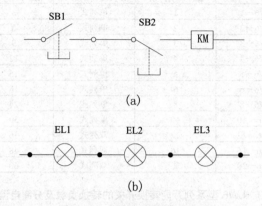

图 3-39　电路串联接线示意图

2.　电路并联接线

电路并联接线是将可以同时得电（加电压）的且额定电压值相同的电气器件或用电设备的接线柱用线短接后，再公用一根导线接出引线。电路并联接线示意图如图 3-40 所示。

由图 3-40 所示的电路并联接线示意图可见，接触器 KM1 和 KM2 线圈的两个接线柱短接后再接出引线；信号指示灯 HL1 和 HL2 两个灯的接线柱也是短接后再接出引线。

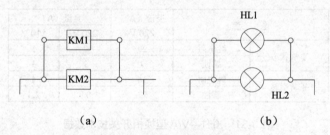

图 3-40　电路并联接线示意图

3.　电路混联接线

电路混联接线是指电路中既有串联接线，又有并联接线。在实际电路接线过程中混联接线最多。电路混联接线示意图如图 3-41 所示。在图中按钮开关 SB1、SB2、KM1 线圈之间是串联接线，而 SB2 与 KM2 常开触点之间是并联接线。

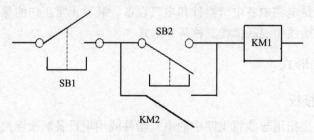

图 3-41　电路混联接线示意图

实际接线中必须有三个及三个以上电气器件的连接时才可能出现混联。两个电气器件之间只能是串联或并联。

3.6.2　电路接线方法和步骤

1.　电路接线可以分以下步骤

第 1 步：安装电气设备和电路的控制器件。电路中的控制器件按照电气器件布置图的要求安装于配电板（盘）上或操作台或操作柜的面板上。

第 2 步：按照电路接线图，选择合适的绝缘导线连接主电路。

第 3 步：按照电路接线图，选择合适的绝缘导线连接辅助电路。

第 4 步：按照电路图检查接线是否正确。在电路通电前一定要测量所接的线路电源引入线间是否有短路故障，这一点是特别重要的。

第 5 步：整理电路接线，使接线尽量清晰美观。

第 6 步：通电试验。在电路通电试验时，最好是断开负载，先试验辅助电路各控制器件动作是否正确。在对辅助电路通电试验时，应测试线路负载端的引入线是否有电压，也就是判断辅助电路是否能对负载进行正确控制。当辅助电路测试完毕后，再接上负载进行带负载试验。

2.　电路接线应注意的几个问题

第 1 点：严格按照电路接线图所示的线号接线，并且每根线两端都要套上相同的线号后再接线。这样做的目的，是为了便于检查与维修。

第 2 点：所有导线要接牢固，绝不能有虚接。电路导线虚接，使电路不能正常工作，也容易引起导线松脱，从而引起局部电路短路。

第 3 点：在同一个接线电路中，若有不同电源时，应该尽量分开布线。特别是电路中有交流电源接线和直流电源接线同时存在时，一定要分开布线。

第 4 点：电路中的主电路与辅助电路接线应尽量分开布线。电路电源引入线应与其他接线分开布线。在电路中若能分成几个单元电路，最好接线时也分成几个单元电路布线。

第 5 点：电路布线应当合理、美观、便于检查与维修。

第 6 点：需要穿管布线时，注意不要拉断导线，另外在套管内所布的导线数要多于实际用的导线数，也就是留有备用线，以便套管内有断线时，能替代断线。

第 7 点：电路接线完毕后，要进行电路空载（不带负载）试验，以便检查辅助电路接线是否正确。

第 8 点：当电路断开负载试验后，若辅助电路控制器件动作正常，应接上负载进行调试，电路能正常运行后，才能交给操作者进行使用。

3.7　本章总结

在第 3 章中我们主要讲解了识读控制器展开图和电路接线图的方法和步骤，并且对控制器展开图和电路接线图的实例进行了解读；此外还介绍了实际电路接线方法、步骤和应注意的问题。

3.7.1　电路接线图与电气原理图之间的关系

电路接线图是依据电气原理图而绘制的电路实际接线图。电气原理图重点放在表示电气设备、装置和控制器件之间相互控制与被控制的关系上，也就是电路工作原理表达得特别清楚。电路接线图的重点放在电路中电气设备、装置和控制器件之间的相互接线上，它不明确表示电气器件之间的控制与被控制关系。

同一电路的两种电路图既相互密切联系，而又有着根本的区别。这也就是说电气原理图是用来分析电路工作原理的，而电路接线图是用来接线用的。

3.7.2　识读电路接线图的方法与步骤

识读电路接线图时，注意首先认清电路接线图中各电气设备、装置和控制器件，并要了解这些器件的实际结构。

第1步：先看主电路的接线。看主电路时，从电源引入端看起。顺着电源线走向逐渐观察接线的第1个器件，第2个器件，第3个器件等，最后一直到用电设备。

第2步：分析辅助电路接线。看辅助电路接线时，也是从辅助电路电源端看起。顺着电源线的一根导线走向，看其导线所接的第1个控制器件，接着看从第1个控制器件引出线所接的第2个器件，接着看第2个控制器件引出线所接的第3个控制器件，如此一直到最后回到辅助电路电源的另外一根导线。

辅助电路是完整的回路。在分析辅助电路时，一定要注意控制器件之间的串联关系和并联关系，还要注意控制器件的自锁环节和控制器件之间的连锁环节。

3.7.3　电路接线的方法和步骤

电路实际接线时，要分开主电路和辅助电路分别接线。主电路所用的导线规格与辅助电路的导线规格是不同的。主电路所用的导线一般比辅助电路所用导线要粗。我们先接主电路，然后再接通辅助电路。这样做的目的就是使线路布线分明，便于检查和维护修理。

辅助电路接线时，最好的方法是分辅助电路小回路依次接线。这样接线可避免辅助电路接线混乱。如果在进行辅助电路接线时，有多种颜色导线可以使用，最好是一个回路用一种颜色的导线，可使检查和维修方便。

在电路实际接线时，一定要严格按照电路接线图中标明的线号接线。一个完整合格的电路接线必须是接线正确，而且每根线的两端必须有线号套管。

电路接线完毕，最后对线路整理和检查是很重要的。保证电路接线正确是最重要的，而线路布线的美观、清晰也是很重要的。对待电路接线就应该像对待完成一幅美术作品一样，使所接的电路能给人一种美感。

第4章　可编程序控制器PLC应用技术和实际控制电路识图

目前数控设备品种繁多，特别是数控机床已经被广泛使用。数控机床与原来老式机床的最大区别就是应用了先进的数控技术，其中应用最普遍的器件是变频器件和可编程序控制器 PLC。实际可编程序控制器 PLC 主要是用内部软继电器、定时器、计数器以及寄存器等代替老式机床辅助电路的继电器、定时器和计数仪表等器件。由于 PLC 用内部软继电器、定时器、计数器等进行内部编程替代实际接线，从而使得线路更简单，而且程序改动更方便，PLC 还具有与计算机直接通信的功能。PLC 编程与老式机床编程有不少相似之处，通过对可编程序控制器 PLC 应用技术和实际控制电路识图的学习，就能很快掌握 PLC 的编程技术，进而掌握数控机床技术。

本章首先对 PLC 结构进行介绍，然后对比介绍 PLC 编程与老式机床接线逻辑之间的关系，最后举例说明 PLC 编程在电动机控制电路中的应用，详细讲读实际控制电路。

4.1 可编程控制器 PLC 简介

可编程序控制器 PLC 目前主要有两种类型，一种是小型的整体式 PLC，另一种是中、大型的模块式 PLC，小型整体式可编程控制器控制单元面板图如图 4-1 所示，模块式 PLC 的结构如图 4-2 所示。

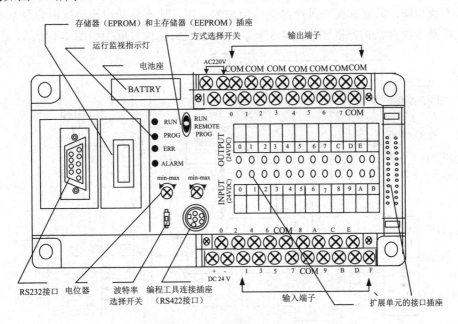

图 4-1　小型整体式可编程控制器控制单元面板图

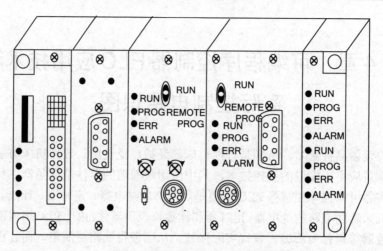

图 4-2　模块式 PLC 结构方框图

整体式 PLC 是把各组成部分（I/O 接口电路、CPU、存储器等）安装在同一机壳内形成单一的整体。输入、输出接线端子及电源进线分别设在机箱面板上、下两侧，各种功能指示灯（发光二极管）、RS422 接口、RS232 接口、扩展单元的接口插座等都设在前面板上。整体式 PLC 体积小、重量轻、价格较低，适合于单机控制的设备。

模块式可编程控制器 PLC 主要有电源模块、输入和输出模块、CPU 模块、存储模块。功能扩展模块（如 A/D、D/A 数据转换模块）及通信模块等。模块式 PLC 最大特点，就是扩展输入和输出点容易，扩展功能方便，系统的规模和功能可根据实际需要自行组合。模块式 PLC 既可用于单机控制，也适合于多机联控系统，便于与计算机联网组成自动生产线。

PLC 种类繁多，没有统一的产品标准和统一的编程语言，但基本组成部分大致类同，编程语言大致相同，只要掌握一种产品的应用技术，则其他产品的应用也就很容易掌握了。

PLC 基本硬件结构方框图如图 4-3 所示，PLC 逻辑结构方框图如图 4-4 所示。

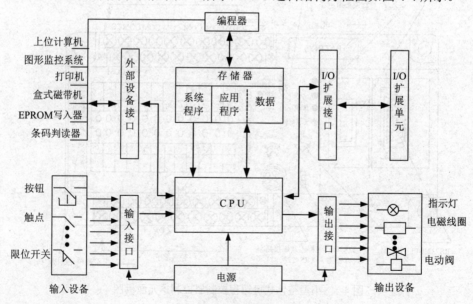

图 4-3　PLC 硬件结构方框图

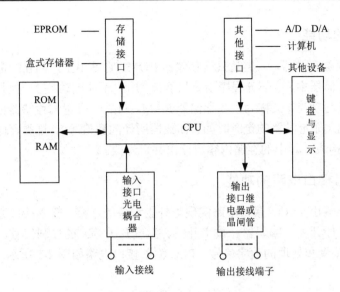

图 4-4　PLC 逻辑结构方框图

　　可编程序控制器 PLC 硬件结构是指它基本组成单元。由图 4-3 所示方框图可见它有输入接口单元和输出接口单元、存储单元、CPU 中央处理器单元、外部设备接口单元以及扩展接口单元等。根据需要 PLC 还增加 A/D、D/A 转换单元，有些还需增加 I/O 单元，这点在实际工程中应注意。

　　PLC 逻辑结构是指信号之间传输关系。由图 4-4 所示方框图可见，中央处理器 CPU 是系统的指挥中心，它要接收输入信号，并且按照一定程序进行处理，然后将处理结果中需要输出的信号从输出单元送出。CPU 要与存储器进行信号交换，要接收各单元接口输入的信号，并进行处理，还要进行自检和运行状态的显示等。

4.2　可编程控制器 PLC 各主要部分的作用

4.2.1　CPU 的功能

　　CPU 作为整个 PLC 的核心，起着总指挥的作用，是 PLC 的运算和控制中心。以下是它的主要功能。

- 诊断 PLC 电源及内部电路工作状态及编制程序中的语法错误。
- 用扫描方式采集由现场输入单元送来的信号和数据，并存入输入寄存器和数据寄存器中。
- 在运行状态时，按照用户程序存储器中存放的先后顺序逐条读取指令，经编译后，按照指令规定的任务完成各种运算和操作，根据运算结果存储相应数据，并更新有关标志位的状态和输出寄存器的内容。
- 将存于数据寄存器中的数据处理结果和输出寄存器的内容送至输出单元。
- 按照 PLC 中系统程序所赋予的功能，接收并存储编程器或计算机输入的用户程序数据，响应各外部设备的工作请求和输入信号。

4.2.2 存储器的功能

PLC 内部有两类存储器。一类是只读存储器 ROM，它是由生产商在产品出厂前将程序指令固化在只读存储器中，这部分程序指令只能读，用户不能改动；另一类是用户存储器，这类存储器具有读写功能，又称为读写存储器 RAM。对后一类型的存储器用户可以编制程序和输入相关数据（如定时器的定时时间、计数器所计的数值等），这类存储器一般由低功耗的 CMOSRAM 构成，其中的存储内容可读出并可修改。

4.2.3 输入输出接口电路的功能

PLC 通过输入输出（I/O）接口电路实现与外围设备的连接。输入接口通过输入端子接受现场输入设备（如开关、编码器、数字开关、温度开关等）的控制信号，并将这些信号转换成 CPU 所能接受和处理的数字信号。PLC 输入接口电路如图 4-5 所示。

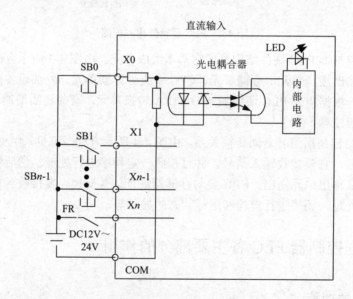

图 4-5　PLC 输入接口电路

图 4-5 所示的 PLC 输入接口电路中的 X0、X1、Xn-1、Xn 是输入接线端子，LED 是对应输入回路的指示灯（发光二极管）。SB0、SB1、SBn-1、SBn 等是外接的按钮开关（常开），FR 是热继电器常开触点。外部设备输入信号通过 PLC 内部的光电耦合器传送给内部电路，通过这种光电隔离措施可以防止外部干扰信号串入 PLC，也就是提高了 PLC 的抗干扰能力。

PLC 输入接线端子采用十六进制数排列顺序，即 X0、X1、…、XF、X10、X11、…、X1F 等，每个顺序循环有 16 个数。

PLC 输入接口电路的电源公共端 COM 与输出接口的电源公共端 COM 之间相互隔离，输入接口端的 COM 是外接直流电源的公共端，而输出接口端的 COM 是外接负载电源的公共端，负载所用电源有交流和直流电压源之分。

PLC 输出接口电路如图 4-6 所示。在图 4-6 所示电路中 Y0、Y1、Yn-1、Yn 是 PLC 输出接口的接线端子编号。输出接口端子编号采用十六进制数表示，即 Y0、Y1、…、YE、

YF；Y10、Y11、…、Y1E、Y1F 等等。由图 4-6 所示电路可见，PLC 有三类四种输出方式。

第一类是常用的继电器输出方式，如图 4-6（a）所示。继电器 KA 线圈得电与失电受内部电路控制，它对外只有触点输出方式，可用接通或断开开关频率较低的直流负载或者交流负载。

第二类是晶闸管输出方式，如图 4-6（b）所示。晶管闸输出是无触点输出方式，开关动作快、寿命长，可以接通或断开开关频率较高的交流负载回路。

第三类是晶体管输出方式。晶体管输出分为两种形式，第一种是 NPN 型晶体管输出形式，如图 4-6（c）所示；第二种是 PNP 型晶体管输出形式，如图 4-6（d）所示。这两种晶体管输出形式工作原理相同，带负载能力相同，都用于带直流负载。所不同的是外接电源极性相反，在使用时稍加注意即可。

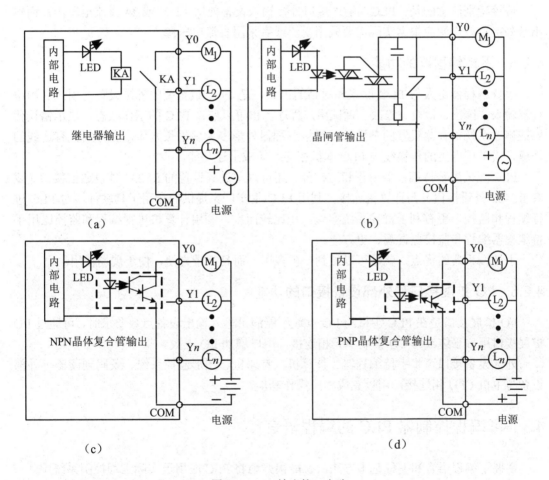

图 4-6　PLC 输出接口电路

通过图 4-6 所示电路可以看出，无论是继电器输出，还是晶闸管输出，以及晶体管输出，作为输出端的开关器件都是受 PLC 的输出指令控制的，进而完成接通或断开与相应输出端连的负载回路的任务，它们不向负载提供电源，也就是说负载回路需外接电源。负载回路外接电源的类型（交流或直流）、电压大小及电源极性应该依据负载要求以及 PLC 输出接口电路方式确定。

4.2.4　PLC 对所需电源的要求

PLC 需要的电源是指将外部交流电经过整流、滤波、稳压等环节处理后转换成为 PLC 的中央处理器 CPU、存储器、输入输出接口等内部电路工作所需要的直流电源或电源模块。直流电源模块可以放在基本 PLC 装置的下层，二者组装成一体机，目前整体式 PLC 多是这种装配形式。

现在许多 PLC 的直流电源采用直流开关电源，这种直流电源稳压性能好、抗干扰能力强，可以提供多路相对独立的电压，分别供给 PLC 内部的 CPU 及内部电路使用，同时供给外部输入设备以及输出负载回路使用，这样可以减少系统的供电电源种类，使系统工作更稳定和更可靠。

应该特别注意的是：PLC，输入接口外接输入设备使用 12 V 或 24 直流电压源，而输出端外接负载电源应根据实际需要采用交流或者采用直流电压源。

4.2.5　手持编程器的功能

手持编程器是人与 PLC 联系和对话的工具，是 PLC 最重要的外围设备。用户利用编程器输入、读出、检查、修改、调试用户程序，也可以监视 PLC 的工作状态，显示错误代码或修改系统寄存器设置的参数等。手持编程器外形多为扁平长方体，上方端头有连线的插座，需采用专用的传输线与 PLC 本机相连，完成上述功能。

PLC 除采用手持编程器编程和监控外，还可以通过其设置的 RS232 外设通信接口（或者 RS422 外设接口）与计算机连接，利用 PLC 生产厂家提供的专用工具软件，对 PLC 进行编程和监控，更有利于群控系统实现。相比较而言，利用计算机进行编程和监控比用手持编程器编程和监控更直观、更方便。

手持编程器的优点，就是可以做到一机多用，而且携带方便，便于现场使用。

4.2.6　I/O 扩展接口和外部设备接口的功能

I/O 扩展接口是在 PLC 主机的 I/O 点数不能满足输入输出设备点数要求时，可通过 I/O 扩展接口用扁平缆线与 I/O 扩展单元相连接，用以增加 I/O 点数。

外部设备接口可将手持编程器、计算机、打印机、图形监控系统、条码判读器等外部设备与主机 CPU 相连接，用以完成相应操作功能。

4.3　可编程控制器 PLC 的编程语言

掌握了编程语言和编程基本方法，就能很好地将 PLC 应用于实际工程控制系统中。

PLC 编程语言有梯形图语言、指令助记符语言、控制系统流程图语言及布尔代数语言等 4 种语言。在这些语言中，最常用的是梯形图语言和指令助记符语言，下面重点介绍这两种语言的编程方法。

4.3.1　梯形图语言

梯形图语言是在继电器控制原理图的基础上演变而来的一种特定图形语言，它将 PLC

内部的各种编程器件（如内部软继电器、定时器、计数器、输出继电器、特殊继电器等）和命令用特定图形符号和标注加以描述，赋予一定的意义，完成一定功能，这就被称为梯形图语言。

　　因为 PLC 生产厂家不同，目前 PLC 语言没有统一标准，在应用编程语言时，要注意各种产品之间的语言差异。下面介绍松下公司生产的可编程控制器 PLC 常用的梯形图语言。

　　为了直观说明用 PLC 控制与用继电器直接控制同一个用电设备（以三相异步电动机启动控制电路为例）之间相类同之处和存在的区别，用继电器直接控制与用 PLC 控制三相异步电动机启动控制电路对比图如图 4-7 所示。

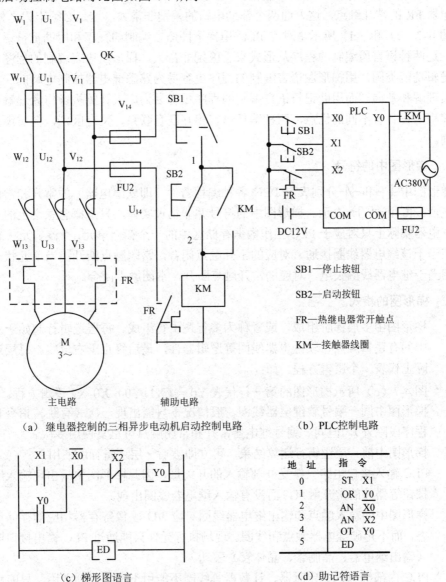

（a）继电器控制的三相异步电动机启动控制电路　　　　（b）PLC 控制电路

（c）梯形图语言　　　　　　　　　　（d）助记符语言

地　址	指　令
0	ST　X1
1	OR　Y0
2	AN　$\overline{X0}$
3	AN　$\overline{X2}$
4	OT　Y0
5	ED

图 4-7　用继电器直接控制与用 PLC 控制三相异步电动机启动控制电路对比图

　　图 4-7（a）所示是用继电器直接控制三相异步电动机的启动控制电路，此电路的辅助电路由熔断器 FU2、停止按钮开关 SB1 的常闭触点、启动按钮 SB2 常开触点、交流接触器

（KM）线圈、热继电器 FR 常闭触点等电气器件并通过导线连接而成，是典型用硬件布线逻辑实现控制作用的。

图 4-7（b）所示是用 PLC 控制的三相异步电动机启动控制电路的辅助电路。PLC 的输入端子 X0、X1、X2 对应接停止按钮 SB1 的常开触点、启动按钮 SB2 的常开触点、热继电器 FR 的常开触点。PLC 输出端子 Y0 串接了接触器 KM 线圈、熔断器 FU2 和交流 380 V 电压源。

用 PLC 控制的三相异步电动机启动控制电路的主电路和用继电器直接控制的三相异步电动机启动控制电路的主电路完全相同，而辅助电路不同。用 PLC 组成的辅助电路要比用继电器组成的辅助电路简单得多，而且 PLC 输入端子所连接是停止按钮 SB1、启动按钮 SB2、热继电器 FR 的常开触点，这方面两个辅助电路的差别非常大，这是必须牢记之处。

图 4-7（c）和（d）所示是对应 PLC 用梯形图语言编制的程序和用助记符语言编制的程序。这两种语言所编制的程序从形式来看区别非常大，梯形图语言编制的程序与用硬件布线逻辑功能类同，用梯形图语言编制的程序更容易为熟悉继电器控制电路的广大电气技术人员理解和掌握。而用助记符语言编制的程序更容易为广大计算机操作者理解和掌握。两种编程语言各有不同的优点，两种编程语言相互既有联系，又有区别，但实现的功能完全相同。

1. 梯形图中的符号

梯形图中┤├和┤╱├分别表示 PLC 各种编程器件（即软继电器）的常开和常闭触点，软继电器线圈用─[ ]─表示。梯形图中的符号并非物理实体，只是概念意义上的东西。每个软继电器实际上只对应于 PLC 工作数据存储区中的一个存储单元，当该单元状态为"1"时，相当于该继电器线圈接通，对应的常开触点闭合，常闭触点断开；当单元状态为"0"时，相当于继电器线圈失电，对应的常开触点断开，常闭触点闭合。

2. 梯形图的格式

- 梯形图由多层梯阶组成，或者称为多行逻辑行组成。每层逻辑行起始于左母线，中间有逻辑触点、软继电器线圈等逻辑器件，最后终止于右母线。每层逻辑行实际上代表一个逻辑方程。如：

  图 4-7（c）所示梯形图的第一行代表 $Y0 = (X1+Y0)\ \overline{X0}\ \overline{X2}$ 逻辑方程。

- 梯形图中同一编号软继电器线圈一般情况下只能出现一次（有跳转指令和步进等程序段除外），但同一编号继电器常开和常闭触点可重复使用多次。

- 梯形图中前一层逻辑行运算结果，可立即被后一层逻辑行所使用。

- PLC 输入接口电路只接受外部输入的开关量，因此梯形图中只出现输入继电器和按钮等器件的常开触点，而没有输入继电器线圈出现。

- 梯形图中的输入触点和输出继电器线圈对应 I/O 映像寄存器相应的存储单元的状态，而不是硬继电器触点和线圈。现场执行元件只能通过 PLC 输出接口电路器件（输出继电器、晶闸管、晶体管）驱动。

- PLC 内部继电器、定时器、计数器等线圈不能用于输出控制之用，只能用于内部逻辑控制。

4.3.2　助记符语言

助记符语言是一种类似于计算机汇编语言的编程专用语言，它非常简洁易记，由若干条指令控制语句就可以组成 PLC 的助记符编程程序，完成一定的逻辑方程的运算功能。如图 4-7（d）所示的助记符语言完成了 $Y0 = (X1+Y0)) \overline{X0}\ \overline{X2}$ 方程运算。指令助记符语言编程非常方便，手持编程器就是用此种语言进行编程的。助记符语言有专用的指令符号，下面介绍手持编程器时一起介绍助记符语言的专用符号。

4.4　编程工具

可编程控制器 PLC 有两种编程手段：一种是用手持编程器进行程序的编辑，另一种是利用厂家提供的专用软件在计算机上进行程序编辑。这两种编程工具都需要有专用的传输导线与 PLC 主机连接，有时还需要通过适配器将 PLC 与计算机连接起来。

4.4.1　手持编程器的结构及各部分的功能

PLC 手持编程器的种类很多，其结构却大致相同，都是扁平的比较薄的长方体，面板上设置的操作键盘和液晶显示都大同小异。为便于了解手持编程器，现以松下公司生产的 FPⅡ 型手持编程器为例加以说明。FPⅡ 型编程器的结构如图 4-8 所示。

1．插座的功能

手持编程器的上部插座是 FPⅡ 与 PLC 或 PC 机适配器相连接的接口。

2．液晶显示器（LCD）的功能

LCD 用来显示指令及信息。在显示窗口可以同时显示数据或信息。若用编程器编制程序时进行了误操作，则在显示窗口将出现"错误信息"字样以示提醒。

3．操作键盘的功能

操作键是用来编制用户程序、读出用户程序、检查错误程序、监视运行情况等的指令输入键。

FPⅡ 型手持编程器共有 35 个键，每个键几乎都有两种及两种以上指令

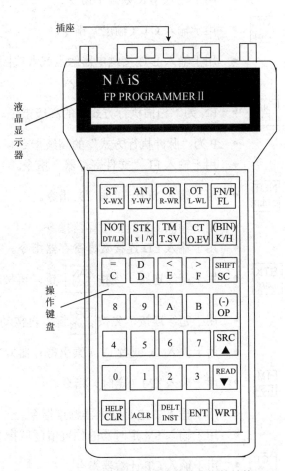

图 4-8　FPⅡ 型手持编程器的结构

输入功能。编程键可分为继电器指令键（9 个）、字母及数字键（16 个）、其他功能键（10 个）等三类，下面分别说明每个键的功能，并简单说明每个键的使用方法。

（1）继电器指令键的功能及使用方法。

| ST X-WX |
- 用于输入 ST（一层逻辑行开始输入信号）指令。

- 用于输入 X 继电器触点指令。
- 用于输入 WX 数据字指令。

| AN Y-WY |
- 用于输入 AN（逻辑"与"）指令。

- 用于输入 Y（继电器触点或者线圈）指令。
- 用于输入 WY 数据字指令。

| OR R-WR |
- 用于输入 OR（逻辑"或"）指令。

- 用于输入 R（软继电器触点或者线圈）指令。
- 用于输入 WR 数据字指令。

| OT L-WL |
- 用于输入 OT（输出）指令。

- 用于输入 L 连接继电器触点或者线圈指令。
- 用于输入 WL 数据字指令。

| FN/P FL |
- FN 为"扫描执行方式"的高级指令。

- P 为"脉冲执行方式"的高级指令。
- 用于输入 FL"文件寄存器"指令。

| NOT DT/LD |
- 用于输入 NOT（"非"）指令。

- 用于输入 DT 数据寄存器指令。
- 用于输入 LD 连接数据寄存器指令。

| STK IXI/Y |
- 用于超级连接，先按 | AN Y-WY | 键，再按动此键可完成"组与"（ANS）指令。

- 用于超级连接，先按 | OR R-WR | 键，再按动此键可完成"组或"（ORS）指令

- 用于输入 IX 或者 IY（索引寄存器）。

| TM T.SV |
- 用于输入 TM（定时）指令。

- 用于输入 T 定时继电器触点指令。
- 用于输入 SV 定时器的预置值区域指令。

| CT O.EV |
- 用于输入 CT 计数器指令。

- 用于输入 O 计数器触点指令。

- 用于输入 EV 计数器的过值区域指令。

（2）　字母数字键的功能及使用方法。

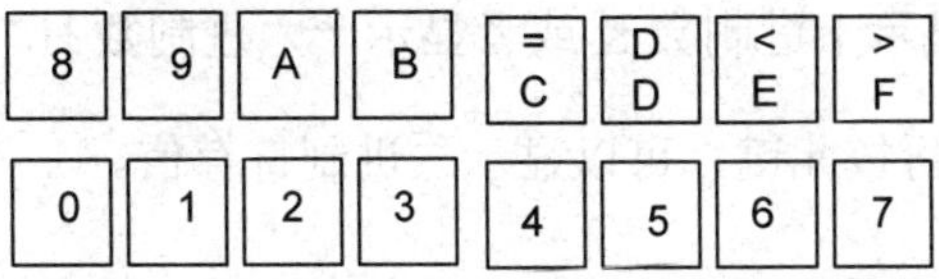

8	9	A	B	= C	D D	< E	> F

0	1	2	3	4	5	6	7

- 字母数字键用于输入字母和数字。
- 用于输入上挡键指令 "="、">"、"<"、"D"，用于组成比较指令就对应按上挡键。

（3）　其他键的功能及使用方法。

WRT　"写入指令"键

- 在输入基本指令、字母、数值后，按此键将其写入 PLC 的用户寄存器。

ENT　"输入"键

- 录入高级指令名和高级指令、CT、TM 指令的操作数。
- 录入所选择的 OP 功能。

DELT INST　"删除/插入"键

- 在用户程序中插入需要输入的指令（插入步骤先按 HELP CLR 键→键入指令内容→最后按 DELT INST 键即可）。

- 删除用户程序中的一行内容（先按 SHIFT SC 键→再按 DELT INST 键，可删除 LCD 中下面一行内容）。

HELP CLR　"帮助/清除"键

- 当 LCD 显示出指令时，按此键可以清除 LCD 下面一行的指令名和操作数，而地址保留，以便输入新的指令。
- 当 PLC 处于监视寄存器状态时，按此键可清除寄存器原值，以便重新设置数值。

ACLR　"全清"键

- 清除当前屏幕显示的所有数据（清屏），但内存不动。
- 若执行 OP 功能过程中按此键，将退出 OP 功能。
- 按此键后，若显示出两个（**）号，则此状态为"初始状"状态。

(BIN) K/H　"数制转换/常数"键

- 输入常数字符 K（十进制数）或 H（二进制数）时，每交替按此键，将交替显示 K 或 H。
- 按此键可以显示十进制数 K 或者显示十六进制数 H。
- 先按 $\boxed{\substack{\text{SHIFT}\\ \text{SC}}}$ 键再按此键，可以显示二进制寄存值。

$\boxed{\substack{\text{(-)}\\ \text{OP}}}$ "操作/负号"键

- 用此键可为常数或数值输入负号。
- 用此键可进入 OP 功能方式，其方法是先按 $\boxed{\text{ACLR}}$ 键再按此键，即可进入 OP 功能方式。

$\boxed{\substack{\text{READ}\\ \blacktriangledown}}$ "读取/下滚动"键

- 从 PLC 中读取指令、继电器状态或寄存器值。
- 按住此键可使屏幕 LCD 显示的指令按照地址顺序向下滚动。

$\boxed{\substack{\text{SRC}\\ \blacktriangle}}$ "查找/上滚动"键

- 查找带有继电器、寄存器的指令程序。
- 按住此键可使屏幕 LCD 显示的指令按照地址顺序向上滚动。

$\boxed{\substack{\text{SHIFT}\\ \text{SC}}}$ "指令切换"键

- 按此键进入 SC 方式，在 SC 方式下可输入一些键盘上没有的基本指令（非键盘指令），例如 ED（结束）指令或 NOP（空操作）指令。输入完 ED 或者 NOP 指令后，再按一下此键可立即退出 SC 方式。
- 用此键激活某些键上用橙色表示的一些功能。例如先按此键，然后接着再按 $\boxed{\substack{\text{DELT}\\ \text{INST}}}$ 键，可以删除当前屏幕上的指令。

4.4.2　手持编程器指令输入方式

　　手持编程器是用指令助记符语言编制用户程序、查寻、修改及显示等指令的，输入有三种方式，即：键盘指令输入方式、非键盘指令输入方式、高级指令输入方式。

1.　键盘指令输入方式

　　键盘指令输入方式是指直接按动对应键就可以将指令写在 LCD 上。能直接输入的键盘指令有继电器指令键上的指令和字母数字键上的指令。也就是这些键上指令都可以通过直接按动对应键将指令写在 LCD 上。

　　表 4-1 给出 14 条键盘指令。只要能正确应用表中指令，并能够输入一些字母符号名和数字以及正确写入、插入、修改一些指令，解决常用程序的编制就非常容易。

表 4-1　键盘指令及功能

指 令 名 称		逻 辑 符 号	功 能 说 明
Start	开始加载	ST	以常开触点从左母线开始
Start not	开始加载非	$\overline{\text{ST}}$	以常闭触点从左母线开始
Out	输出	OT	将运算结果送到指定输出端口
Not	"非"	—	将到达该指令处的运算结果取反
And	"与"	AN	串联触点进行"与"逻辑运算
And not	"与非"	$\overline{\text{AN}}$	串联触点进行"与"运算后再取反
Or	"或"	OR	并联触点进行"或"运算
Or not	"或非"	$\overline{\text{OR}}$	并联触点进行"或"运算后再取反
And stack	"组与"	ANS	指多个指令块之间的串联"与"逻辑运算
Or stack	"组或"	ORS	指多个指令块之间的并联"或"逻辑运算
Timer 0.01 s	0.01 s 计时器	TMR	以 0.01 s 为单位的得电延时型定时器
Timer 0.1 s	0.1 s 计时器	TMX	以 0.1 s 为单位的得电延时型定时器
Timer 1.0 s	1.0 s 计时器	TMY	以 1.0 s 为单位的得电延时型定时器
Counter	计数器	CT	减法计数器（每个 CP 减 1）

2．非键盘指令输入方式

非键盘输入指令是指键盘上没有的，需要用指令代码才能输入的指令。这类指令输入有特定输入方法。一般都是两个键及两个以上键先后有规律地按动才能完成一条指令的输入。表 4-2 给出了非键盘指令（SC 键调出）及功能。

表 4-2　非键盘指令（SC 键调出）及功能

指 令 名 称		逻 辑 符 号	功能码	功 能 说 明
Leading edge differential	上升沿微分	DF	0	当输入条件为 ON 时，使输出触点为 ON 一个扫描周期
No operation	空操作（空行）	NOP	1	空行
Keep	保持	KP	2	使接点成为置位/复位式触发器
Shift register	移位寄存	SR	3	寄存器内容左移 1bit
Masrer	主控继电器	MC	4	当输入条件为 ON 时，执行 MC 至 MCE 之间的指令
Master control Relay end	主控继电器结束	MCE	5	
Jump	跳转	JP	6	当输入条件为 ON 时，跳转执行同一编号 LBL 指令后的指令
Label	跳转标记	LBL	7	开始执行 JP 至 LOOP 之间指令
Loop	循环跳转	LOOP	8	当输入条件为 ON，且预定字节内容≠0 时，执行同一编号 LBL 指令后的指令
Push stack	进入堆栈	PSHS	9	存储运算结果
Read stack	读出堆栈	RDS	A	读出由 PSHS 指令存储的运算结果
Pop stack	弹出堆栈	POPS	B	读出由 PSHS 指令存储的运算结果并复位
Start step	进入步进	SSTP	C	标记步进的起始位置
Next step（pulse）	转入步进（脉冲式）	NSTP	D	结束当前状态，转为步进状态
Clear step	步进清除	CSTP	E	标记步进的结束位置
End step	步进结束	STPE	F	结束步进
End	完整程序结束	ED	10	主程序结束
Conditional end	有条件结束	CNDE	11	当输入条件为 ON 时，结束当前程序，开始下一个扫描周期

（续表）

指 令 名 称		逻 辑 符 号	功 能 码	功 能 说 明
Subroutine call	调子程序	CRLL	12	调用指定的子程序
Subroutine entry	子程序入口	CUB	13	标记调子程序开始位置
Subroutine return	子程序返回	RET	14	由子程序返回主程序
Interrupt control	中断控制	ICTL	15	执行中断的控制指令
Interrupt	中断入口	INT	16	标记中断处理的起始位置
Interrupt program End	中断返回	IRET	17	中断处理结束，返回主程序
Break	断点	BRK	18	FP1 中无意义
Set	置位	SET	19	当输入条件为 ON 时，使指定输出为 ON 状态，并保持其状态
Reset	复位	RST	1A	当输入条件为 ON 时，使指定输出为 OFF 状态，并保持其状态
Next step（scan）	步进转入（扫描式）	NSTL	1B	FP1 中无定义

以下对非键盘指令输入方式作如下说明。

（1）当已知非键盘指令代码时，则采用的操作方法。

首先按动 SHIFT SC 键，然后用字母数字键输入表 4-2 对应代码（0～1B 中的某个代码），

再次按动 SHIFT SC 键，非键盘指令被显示在屏幕上，最后按动 WRT 键，就将显示在屏幕上的

指令写入 PLC。

（2）若不知道表 4-2 中的非指令代码时所采用的操作方法。

首先按 SHIFT SC 键，再按 HELP CLR 键，即显示出非键盘指令表（4-2 表的内容），接着按动 SRC ▲

上移动键，或者按动 READ ▼ 下移动键，则非键盘指令表会上下移动，就可以找到需要用的指

令代码，将代码（0～1B 之一代码）用字母数字键输入，对应的非键盘指令就显示在 LCD

上，最后按 WRT 键，将指令写入 PLC。

（例） 输入"ED"非键盘指令的输入方法如下。

先按 SHIFT SC 键→按数字键 1 → 0 →按 WRT ，这样屏幕上显示 ED，并且此指令已

经写入 PLC。

3. 高级指令输入方式（扩展功能指令输入方式）

这类指令键盘上没有，需要用"F"功能键方可输入的指令，这些指令的功能号可在

PLC 产品使用手册中查到。

下面介绍高级指令具体输入方法。

（1）指令功能号后还有操作数的高级指令输入方法。

FN/P FL →功能号→ ENT

操作数 1→ ENT

$\vdots$

$\vdots$

操作数 n→ WRT　（n≥1 的整数）将高级指令写入 PLC。

（2）指令功能号后没有操作数的高级指令输入方法。

FN/P FL →功能号→ WRT ，将高级指令写入 PLC。

4.4.3　常用的 OP 功能的使用

用手持编程器的 OP 功能，可以实现系统的设置、内存的监控、程序的部分编辑、程序的自诊断等各种操作功能。表 4-3 给出了 OP 功能。

表 4-3　OP 功能表

指 令 名 称	指令符号与功能码	功 能 说 明
清除	OP-0	清除程序中的保持区
删除 NOP	OP-1	删除程序中的空行
监视/设置单字寄存器	OP-2、3、8	监视/设置单字寄存器内容
监视 I/O 点	OP-7	监视多个输入输出点（I/O 点）
程序自检	OP-9	程序自检，并可显示对错误的提示信息
强制 I/O 点 开/关	OP-10、11	强制输入输出点（I/O 点）的 ON/OFF
监视/设置双字寄存器	OP-12	监视/设置双字寄存器内容
监视/设置 PLC 编程方式	OP-14	监视/设置 PLC 编程方式，使编程器可在 RUN 方式下编程（在程序运行过程中编程）
监视/设置链接单元号	OP20	监视/设置链接单元号（有些型号 PLC 无此功能）
监视/设置链接回路	OP-21	监视/设置链接回路（有些型号 PLC 无此功能）
监视/设置 PLC 工作方式	OP-30、31、32	监视/设置 PLC 工作方式（编程方式、运行中编程方式、运行方式）
监视/设置系统寄存器内容	OP-50	监视/设置系统寄存器内容
系统寄存器初始化	OP-51	系统寄存器初始化
输入输出接口分配	OP-52	输入输出接口（I/O）分配
语言种类选择	OP-70	语言种类选择（0-英文、1-日文、2-德文等）
屏幕亮度选择	OP-71	屏幕亮度选择
将程序从存储单元 ROM 拷贝到内部 RAM 中	OP-90	将程序从存储单元 ROM 拷贝到内部 RAM 中（ROM→RAM）
将程序内部 RAM 拷贝到主存储单元	OP-99	将程序内部 RAM 拷贝到主存储单元（RAM→EEPROM）
读取自诊断错误和故障信息	OP-110	读取自诊断错误和故障信息
清除信息	OP-111	清除信息

4.4.4　PLC 专用软件编程方式

目前各种 PLC 生产厂家都独自开发出自己产品所需软件工具，所采用的软件工具需通过计算机对 PLC 进行编程、程序检查与修改、监控 PLC 运行状态、数据传输与管理、打印等多种操作控制。目前还没有统一的 PLC 软件工具，在使用软件工具时，应仔细参阅相关资料。

4.5 PLC 编程

为了便于广大读者很快掌握 PLC 编程方法，现采取继电器控制与 PLC 控制相比较的方法，说明 PLC 梯形图语言程序、助记符语言程序与老式继电器辅助电路之间的相同点与不同点，以及它们之间的有机联系。

4.5.1 继电器组成的辅助电路与 PLC 组成的辅助电路接线方法的比较

图 4-9 所示为用继电器与用 PLC 组成的三相异步电动机启动控制电路中辅助电路的比较图。由图可见，两种辅助电路中，都有停止按钮 SB1、启动按钮 SB2、热继电器触点 FR、交流接触器（主继电器）KM 线圈等电气器件，这是两种电路的共同点，但两种电路接线方法有很大区别。

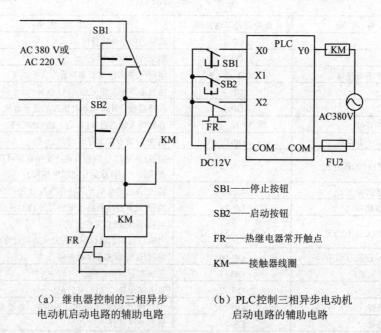

（a）继电器控制的三相异步
电动机启动电路的辅助电路

（b）PLC 控制三相异步电动机
启动电路的辅助电路

图 4-9　用继电器与用 PLC 组成三相异步电动机启动控制电路中辅助电路的比较图

（1）在继电器组成的辅助电路中停止按钮 SB1 用常闭触点，热继电器用常闭触点，而在 PLC 组成的辅助电路中，停止按钮 SB1 用常开触点，热继电器 FR 用常开触点。两种辅助电路所用的这两对触点（常闭常开）正好相反，这点必须特别注意。

（2）在继电器组成的辅助电路中，启动按钮 SB2 常开触点处，并联了主继电器 KM 的辅助常开触点，实现自锁功能，而在 PLC 组成的辅助电路中，启动按钮 SB2 常开触点处，没并联主继电器 KM 的辅助常开触点，KM 的自锁功能由 PLC 内部软继电器常开触点并联去解决。这就是两种电路在完成相同逻辑运算时，所采用的方法不同之处，这方面应特别注意。

（3）在用继电器组成的辅助电路中，各按钮的触点、热继电器常闭触点、主继电器线圈采用交流电源，而在 PLC 组成的辅助电路中，按钮触点、热继电器触点（PLC 输入接口电气器件）用直流电源，主继电器 KM 线圈应根据具体技术参数要求，采用直流电源或者交流电源，图 4-9（b）中 KM 线圈采用交流 380 V 电源。

4.5.2　用继电器组成的辅助电路与用 PLC 组成的辅助电路逻辑功能比较

在常用的控制电路（辅助电路）中，用 PLC 组成的辅助电路完成的逻辑功能与用继电器组成的辅助电路完成的逻辑功能完全相同，但采用的方法不同。

（1）用继电器组成的辅助电路中，各电气器件是实际存在的，而用 PLC 组成的辅助电路中，有的器件用 PLC 内部软继电器代替（如定时器、计数器、寄存器等），在线路中并不出现这些器件。

（2）用继电器组成的辅助电路与用 PLC 组成的辅助电路编程方法不同。

用继电器组成的辅助电路采用直接连线方法完成电路的控制功能。用 PLC 组成的辅助电路采用专用编程语言完成电路的控制功能。虽然二者采用的方法不同，但 PLC 编程（梯形图语言编程）形式与用继电器组成的硬件电路中的逻辑功能图却相类同。三相异步电动机启动控制电路 PLC 编程图如图 4-10 所示。下面给出图 4-9 所示电路完成的逻辑功能及 PLC 编制的程序。

KM 线圈——Y0 表示

SB1 常闭触点——$\overline{X0}$（X0 的"非"）表示

SB2 常开触点——X1 表示

FR 常闭触点——$\overline{X2}$ 表示

逻辑功能表达式为：$Y0 = (X1+Y0)\,\overline{X0}\,\overline{X2}$

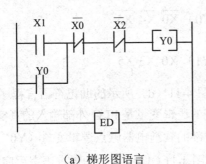

地　址	指　令	
0	ST	X1
1	OR	Y0
2	AN	$\overline{X0}$
3	AN	$\overline{X2}$
4	OT	Y0
5	ED	

（a）梯形图语言　　　　　（b）助记符语言

图 4-10　三相异步电动机启动控制电路 PLC 编程图

图 4-10（a）中 X1 常开触点代表 SB1 常开触点功能，并用 ⊣⊢ 表示。

Y0 常开触点代表 KM 的常开触点功能，用 ⊣⊢ 表示。

$\overline{X0}$ 常闭触点代表 SB0 常闭触点功能，用 ⊣⊬ 表示。

$\overline{X2}$ 常闭触点代表 FR 常闭触点功能，用 ⊣⊬ 表示。

Y0 线圈代表 KM 线圈功能，用 [Y0] 表示。

由图 4-10（a）所示可见，PLC 梯形图语言程序与用继电器组成的触点相互之间关系相类同，只是触点和线圈的位置发生一些变动，自锁功能画法相同（在继电器电路中是 SB1 常开触点与 KM 继电器常开触点并联完成自锁，在梯形图语言中是 X1 与 Y0 并联完成自锁）。通过分析可知，只要对继电器组成的电路熟悉，则很容易改为用 PLC 组成的电路，并能顺利完成编程工作。

图 4-10（b）所示是助记符语言编制的程序，此程序很容易用手持编程器输入到 PLC 中，这种编程方法目前应用较多。后面将具体说明用编程器编程的方法。

4.5.3 PLC 用户程序中常用到的基本控制环节的编程介绍

1. 自锁与互锁环节

自锁环节在图 4-10 中已经表示出来，下面将互锁环节也加到电路中，并给出 PLC 的程序。有自锁和互锁的三相异步电动机启动控制电路的辅助电路及 PLC 编程程序图如图 4-11 所示，它有以下特点。

（1） PLC 输入接口端子所接的按钮和继电器触点都是常开状态。

（2） PLC 编程用的逻辑"开关"量与按钮的常开、常闭触点及继电器的常开、常闭触点相类同。

（3） PLC 编程逻辑表达式与 PLC 输入输出接口电路外接设备及电气器件有关。

（4） 由继电器组成的控制电路中有的继电器，在 PLC 接线电路中没有，它们被软继电器代替。

在图 4-11（b）所示助记符号语言中 PLC 输入端有六个开关量（SB1、SB2、SB3 常开触点，继电器 KM1、KM2、FR 的常开触点），分别对应为 X0，X1、X2、X3、X4、X5。输出端输出 Y0、Y1，输出端子 Y0 接 KM1 线圈、Y1 接 KM2 线圈。PLC 的用户程序完成的功能可用逻辑方程表达。

$$Y0 = (X1+Y0) \; \overline{X0} \; \overline{X4} \; \overline{X5}$$

$$Y1 = (X2+Y1) \; \overline{X0} \; \overline{X3} \; \overline{X5}$$

图 4-11（c）所示的梯形图语言程序和图 4-11（d）所示的助记符语言程序实现了逻辑方程的逻辑运算。由逻辑方程式可见，式中有的逻辑变量是 PLC 外部输入的真实变量（$\overline{X0}$、X1、X2、$\overline{X3}$、$\overline{X4}$、$\overline{X5}$），有的是 PLC 内部的软继电器触点逻辑变量（Y0、Y1）。

在图 4-11（c）所示的梯形图语言程序和图 4-11（d）所示的助记符语言程序 X1 与 Y0、X2 与 Y1 都是逻辑"或"的关系，完成了自锁功能；$\overline{X4}$ 串在第一逻辑行内，$\overline{X3}$ 串在第二逻辑行内，这样就完成了互锁功能。

实际上用 PLC 实现互锁也可以采用软继电器触点互锁和输出端外接继电器触点硬件互锁相结合的方式，这样可使电路工作更安全可靠。如图 4-12 所示的有互锁和自锁控制的 PLC 编程图就很实用，而且节省了输入点数，又使 KM1 和 KM2 继电器的线圈互锁更安全可靠。

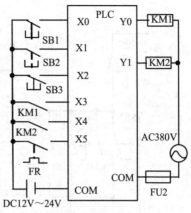

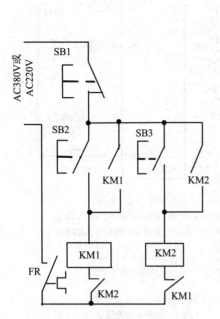

SB1——停止按钮（用X0表示）

SB2——电动机正转启动按钮（用X1表示）

SB3——电动机反转启动按钮（用X2表示）

KM1——辅助常开触点（用X3表示）

KM2——辅助常开触点（用X4表示）

FR——热继电器常开触点（用X5表示）

Y0——电动机正转满足条件输出

Y1——电动机反转满足条件输出

（a）继电器控制的三相异步　　　　（b）PLC控制三相异步电
电动机启动电路的辅助电路　　　　动机启动电路的辅助电路

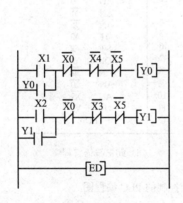

地　址	助记符指令	
0	ST	X1
1	OR	Y0
2	AN	X0
3	AN	X4
4	AN	X5
5	OT	Y0
6	ST	X2
7	OR	Y1
8	AN	X0
9	AN	X3
10	AN	X5
11	OT	Y1
12	ED	

（c）梯形图语言程序　　　　　　（d）助记符语言程序

图 4-11　有自锁和互锁的三相异步电动机启动控制电路的辅助电路图及 PLC 编程程序图

在图 4-12（b）所示的 PLC 控制三相异步电动机启动控制电路的辅助电路中，PLC 输入端只有四个输入变量（X0、X1、X2、X3），输出端有 Y0、Y1 两个输出变量。Y0 端子接继电器 KM1 线圈后，又串联了 KM2 的常闭触点，再接交流电源。Y1 端子接继电器 KM2 线圈后，又串联 KM1 的常闭触点，再接交流电源。这样的接线方法实现了硬件互锁。

在图 4-12（c）所示的梯形图语言程序和图 4-12（d）所示的助记符语言程序中 $\overline{Y2}$ 串联于第一逻辑行，$\overline{Y1}$ 串联于第二逻辑行，从而实现了逻辑上的互锁。

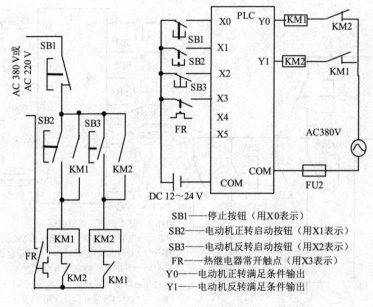

（a）继电器控制的三相异步
电动机启动电路的辅助电路

（b）PLC控制三相异步电动机
启动电路的辅助电路

SB1——停止按钮（用X0表示）
SB2——电动机正转启动按钮（用X1表示）
SB3——电动机反转启动按钮（用X2表示）
FR——热继电器常开触点（用X3表示）
Y0——电动机正转满足条件输出
Y1——电动机反转满足条件输出

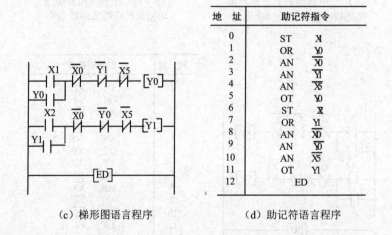

（c）梯形图语言程序

地 址	助记符指令	
0	ST	X1
1	OR	Y0
2	AN	X0
3	AN	Y1
4	AN	X5
5	OT	Y0
6	ST	X2
7	OR	Y1
8	AN	X0
9	AN	Y0
10	AN	X5
11	OT	Y1
12	ED	

（d）助记符语言程序

图 4-12　有互锁和自锁控制的 PLC 编程图

通过分析可知，图 4-12 所示电路和图 4-11 所示电路的 PLC 编程占有的地址相同，程序长度相同，完成的功能相同；但图 4-12 所示电路比图 4-11 所示电路的工作更安全可靠、并且节省两个输入点，这就是 4-12 所示电路的优点。

2. 有自锁和定时控制的单元电路

在常用的控制电路中定时控制是常见的基本单元电路。图 4-13 所示是有自锁和定时控制的三相异步电动机启动控制电路的辅助电路及 PLC 的用户程序。

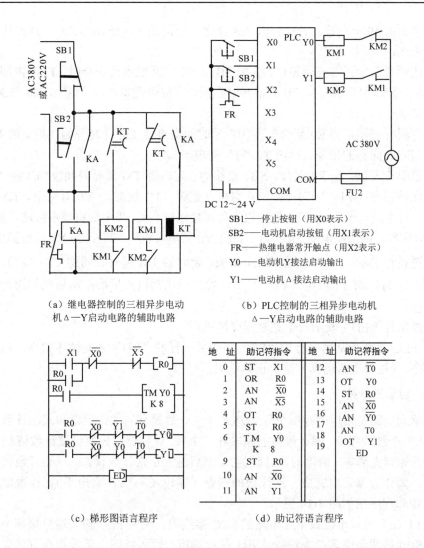

SB1——停止按钮（用X0表示）

SB2——电动机启动按钮（用X1表示）

FR——热继电器常开触点（用X2表示）

Y0——电动机Y接法启动输出

Y1——电动机△接法启动输出

（a）继电器控制的三相异步电动
机△—Y启动电路的辅助电路

（b）PLC控制的三相异步电动机
△—Y启动电路的辅助电路

（c）梯形图语言程序　　　　　　（d）助记符语言程序

图 4-13　有自锁和定时控制的三相异步电动机启动控制电路的辅助电路及 PLC 的用户程序

图 4-13（a）所示是用继电器 KA、KT、KM1、KM2、FR 和按钮开关 SB1、SB2 组成的辅助电路，在此电路中用的器件较多，而且接线比较复杂。图 4-13（b）所示是采用 PLC 组成的辅助电路，在此电路中用的继电器少，只用了 KM1、KM2、FR 三个继电器，图 4-13（a）所示电路中的时间继电器 KT 和中间继电器 KA 被 PLC 内部软继电器替代，按钮开关 SB1 和 SB2 的接线非常简单。

图 4-13（c）所示的梯形图语言程序和图 4-13（d）所示助记符语言程序都是 PLC 用户程序。由梯形图程序可见 X1 触点和 R0 触点是并联关系，完成自锁功能。$\begin{bmatrix} TM\ Y0 \\ K\ 8 \end{bmatrix}$ 是 PLC 内部的时间继电器，TM Y0 表示第 0 号时间继电器、定时单位为 1s。图中的 $\overline{Y1}$ 串联于第三逻辑行，$\overline{Y0}$ 串联在第四逻辑行，完成电气互锁功能。图中的〔ED〕表示一个完整程序结束，是 PLC 内部循环扫描的终点，第一逻辑行的 ST 是循环扫描的起始点。由图 4-13（d）

可见，程序共占 19 个地址，而定时器 TM 就占三个地址（地址 6、7、8），这点应该注意。

读图说明：

第一逻辑行表示：当按动 SB2、未按 SB1、FR 常开触点没闭合时，PLC 内部的软继电器 R0 得电（逻辑"1"状态），R0 的常开触点闭合（提供逻辑"1"信号），R0 与 X1 并联，完成自锁功能。

第二逻辑行表示：当 R0 闭合时，"0"号时间继电器 TM 计时开始，当定时器得电 8 s 后就发出延时时间到的指令（输出 T="1"高电平）。

第三逻辑行表示：当 R0 闭合、SB1 没按动、定时器 TM 延时时间没到（T="0"）、Y1 常闭触点保持原态（Y1="0"）时，Y0 得电（逻辑"1"状态）。Y0 有输出，KM1 得电动作，KM1 三对主触点闭合，使三相电动机在星形接法时启动。当电动机星形接法启动 8 s 后，KM 延时时间到，输出高电平（T="1"），则 Y0 失电（Y0="0"），为 Y1 得电提供条件。

第四逻辑行表示：当 R0 闭合、SB1 未按、定时器 TM 延时时间到（T="1"）、Y0="0"（$\overline{Y0}$="1"）时，则 Y1 得电（Y1="1"），使三相电动机由星形接法启动转换为三角形接法启动运行。

第五逻辑行"ED"表示一个完整程序结束。

实际 PLC 不断地从第一行的"ST"到最后一行的"ED"之间循环扫描，以便及时执行各条命令，（进行逻辑运算）输出正确结果。

3. 计数单元电路

计数单元电路是常用的控制单元电路之一。计数器有加法计数器和减法计数器两种类型，每输入一个脉冲指令，则计数器能完成计一个数。计数器首先要设置计数值（预置值），每次计数开始则先清零（清除前次计数值），然后进入正常计数状态，一旦计数值等于计数器预置值，则计数器发出完成一次计数的指令（输出 C="1"高电平）。计数单元电路的 PLC 接线图和程序图如图 4-14 所示。

图 4-14（a）所示是计数单元电路的 PLC 接线图。图中 PLC 输入端只接两个按钮 SB0 和 SB1，SB0 按钮是清零指令按钮，SB1 是计数指令输入按钮。清零指令有优先权，即清零指令与计数指令同时出现时，则优先执行清零功能，而不执行计数功能。

图 4-14（b）所示是梯形图语言程序，图中 $\left[\begin{smallmatrix} CT,10 \\ 100 \end{smallmatrix}\right]$ 的 CT 表示计数器，其序号为 100，计数预置值为 10（如松下 FP-1 系列 C24 可编程控制器中有计数器 44 个，其顺序号从 100~143）。

图 4-14（c）所示是计数单元电路助记符语言程序，图 4-14（d）所示是手持编程器编程键盘操作顺序图。

图 4-14（d）的最上逻辑行（清零行）表示对 PLC 输入新程序时，首先要清除程序区和保持区原来内容，接下来才能输入新的程序（重新编程）。"清零"后屏幕显示 ※ 图形，则表示"全清"。

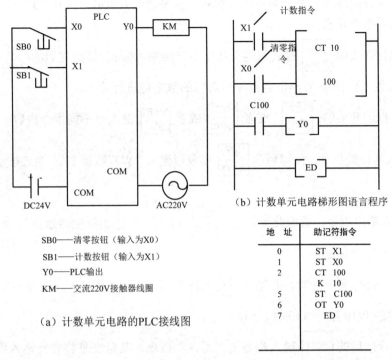

SB0——清零按钮（输入为X0）

SB1——计数按钮（输入为X1）

Y0——PLC输出

KM——交流220V接触器线圈

（a）计数单元电路的PLC接线图

（b）计数单元电路梯形图语言程序

地　址	助记符指令
0	ST X1
1	ST X0
2	CT 100
	K 10
5	ST C100
6	OT Y0
7	ED

（c）计数单元电路助记符语言程序

序　号		操 作 键 盘					屏 幕 显 示	备　注
地　址	内　容							
		ACLR	(-) OP	0	ENT	SHIFT SC / DELT INST	＊　＊	清零
		0	READ ▼				0　NOP	开始编程
0	ST X1	ST X-WX	ST X-WX	1	WRT		0 ST X 1 1 NOP	
1	ST X0	ST X-WX	ST X-WX	0	WRT		1 ST X 0 2 NOP	
2	CT 100	CT O.EV	ST X-WX	1	0	0　ENT	2 C 100	
	K 10	(BIN) K/H	1	0	WRT		K 10 5 NOP	
5	ST C100	ST X-WX	= C	1	0	0　WRT	5 ST C 100 6 NOP	
6	OT Y0	OT L-WL	AN Y-WY	0	WRT		6 OT Y 0 7 NOP	
7	ED	SHIFT SC	1	0	SHIFT SC	WRT	7 ED 8 NOP	

（d）手持编程器编程键盘操作顺序图

图 4-14　计数单元电路 PLC 接线图和程序图

第二逻辑行（开始编程）表示可以进行编程，屏幕显示 $\boxed{0\ NOP}$，表示"0"号地址为空的状态（可以写入指令状态）。

图中每逻辑行开头的 $\boxed{\begin{array}{c}ST\\X\text{-}WX\end{array}}$ 键表示为一条指令开始输入标记，紧跟其后的 $\boxed{\begin{array}{c}ST\\X\text{-}WX\end{array}}$ 表示输入 X 继电器触点指令，按动 X 继电器顺序号对应的数字键进行输入。

图中每逻辑行的开头的 $\boxed{\begin{array}{c}CT\\O.EV\end{array}}$ 或者 $\boxed{\begin{array}{c}OT\\L\text{-}WL\end{array}}$ 或者 $\boxed{\begin{array}{c}SHIFT\\SC\end{array}}$ 键入有不同指令内容。

$\boxed{\begin{array}{c}CT\\O.EV\end{array}}$ 键入为计数指令，此键后的 $\boxed{\begin{array}{c}ST\\X\text{-}WX\end{array}}$ 键表示键入"WX 数据字"，通过按动对应的数字键输入数据。

$\boxed{\begin{array}{c}OT\\L\text{-}WL\end{array}}$ 键入为输出指令，紧跟此键后的 $\boxed{\begin{array}{c}AN\\Y\text{-}WY\end{array}}$ 键入"Y 输出继电器触点"，Y 继电器触点顺序号通过操作数字键输入。

$\boxed{\begin{array}{c}SHIFT\\SC\end{array}}$ 键入为特殊指令开始，此键后应输入特殊指令内容。图中 $\boxed{\begin{array}{c}SHIFT\\SC\end{array}}$ 键后的 $\boxed{1}$ $\boxed{0}$ 表示 PLC 指令中的 P-10 指令（ED 指令）。

图中每逻辑行最后的 $\boxed{WRT}$ 键入指令为"写入"指令，其意义是将该行输入程序指令写入 PLC 用户程序中。

4.5.4 PLC 编程基本原则

1. "头重脚轻"原则

通过梯形图程序说明"头重脚轻"编程原则。图 4-15 所示是梯形图程序语言的正确程序与错误程序比较图。

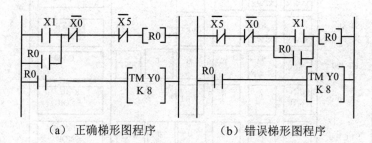

（a）正确梯形图程序　　　　（b）错误梯形图程序

图 4-15　梯形图程序语言正确程序与错误程序比较图

由图 4-15 所示程序可见，正确程序与错误程序之间的区别就是在梯形图中 X1 与 R0 并联（逻辑"或"）所在的位置不同。在图 4-15（a）所示程序中 X1 与 R0 并联部分在左母线起始位置（正确），在图 4-15（b）所示程序中 X1 与 R0 并联部分在接近输出继电器线圈〔R0〕之前位置（错误）。图 4-15（a）程序可编制，而图 4-15（b）程序不可编制。图 4-15（a）所示程序就是"头重脚轻"编程最好的实例，所谓"头重脚轻"就是将逻辑"或"（变量之间形似并联）放置在逻辑行起始端，接下来才是逻辑"与"运算变量（变量之间形似串联）。

2. 最简原则

PLC 的程序越短，所占的地址就越少，扫描周期越短，则运行就更可靠，能及时发现输入量的变化或者程序变化，并及时对输出进行调整。通过图 4-16 所示的程序缩短举例图说明在编程过程中，如何使程序尽量缩短，而且又能完成控制功能。

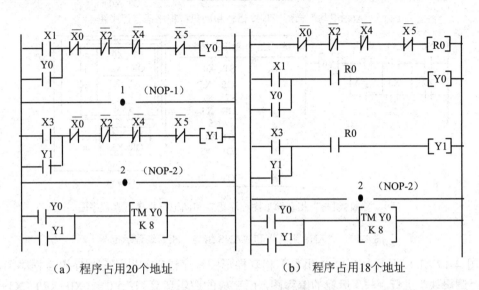

（a）　程序占用20个地址　　　　（b）　程序占用18个地址

图 4-16　程序缩短举例图

图 4-16（a）所示程序共有五行逻辑行，占有 20 个地址，程序中有两个空指令（NOP-1和 NOP-2）行；在图 4-16（b）所示程序图共有五行逻辑行，占有 18 个地址，程序中有一个空指令（NOP-2）行。由分析可见，图 4-16（a）和图 4-16（b）完成的逻辑功能完全相同，但程序长度不同。图 4-16（b）的程序增加了第一行内部软继电器 R0（输出）逻辑行，此行完成的逻辑功能为 R0=$\overline{X0}\ \overline{X2}\ \overline{X4}\ \overline{X5}$ 运算，从而在接下来的两行逻辑行中用 R0 替代了 $\overline{X0}\ \overline{X2}\ \overline{X4}\ \overline{X5}$ 的运算功能，这是使程序缩短最有利、最简单的方法。在图 4-16（b）图中减少一行空指令行（NOP-1），这是非常简单的缩短程序的方法，但图 4-16（b）中还保留一行空指令行（NOP-2），这样做是为使修改程序更方便。

3. ANS "组与" 运算原则

"组与" ANS 是指两个 "逻辑块" 及两个以上 "逻辑块" 之间进行 "与" 运算，而每个 "逻辑块" 内的变量进行 "或" 个运算。三个及三个以上的 "逻辑块" 之间进行 "与" 运算则应采用层层 "组与" 相套法则。图 4-17 所示为 "ANS 组与" 和 "ANS 组与" 相套编程示范图。

图 4-17（a）所示程序图是简单的 "ANS 组与" 梯形图程序语言和助记符程序语言程序图，其逻辑表达式为 Y0=（X0+X2）（X1+X3），也就是分别完成 X0、X2 的 "或" 运算，X1、X3 的 "或" 运算，其两个 "或" 运算结果再进行 "与" 运算，也就是 "组与" 运算，简称为 "组与"，程序中用 "ANS" 指令表示。

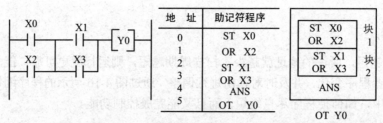

（a）"ANS组与"梯形图程序语言和助记符程序语言程序图

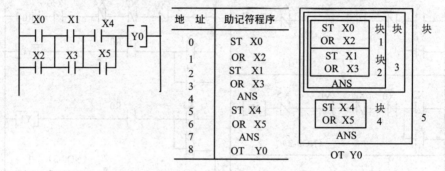

（b）"ANS组与"相套梯形图程序语言和助记符程序语言程序图

图 4-17 "ANS 组与"和"ANS 组与"相套编程示范图

图 4-17（b）所示为"ANS 组与"相套梯形图程序语言和助记符程序语言程序图，是三个"逻辑块"进行"与"运算的编程图，所完成的逻辑运算为：Y0 =（X0+X2）（X1+X3）（X4+X5）。先进行"块 1"、"块 2"各块内的"或"运算，接着进行"块 1"和"块 2"的"与"运算（"块 3"完成"与"运算），然后再进行"块 4"内的"或"运算，再将"块 3"和"块 4"进行"与"运算，最后根据总运算结果，决定 Y0 输出是高电平还是低电平。

通过分析可见，"ANS 组与"只能是两个"逻辑块"之间的"与"运算，每个"逻辑块"内部进行"或"运算。如果超过两个"逻辑块"进行"与"逻辑运算，应遵循最前面两个"逻辑块""组与"运算，将前面"组与"运算结果作为一个新"逻辑块"与其紧临的"逻辑块"再进行"组与"运算，依此类推，直至全部"组与"运算结束。

4. ORS"组或"运算原则

ORS"组或"是两个及两个以上"逻辑块"之间进行"或"运算，而在每个逻辑块内变量之间进行"与"运算，详见图 4-18 所示的"ORS 组或"及"组或"相套的程序图。

图 4-18（a）所示是两个逻辑块之间进行"组或"运算的梯形图程序语言和助记符程序语言程序图。在图 4-18（a）图所示程序中第一个逻辑块进行 X0 和 X1 之间的"与"运算，第二个逻辑块进行 X2 和 X3 之间的"与"运算，两个逻辑块内部运算在先，块与块之间的"或"运算在后。

图 4-18（b）所示程序是三个"逻辑块"之间进行"或"运算的程序图。第一个"逻辑块"进行 X0 和 X1 之间"与"运算，第二个"逻辑块"进行 X2 和 X3 之间的"与"运算，紧接着进行两个逻辑块之间的"或"运算，到此完成了第一次"组或"运算。接下来是第三个"逻辑块"进行 X4 和 X5 之间的"与"运算，然后进行第三个"逻辑块"与前面"组或"运算结果再进行"组或"运算。由此可见，每次"组或"运算结果就相当于一个新的

"逻辑块"，它可以和其后面的"逻辑块"再次进行"组或"运算，依此类推，多个"逻辑块"之间的"组或"运算都如此处理即可。

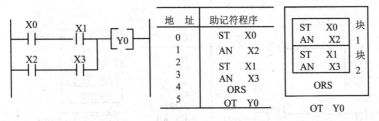

（a）"ORS 组或"梯形图程序语言和助记符程序语言程序图

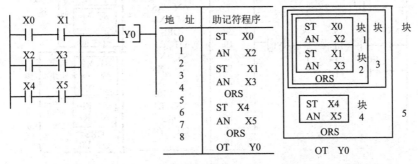

（b）"ORS 组或"相套梯形图程序语言和助记符程序语言程序图

图 4-18　"ORS 组或"及"组或"相套程序图

5. ANS "组与"和 ORS "组或"混合逻辑编程法则

在实际工程中经常会遇到在一行逻辑行中既有"组与"又有"组或"，在此给出两种处理方法。

第一种方法是按照"逻辑块"之间运算关系顺序编程法则，详见图 4-19 所示的 ORS "组或"和 ANS "组与"混合编程程序图。

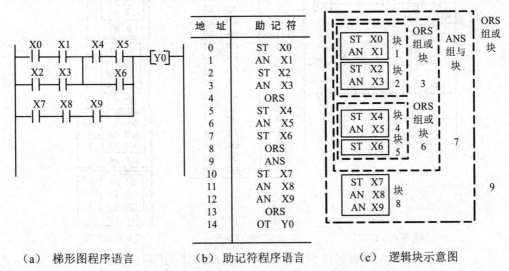

（a）梯形图程序语言　　　（b）助记符程序语言　　　（c）逻辑块示意图

图 4-19　ORS "组或"和 ANS "组与"混合编程程序图

第二种方法是"组与"和"组或"各组成逻辑行，每行有各自的输出继电器，输出继电器之间组成新的逻辑行，详见图 4-20 所示的分割法进行"组与"和"组或"混合逻辑编程程序图。

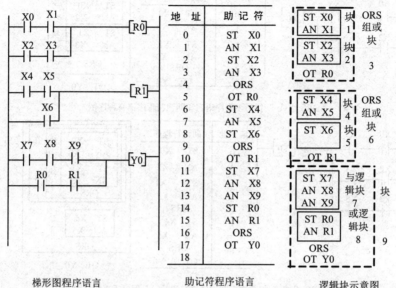

（a）分割法进行"组与"和"组或"混合逻辑编程程序图之一

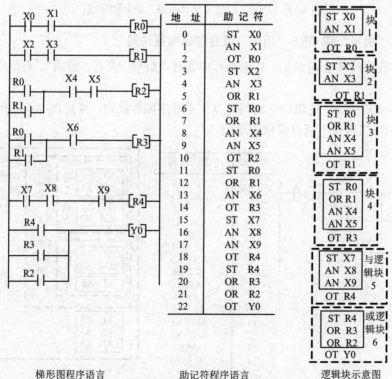

（b）分割法进行"组与"和"组或"混合逻辑编程程序图之二

图 4-20 分割法进行"组与"和"组或"混合逻辑编程程序图

由图 4-19 所示程序可见，逻辑块 1 完成 X0 和 X1 之间"与"运算，逻辑块 2 完成 X2 和 X3 之间的"与"运算，块 1 和块 2 之间完成"组或"逻辑运算，形成新的逻辑块 3。

逻辑块 4 完成 X4 和 X5 之间"与"运算，逻辑块 5 内只有 X6，说明块 5 内完成 X6 和块 4 之间"与"运算，块 4 和块 5 之间完成"组或"运算，形成新的逻辑块 6。

逻辑块 3 和逻辑块 6 之间完成"组与"运算，形成新逻辑块 7。

逻辑块 8 完成 X7、X8 和 X9 之间的"与"运算，逻辑块 8 和逻辑块 7 之间完成"组或"运算形成新的逻辑块 9。

6. 继电器只能出现一次但其触点可多次使用的原则

继电器只能出现一次但其触点可多次使用的编程原则如图 4-21 所示，图 4-21（a）所示程序为编程错误，图 4-21（b）所示程序为编程正确。

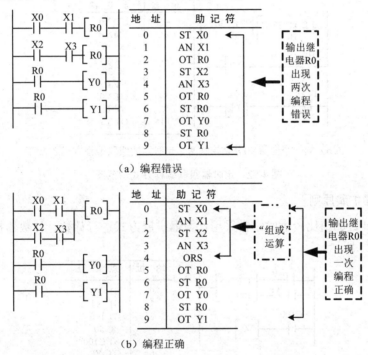

图 4-21　继电器只能出现一次但其触点可多次使用的编程原则

7. 定时器级联原则

定时器级联编程方式示范图如图 4-22 所示。两个及两个以上定时器若用同一个输入变量控制，可以采用图 4-22（a）所示的编程方式，即同一个变量 X0 分别控制两个定时器的级联编程方式之一。

图 4-22（b）所示为同一个变量 X0 分别控制两个定时器级联编程方式之二。这种定时器级联编程方式是定时短的在前，依次定时时间增长。要特别注意，从第二个定时器开始，后面定时器的定时值是其前面定时时间加上本身定时时间之和，如：图 4-22（b）所示程序中第一个定时器 TMX0 定时为 2 s，而第二个定时器 TMX1 定时时间为 2 s 加 3 s，总计为 5 s。

图 4-22（a）所示的定时器编程方式不同，所占用的地址不同，所以每次扫描时间也就不同，很显然采用定时器级联法编程方式占用地址少，两种编程方式的结果是相同的。编

程人员可根据自己的编程习惯决定采用的编程方式。

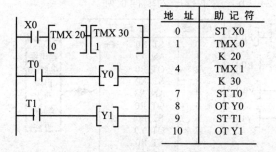

地　址	助 记 符
0	ST X0
1	TMX 0
	K 20
4	ST X0
	TMX 1
	K 50
8	ST T0
9	OT Y0
10	ST T1
11	OT Y1

（a）同一个变量X0分别控制两个定时器的级联编程方式之一

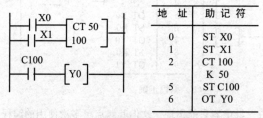

地　址	助 记 符
0	ST X0
1	TMX 0
	K 20
4	TMX 1
	K 30
7	ST T0
8	OT Y0
9	ST T1
10	OT Y1

（b）同一个变量X0分别控制两个定时器的级联编程方式之二

图 4-22　定时器级联编程方式示范图

8.　计数器扩展原则

计数器所计数的值比较大时，常采用计数器扩展方式进行计数，计数器扩展计数程序示范图如图 4-23 所示。

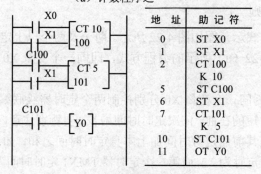

地　址	助 记 符
0	ST X0
1	ST X1
2	CT 100
	K 50
5	ST C100
6	OT Y0

（a）计数程序之一

地　址	助 记 符
0	ST X0
1	ST X1
2	CT 100
	K 10
5	ST C100
6	ST X1
7	CT 101
	K 5
10	ST C101
11	OT Y0

（b）计数程序之二

图 4-23　计数器扩展计数程序示范图

图 4-23 给出了同一种计数器采用两种编程方式的程序图。图 4-23（a）所示计数程序是用一个计数器 CT100 直接计数 50 的程序图。

图 4-23（b）所示计数程序是采用两个计数器 CT100 和 CT101 完成计数 50 的程序图，第一个计数器 CT100 只完成 10 数的计数功能（计数脉冲为 X0），而第二个计数器 CT101 计数脉冲为 CT100 输出脉冲，CT101 计一个脉冲，就相当于 X0 输入 10 个脉冲，CT101 产生输出时说明 X0 已经有 50 脉冲输入。图中 X1 是计数器 CT100 和 CT101 的清零指令。

两种计数器编程方式的结果相同，编程人员可根据自己的习惯进行编程。

4.6　调出、清除、检查、修改、插入及删除等程序键盘的操作方法

PLC 编程后，要进行程序试运行（PLC 输出端子不接外部元器件），通过观察 PLC 面板上指示灯，可以判断所编程序是否正确。若程序有错误，就必须调出所编的用户程序，或者直接调出错误程序行，然后进行修改，有时还需要插入新程序。下面详细说明常用的而且又很关键的几种操作方法。

4.6.1　调出程序（显示在屏幕上）

（1）直接调出已知地址的程序，操作步骤如下：

$$\boxed{\text{ACLR}} \rightarrow \boxed{\text{地址}} \rightarrow \boxed{\text{READ/▼}}$$

需要调出的程序显示在屏幕上。若屏幕显示的程序不是要找的程序，可按动 $\boxed{\text{SRC/▼}}$ 或按动 $\boxed{\text{READ/▼}}$ 键可使程序上、下移动，最后找出需要调出的程序。

（2）调出某条指令的地址，操作步骤如下：

$$\boxed{\text{ACLR}} \rightarrow \boxed{\text{SC}} \rightarrow \boxed{\text{指令内容}} \rightarrow \boxed{\text{SRC/▲}}$$

屏幕显示第一个存有该条指令的地址，继续按动 $\boxed{\text{SRC/▲}}$ 键，可依次找出所有存有该条指令的地址。

若已找到地址的指令，按 $\boxed{\text{READ/▼}}$ 键，可使指令显示在当前行地址的后面。

4.6.2　清除程序

（1）清除屏幕显示，但要保留内存程序，其操作步骤如下：

按 $\boxed{\text{ACLR}}$ 键，则屏幕显示 $\boxed{\text{＊＊}}$ ，此状态称为"全清"状态（只是屏幕没显示地址和指令，但地址和指令还保留在内存中）。

（2）清除原内存，以便输入新的程序，其操作步骤如下：

$$\boxed{\text{ACLR}} \rightarrow \boxed{\text{OP}} \rightarrow \boxed{0} \rightarrow \boxed{\text{ENT}} \rightarrow \boxed{\text{SV}} \rightarrow \boxed{\text{（DELT）/INST}}$$

这样操作后自动回到"全清"状态，屏幕显示 $\boxed{\text{＊＊}}$ 状态，但此种状态是内存程序各地址中的内容被清除，也就是各地址的内容为"NOP"状态。

（3）清除屏幕显示当前行指令内容，但保留地址，以便输入新指令，其操作步骤如下：

按 $\boxed{\text{（HELP）/CLR}}$ 键，则当前行程序内容被清除，但屏幕上仍然保留原地址，该地

址可输入新指令。

4.6.3 程序的检查、修改、删除、插入

（1）检查程序是否有存入错误（或者已知程序中存在错误，需直接查出错误程序指令的地址及其内容），操作步骤如下：

$$\boxed{\text{ACLR}} \to \boxed{\text{OP}} \to \boxed{9} \to \boxed{\text{ENT}} \to \boxed{\text{READ/▼}}$$

① 若程序无错误，则自动返回到"全清"状态。

② 若程序有错误，PLC 则发出错误提示声，同时将最前面的错误程序地址和内容显示在屏幕上，继续按 $\boxed{\text{READ/▼}}$ 键，可依次显示出错误程序的地址及内容。

（2）修改错误程序操作步骤如下：

首先按照检查程序的操作步骤将错误程序调到当前行，按动 $\boxed{\text{（HELP）/CLR}}$ 键 → 输入正确指令 → 按 $\boxed{\text{WRT}}$ 键，错误程序被更改。

（3）删除程序的操作步骤如下：

① 删除一条指令时，把要删除的指令调到当前行，按 $\boxed{\text{SC}} \to \boxed{\text{（DELT/INST}}$ 即可。

② 删除一段程序时，按以下步骤操作。

$$\boxed{\text{ACLR}} \to \boxed{\text{起始地址1}} \to \boxed{\text{终止地址6}} \to \boxed{\text{READ/▼}} \to \boxed{\text{SC}} \to \boxed{\text{（DELT/INST}}$$

以上操作表明，删除地址 1 至地址 6 所有程序。删除后自动回到"全清"状态。

（4）插入指令，操作步骤如下：

首先将插入地址调到当前行，然后按下列操作顺序执行即可。

$$\boxed{\text{（HELP）/CLR}} \to \boxed{\text{键入插入指令}} \to \boxed{\text{（DELT/INST}}，则插入完毕。$$

（5）删掉程序中的"NOP"（空指令行）指令，操作步骤如下：

调出"NOP"在当前行，然后按照下面操作即可。

$$\boxed{\text{ACLR}} \to \boxed{\text{OP}} \to \boxed{1} \to \boxed{\text{ENT}} \to \boxed{\text{SC}} \to \boxed{\text{（DELT）/INST}}$$

4.7 可编程控制器 PLC 应用电路识图举例

为了说明用 PLC 组成辅助电路的优越性，使读者更好地掌握可编程控制器 PLC 应用电路的识图、接线及编程方法，下面介绍几个具体电路。

4.7.1 用 PLC 组成的电动机自动供水系统电路

4.7.1.1 用继电器控制的自动供水系统电路

在日常生活中供水系统是不可缺少的，也是最普通的、最常见的控制系统。目前常用的供水系统有两大类，其一是高位水箱二次供水系统，其二是低位高压水箱供水系统。本例为高位水箱二次供水系统，在本系统中，是采用水泵将水送到高位水箱，水靠自身压差流到用户。本系统的核心技术，是高位水箱中的水位处于低位时应自动启动水泵给水箱灌水，而灌水到高位时应能自动停泵。本系统还应该有手动控制水泵启、停的控制方式。图4-24 所示为用继电器控制的高位水箱自动供水电路。

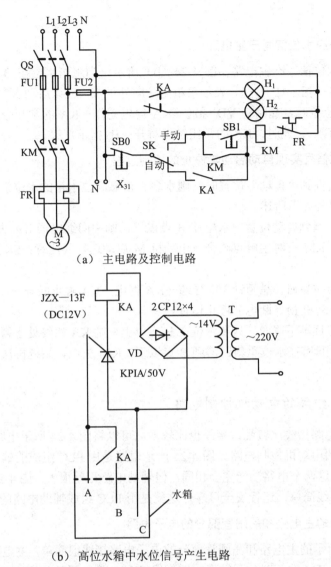

（a）主电路及控制电路

（b）高位水箱中水位信号产生电路

图 4-24　用继电器控制的高位水箱自动供水电路

1. 主电路及控制电路

图 4-24（a）所示为主电路及控制电路。当将选择开关调到手动位置时，则水泵电动机启动与停止靠人工操作。图中 SB0 是停止按钮开关，SB1 是启动按钮开关，SK 是"手动"与"自动"选择开关，FR 是热继电器和它的常闭触点，KM 是三相交流接触器的线圈和它的触点，M 是三相异步电动机（10 kW 以下），QS 是三相空气开关，FU1 和 FU2 是熔断器，H_1 和 H_2 是水箱有水和无水指示灯。手动启动过程如下：先闭合 QS（电路接通电源），然后按动 SB1↓→KM 得电动作→KM 辅助触点闭合（实现自锁）→KM 三对主触点闭合→使三相异步电动机 M 启动运行。

电动机 M 从运行状态转为停止状态的操作过程如下：直接按动停止开关按钮 SB0↓→使 KM 失电→KM 辅助触点断开（打开自锁）→KM 三对主触点断开→电动机 M 断电停止

运行。

2. 高位水箱中水位信号产生电路

高位水箱中水位信号产生电路如图 4-24（b）所示。当水箱水位在 B 位置以下时，中间继电器 KA 失电→指示灯 H_2 亮，表示水箱无法向外供水，应该启动水泵给水箱灌水。水箱水位已达到 A 位置时，晶闸管 VD 导通→KA 得电动作→KA 的常开触点闭合→H_1 指示灯亮（表示水箱有水）；此时，KA 的常闭触点断开→H_2 指示灯灭。

3. 水箱水位信号实现自动启动与停止的控制过程

当将选择开关打到"自动"位置时，则水泵将依靠高位水箱的水位信号实现自动启动与停止，其控制过程如下所述。

闭合 QS→SK 调到自动位置→水位在 B 点以下，则中间继电器 KA 失电→KA 触点闭合→使 KM 得电→KM 三对主触点闭合→电动机 M 启动运行（注意：SK 开关在自动位置不能动）。

当水位到达 A 位置时，晶闸管 VD 导通→KA 得电→KA 触点断开→KM 失电→KM 三对主触点断开→电动机 M（断电）停止运行。

当水位从 A 点逐渐下降时，只要水位在 B 点以上，则 KA 始终处于得电状态，电动机 M 不会通电运行，只有在水位重新回落到 B 点以下，K 才失电，系统再次进入新一轮工作状态。

4.7.1.2 用 PLC 组成的电动机控制电路

图 4-24 所示电路接线比较乱，接线也比较多，可以将图 4-24 所示电路改成图 4-25 所示的用 PLC 组成的电动机控制电路。图 4-25 所示电路是用 PLC 组成的辅助电路控制水泵电动机的启和停。这两个电路功能完全相同，但辅助电路相差很大。图 4-25 的辅助电路接线有规律，而且接线简单，运行安全可靠，这就是用 PLC 组成辅助电路的优点。

1. PLC 控制的主电路和晶闸管部分的电子电路

图 4-25（a）所示的主电路和晶闸管部分的电子电路接线很简单，主电路中电动机三相绕组通过主继电器 KM 的三对常开触点、熔断器 FU1、总电源开关 QS 接入三相电源，晶闸管的导通与截止控制 KA 继电器线圈的得电和失电。

2. 用 PLC 组成电动机控制电路及梯形图程序

PLC 的接线图及梯形图语言程序图如图 4-25（b）所示。PLC 接线图中的停止按钮 SB0、启动按钮 SB1、选择开关 SK、主继电器 KM、热继电器 FR 及中间继电器 KA 等的触点全都是常开触点，这是 PLC 输入接线规律，PLC 输出端主继电器 KM 线圈和指示灯 H_1 及 H_2 接单相交流 220 V 电源，PLC 输入侧的公共端 COM 与输出侧的公共端 COM 之间相互独立，这点应注意。PLC 梯形图语言程序图是由图 4-24 继电器组成的辅助电路演变而来的，一定要注意：应将停止按钮 SB0 输入 $\overline{X0}$（X0 非）向后移与热继电器触点输入端 $\overline{X5}$ 相串接。

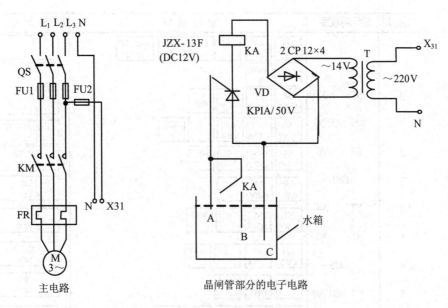

（a）PLC控制的主电路和晶闸管部分的电子电路

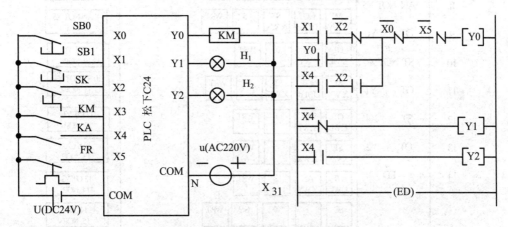

（b）PLC接线图及梯形图语言程序图

图 4-25　用 PLC 组成的电动机控制电路

3.　用 PLC 组成电动机控制电路的助记符程序语言及手持编程器键盘操作图

用 PLC 组成的电动机控制电路的助记符程序语言及手持编程器键盘操作图如图 4-26 所示。为使读者掌握梯形图语言程序与助记符语言程序之间的有机联系，并能用手持编程器编程，可以通过图 4-26 来说明手持编程器每个键上的两种功能是如何实现的。操作时要注意：在每个地址行的最后，一定要按 WRT 键，这样才能把该行的程序储存起来。

地　址	助记符程序	键盘操作						屏幕显示
		ACLR	(-) OP	0	ENT	SC	(DELT) INST	* *
		0	READ ▼					0 NOP
0	ST　X1	ST X.WX	ST X.WX	1	WRT			0 ST X1 / 1 NOP
1	AN NOT X2	AN Y.WY	NOT OT/Ld	ST X.WX	2	WRT		1 AN NOT X2 / 2 NOP
2	ST　Y0	ST X.WX	AN Y.WY	0	WRT			2 ST Y0 / 3 NOP
3	ORS	OR R.WR	STK IX/IY	WRT				3 ORS / 4 NOP
4	ST　X4	ST X.WX	ST X.WX	4	WRT			4 ST X4 / 5 NOP
5	AN　X2	AN Y.WY	ST X.WX	2	WRT			5 AN X2 / 6 NOP
6	ORS	OR	STK IX/IT	WRT				6 ORS / 7 NOP
7	AN NOT X0	AN Y.WY	NOT DT/Ld	ST X.WX	0	WRT		7 AN NOT X0 / 8 NOP
8	AN NOT X5	AN Y.WY	NOT DT/Ld	ST X.WX	5	WRT		8 AN NOT X5 / 9 NOP
9	OT　Y0	OT L.WL	AN Y.WY	0	WRT			9 OT Y0 / 10 NOP
10	ST NOT X4	ST X.WX	NOT DT/Ld	ST X.WX	4	WRT		10 ST NOT X4 / 11 NOP
11	OT　Y1	OT L.WL	AN Y.WY	1	WRT			11 OT Y1 / 12 NOP
12	ST　X4	ST X.WX	ST X.WX	4	WRT			12 ST X4 / 13 NOP
13	OT　Y2	OT L.WL	AN Y.WY	2	WRT			13 OT Y2 / 14 NOP
14	ED	SC	1	0	SC	WRT		14 ED / 15 NOP

图 4-26　用 PLC 组成电动机控制电路的助记符程序语言及手持编程器键盘操作图

4.7.2　用电压力表和 PLC 组成的液位控制电路

用电接点压力表和继电器组成的液位控制电路见图 4-27 所示，用电接点压力表和 PLC 组成的液位控制电路如图 4-28 所示。用电接点压力表和 PLC 组成的液位控制电路助记符语言程序及手持编程器键盘操作图如图 4-29 所示。给出三个图的目的，就是便于广大读者了解继电器控制电路和用 PLC 控制电路之间的内在联系及两者的区别，加深对 PLC 编程的理解。

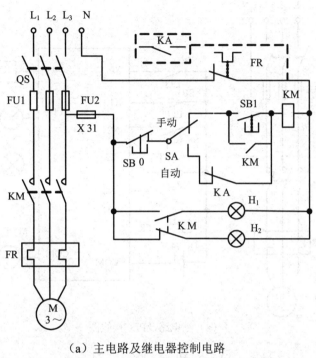

（a）主电路及继电器控制电路

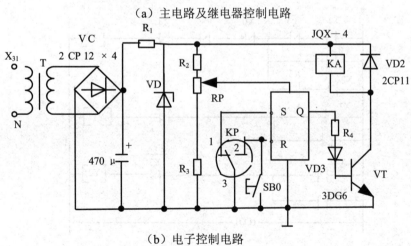

（b）电子控制电路

图 4-27　用电接点压力表和继电器组成的液位控制电路

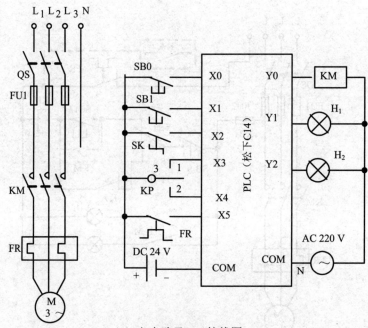

（a）主电路及PLC接线图

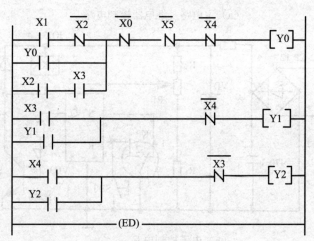

（b）梯形图程序

图 4-28　用电接点压力表和 PLC 组成的液位控制电路

地　址	助记符程序	键　盘　操　作					屏　幕　显　示
		ACLR	(-)OP	0	ENT	SC	(DELT)INST	＊　＊
		0	READ ▼					0　NOP
		ST X.WX	ST X.WX	1	WRT			0 ST X1 1　NOP
0	ST　　X1	AN Y.WY	NOT	ST X.WX	2	WRT		1 AN NOT X2 2　NOP
1	AN NOT X2	ST X.WX	AN Y.WY	0	WRT			2 ST Y0 3　NOP
2	ST　　Y0	OR R.WR	STK IX/IY	WRT OT/Ld				3 ORS 4　NOP
3	ORS	ST X.WX	ST X.WX	2	WRT			4 ST X2 5　NOP
4	ST　　X2	AN Y.WY	ST X.WX	3	WRT			5 AN X3 6　NOP
5	AN　　X3	OR	STK IX/IT	WRT				6 ORS 7　NOP
6	ORS	AN Y.WY	NOT DT/Ld	ST X.WX	0	WRT		7 AN NOT X0 8　NOP
7	AN NOT X0	AN Y.WY	NOT DT/Ld	ST X.WX	5	WRT		8 AN NOT X5 9　NOP
8	AN NOT X5	AN Y.WY	NOT DT/Ld	ST X.WX	4	WRT		9 AN NOT X4 10　NOP
9	AN NOT X4	OT L.WL	AN Y.WY	0	WRT			10 OT Y0 11　NOP
10	OT　　Y0	ST X.WX	NOT DT/Ld	ST X.WX	3	WRT		11 ST NOT X3 12　NOP
11	ST　　X3	OR	AN Y/WY	1	WRT			12 OR Y1 13　NOP
12	OR　　Y1	AN Y/WY	NOT DT/Ld	ST X.WX	4	WRT		13 AN NOT X4 14　NOP
13	AN NOT X4	OT L.WL	AN Y.WY	1	WRT			14 OT Y1 15　NOP
14	OT　　Y1	ST X.WX	ST X.WX	4	WRT			15 ST X4 16　NOP
15	ST　　X4	OR	AN Y/WY	2	WRT			16 OR Y2 17　NOP
16	OR　　Y2	ST X.WX	NOT DT/Ld	ST X.WX	3	WRT		17 AN NOT X3 18 NOP
17	AN NOT X3	OT L.WL	AN Y.WY	2	WRT			18 OT Y2 19 NOP
18	OT　　Y2	SC	1	0	SC	WRT		19　ED 20 NOP
19	ED							

图 4-29　用电接点压力表和 PLC 组成的液位控制电路助记符语言程序及手持编程器键盘操作图

4.7.2.1 用电接点压力表和继电器组成的液位控制电路

下面具体介绍用电接点压力表和继电器组成的液位控制电路的工作原理及电路控制过程。

1. 电接点压力表工作原理

图 4-27 所示电路中电接点压力表 KP 触点是三位两通（相当于三位双掷开关），KP 的公共极"3"是活动极，当液压小到设定低压值时，则 KP 公共极"3"与"1"触点接通。当液压大于设定的低压值，而又小于设定的高压值时，则公共极"3"与"1"和"2"触点都不接通。当液压达到设定的高压值时，则公共极"3"与"2"触点接通。由于电接点压力表具有此特点，所以被广泛应用于液位控制系统中。图 4-27 所示电路是非常实用的电路。

2. 电子控制电路的工作过程

电子控制电路是由桥式整流滤波稳压电路，电接点压力表 KP 和 R-S 触发器组成的信号锁存单元电路以及晶体管 VT 和中间继电器 KA 组成的信号转换单元电路等组成的。

桥式整流滤波稳压电路输出 12 V 直流电压。

信号锁存单元电路中的 R-S 触发器电压是通过调节 RP 中间滑动点得到 5 V 直流电压的，它所完成的功能是记忆电接点传送的低电位信号（S 端输入信号）和高电位信号（R 端输入信号）。

信号转换单元电路接受 R-S 触发器输出信号（Q 端输出信号）。当 Q 点为高电平（约 3V）时，则晶体管 VT 饱和导通，中间继电器 KA 得电动作。当 Q 点为低电平（0V）时，则晶体管截止，中间继电器 KA 失电。

3. 用电接点压力表和继电器组成的液位控制电路的工作过程

（1）手动操作电路工作过程。

闭合 QS，电路接通电源→SA 调到手动位置→按动 SB1→KM 得电动作→KM 自锁辅助触点闭合，同时 KM 三对主触点闭合→电动机启动运行。

在电动机运行状态下只要按动停止开关 SB0→KM 失电→KM 自锁触点断开，同时 KM 三对主触点也断开→电动机断电停止运行。

（2）半自动操作电路工作过程。

在图 4-27（a）所示电路中，将 KA 常开触点串接于热继电器 FR 触点之后（见虚线连接处），将 SA 开关调到手动位置，再按动 SB1，则电动机启动运行。当压力表针达到设定的高压值位置时，电子电路中的 R-S 触发器输出端 Q 为 0 V，则 VT 截止，KA 失电，使 KM 失电，电动机断电停止运行。由于电动机启动需要手动操作，能自动断电停止运行，所以称为半自动操作。

（3）全自动操作电路工作过程。

QS 闭合→SA 打到自动位置→KP 在低压状态→R-S 触发器输出高电平（3V）→VT 饱和导通→KA 得电动作→KA 常开触点闭合→KM 得电动作→KM 三对主触点闭合→电动机启动运行，水泵向容器中灌水。

当容器中水位达到设定高度时，电接点压力表 KP 在高压状态→R-S 触发器输出为低电平（0 V）→VT 截止→KA 失电→KM 失电→电动机停止转动。

当容器中液位从高位下降到低位前，电动机始终停止，一旦液位下降到低位，则电路自动重复全自动工作过程。

电路在自动工作过程中，电动机处于正常运行状态，若人为想使电动机停止转动，可以直接按动停止按钮 SB0 即可。电动机停止转动后，液位降到低位时，电动机又会重新启动运行，再次进入全自动工作状态。

4. 用电接点压力表和 PLC 组成的液位控制电路的工作过程

图 4-27 所示电路接线多，用的器件多，不便于维修。随着科技进步，目前常采用 PLC 来控制电动机的启动与停止。图 4-28 所示电路就是用 PLC 实现图 4-27 所示电路的控制功能的全新电路。

图 4-28 所示是用电接点压力表和 PLC 组成的液位控制电路，它的主电路非常简单，PLC 接线电路也非常简单，而且接线有规律。PLC 输入端子全接开关和继电器的常开触点，输出端子接继电器线圈和用电设备（指示灯）。

图 4-27 所示电路中用硬件完成的逻辑功能，在图 4-28 所示电路中用 PLC 编程软件来完成逻辑功能，这就是用 PLC 组成控制电路的最大优点。下面介绍 PLC 组成的控制电路的工作过程。

（1）手动操作的工作过程。

SK 处于断开状态→按动 SB1→Y0 输出（接通状态）为"1"→KM 得电→电动机启动运行。

电动机运行就向容器中灌水，可以随时按动 SB0 使 Y0 输出为"0"，使 KM 失电，从而使电动机停转。如果电动机在运行过程中没有人为强制停止操作，则电动机只能在电接点压力表 KP 高压信号 X4 产生时（容器液位达到设定的高位），PLC 的 Y0 输出为"0"，电动机自动停止转动。

（2）全自动控制过程。

选择开关 SK 闭合，X2 为逻辑"1"，当容器中液位到达低位时，则 X3 为逻辑"1"，此状态下 Y0 输出为逻辑"1"（接通状态），KM 得电动作，电动机启动运行。当容器中的液位达到设定高位时，X4 为逻辑"1"，则 Y0 为逻辑"0"，KM 失电，电机断电停止转动。电路就是这样循环工作。

（3）两种编程语言程序的内在联系。

图 4-29 所示语言编程的程序是图 4-28 所示电路 PLC 采用助记符语言编程时，用手持编程器的键盘操作图。

通过图 4-29 所示助记符语言编程的程序和图 4-28 所示梯形图语言编程的程序相对比，可发现两种语言编程的程序的内在联系。助记符语言编程的每一行，只能完成梯形图语言编程中的一个触点、或一个逻辑运算、或一个输出。两种语言编程完成的逻辑功能相同。为了便于说明两种语言编程的程序的内在联系，现将图 4-27 梯形图程序用逻辑式表达出来，再与图 4-29 助记符语言编程的程序相对比，两种语言编程的内在联系，则显现得非常明白。

图 4-28 所示梯形图语言编程的程序每行完成的逻辑功能表达式如下。

第一逻辑行完成的功能为　$Y0=(X1·\overline{X2}+Y0+X2·X3)·\overline{X0}·\overline{X5}·\overline{X4}$

第二逻辑行完成的功能为　$Y1=(X3+Y1)·\overline{X4}$

第三逻辑行完成的功能为　$Y2=(X4+Y2)·\overline{X3}$

第四逻辑行完成的功能为　ED(结束行)

图 4-29 助记符程序每个地址行只完成一个逻辑变量的输入。下面给出每行地址行完成的功能。

"0"　地址行完成"X0"输入。

"1"　地址行完成"与 X2 非"的输入。

"2"　地址行完成"Y0"的输入。

"3"　地址行完成"组或 ORS"运算输入

"4"　地址行完成"X2"的输入。

"5"　地址行完成"与 X3"的输入。

"6"　地址行完成"组或 ORS"运算输入

"7"　地址行完成"与 X0 非"的输入。

"8"　地址行完成"与 X5 非"的输入。

"9"　地址行完成"与 X4 非"的输入。

"10"　地址行完成"输出 Y0"的输入。

"11"　地址行完成"X3"的输入。

"12"　地址行完成"或 Y1"的输入。

"13"　地址行完成"与 X4 非"的输入。

"14"　地址行完成"输出 Y1"的输入。

"15"　地址行完成"X4"的输入。

"16"　地址行完成"或 Y2"的输入。

"17"　地址行完成"与 X3 非"的输入。

"18"　地址行完成"输出 Y2"的输入。

"19"　地址行完成"ED 结束"的输入。

4.7.3　有短路保护、过载保护、缺相保护的三相异步电动机控制电路

本例中给出了两个不同的电路。第一个电路是用继电器和电子元器件组成的三相异步电动机的控制电路及其主电路，如图 4-30 所示；第二个电路是用 PLC 组成的三相异步电动机的控制电路及其主电路，如图 4-31 所示。它们都具有短路保护、过载保护及缺相保护的环节。

图 4-30（a）所示是主电路，图 4-30（b）所示是用电子元器件组成的控制电路，这两部分电路是很简单的电路。在分析图 4-30（b）所示辅助电路时，要注意串接于 KM 线圈后面的两个中间继电器 KA1 和 KA2 常开触点的特殊作用，KA1 常开触点起缺相保护作用，KA2 常开触点起到短路和过载保护作用。

图 4-30 所示电路的中间继电器 KA2 线圈得电动作条件是光电晶闸管通，也就是 VT1、VT2、VT3 都受到一定强度的光照，使它们导通，中间继电器 KA2 才能得电动作，如 VT1、

VT2、VT3 中有一个未被光照，则 KA2 线圈欠压不能动作，KA2 起到短路和过载的安全保护作用。

中间继电器 KA1 得电动作条件是三个光电耦合器 VLC1、VLC2、VLC3 都得电，也就是三相电源不缺相，KA1 才能得电动作，KA1 起到缺相保护作用。

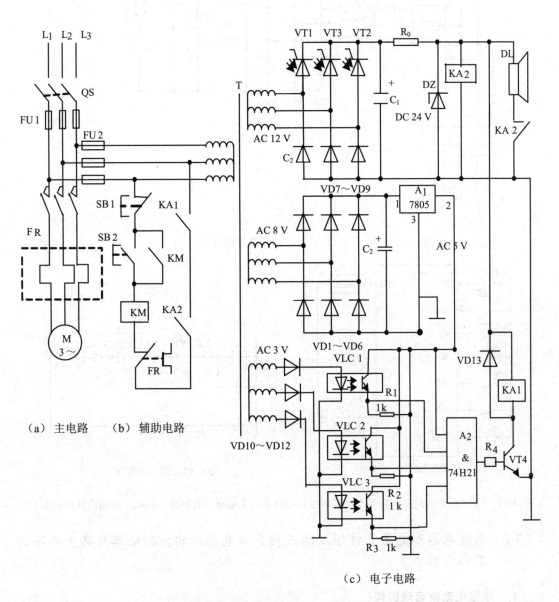

（a）主电路　（b）辅助电路

（c）电子电路

图 4-30　用继电器和电子元器件组成的三相异步电动机的控制电路
及其主电路（有短路、过载、缺相的保护环节）

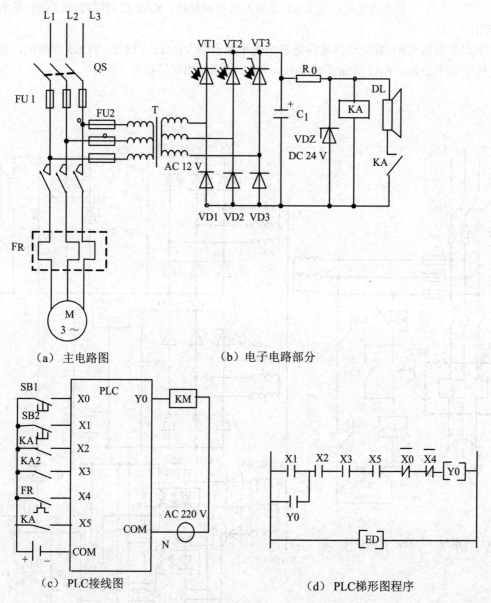

（a）主电路图　　　（b）电子电路部分

（c）PLC接线图　　　（d）PLC梯形图程序

图4-31　用 PLC 组成的三相异步电动机的控制电路及其主电路（有短路、过载、缺相的保护环节）

4.7.3.1　用继电器和电子器件组成的三相异步电动机的控制电路及其主电路的工作过程

1. 电路电动机启动过程

在图 4-30 中，闭合 QS 使电路接电源→变压器 T 有三相电压→VLC1、VLC2、VLC3 得电（光电耦合器工作）→KA1 得电动作→KA1 常开触点闭合→为 KM 得电作准备。

变压器 T 有三相电压→VT1、VT2、VT3 受到光照→三相整流桥路产生 DC 24 V 直流电压→KA2 得电作动→KA2 常开触点闭合→为 KM 待得电作准备。

在 KA1 和 KA2 都得电动作，KA1 和 KA2 常开触点都闭合后，才能按动 SB2 启动电动机。

按动 SB2→KM 得电动作→KM 自锁触点闭合，同时 KM 三对主触点闭合→三相异步电动机 M 启动运行。

2. 电动机 M 停止过程

（1）三相电源缺相使 KA1 失电→KM 失电→KM 动合触点全部断开→电动机断电停转。

（2）三相电源缺相，VT1、VT2、VT3 三个光电晶闸管只要有一个未被光照→KA2 失电→KA2 动合触点断开→KM 失电→KM 动合触点断开→电动机断电停转。

（3）按动停止按钮 SB1→KM 失电→KM 动合触点断开→电动机停转。

4.7.3.2　用 PLC 组成的三相异步电动机的控制电路及其主电路的工作过程

图 4-30 所示电路接线较为复杂，所用元器件多，容易出现故障，所以最好用图 4-31 所示电路。图 4-31 所示电路与图 4-30 所示电路功能完全相同，但图 4-31 所示电路更实用，运行更安全可靠，线路简单。

1. 电动机的启动过程

闭合 QS 接通电源→按动 SB2→KM 得电动作→KM 三对常开主触点闭合→电动机启动运行。

2. 电动机的停止过程

正常工作状态下，只要按动停止按钮 SB1 就使 KM 失电，电动机断电停转。

若电源缺相，则 KA 不得电，KA 常开触点不能闭合，使 KM 失电，电动机断电停转。

若 VT1、VT2、VT3 中有一个光电晶闸管未受到光照，则 KA 不得电，KA 常开触点不闭合，则 KM 失电，电动机断电停止转动。

由以上分析可见，图 4-31（b）所示电子电路部分完成了缺相保护和短路、过载的安全保护作用。

4.8　本章总结

在第 4 章中前半部分主要介绍可编程序控制器 PLC 的组成和工作原理及 PLC 编程指令和编程方法。后半部分主要举例说明用继电器组成控制电路与用 PLC 组成控制电路之间的联系与区别，着重说明 PLC 主机接线和 PLC 编程的具体方法。

在本章中对电路分析方法也作了详细说明。通过对电路分析得出以下识图要点供广大读者参考。

第 1 点：合理地将总电路分解为若干个简单电路去分析研究。控制系统无论怎样复杂，但它总是由若干个单元电路组成的，所以按照系统或设备的各种环节或工序进行分解，然后加以分析，可将复杂的电路变成简单的单元电路加以分析。

第 2 点：分析研究被分解的简单电路时，要特别注意被分解的简单电路之间相互联系的部分。

第3点：很好地了解控制系统或设备的实际工作过程。在对电路进行解读时，一定要结合实际控制电路来进行分析。

第4点：看复杂的电路需要有较丰富的实践经验，需要有较高的文化素质，这就要求我们不断地扩大知识面，积累实践经验，提高识图能力。

第5点：分析用PLC组成的控制电路时，要注意PLC输入端接的按钮或继电器的触点都是动合（常开）触点。

第6点：PLC用梯形图语言编制的应用程序与用继电器组成的控制电路完成的逻辑功能相同。

第7点：PLC梯形图语言与助记符语言之间有固定规律，只要稍加注意就很容易学会用助记符语言编程，也容易学会用手持编程器编程。

目前科学技术飞速发展，新技术、新设备层出不穷，对新设备的控制手段越来越先进，自动化程度越来越高。这就迫使我们要不断更新知识，学习和掌握新技术，只有这样做，才能不断提高自己的工作能力和水平。

第5章 变频电路识图

由于变频技术的发展和应用，从而产生了变频模块和变频器；现在已经被广泛应用于对电动机等动力设备进行控制。

为了读懂变频器电路图，本章首先简要介绍变频原理，然后主要介绍用变频器及变频模块所组成电路的识图知识。

变频技术，孕育而出的产品就是变频器，如图 5-1 所示，变频器是一种新型的智能型驱动和控制器件，采用变频技术对电动机等动力设备进行控制。图 5-2 给出了变频器应用电路。

图 5-1　变频电力拖动电路中的变频器

5.1　变频器知识简介

变频器通常都设在电动机的供电或调速电路中，一般情况下，交流感应电动机的转速与电源的频率成正比。

从发电厂送来的交流电压频率是恒定的（50 Hz），而交流电动机的转速公式为：

$$N_1 = \frac{60 f_1}{P}$$

式中，N_1 为电动机转速，f_1 为电流频率，P 为磁极对数。

通过公式可知，在磁极对数一定时，电动机的转速与电流频率成正比，也就是说，改变电源的频率即可改变电动机的转动速度，但公共电源的频率是固定不变的，因而用交流市电供电的电动机，其转速是不能任意改变的。

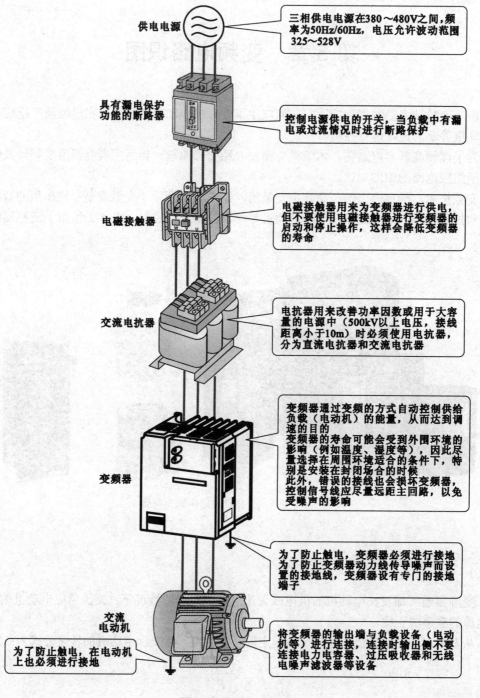

供电电源

三相供电电源在380～480V之间，频率为50Hz/60Hz，电压允许波动范围325～528V

具有漏电保护功能的断路器

控制电源供电的开关，当负载中有漏电或过流情况时进行断路保护

电磁接触器

电磁接触器用来为变频器进行供电，但不要使用电磁接触器进行变频器的启动和停止操作，这样会降低变频器的寿命

交流电抗器

电抗器用来改善功率因数或用于大容量的电源中（500kV以上电压，接线距离小于10m）时必须使用电抗器，分为直流电抗器和交流电抗器

变频器

变频器通过变频的方式自动控制供给负载（电动机）的能量，从而达到调速的目的
变频器的寿命可能会受到外围环境的影响（例如温度、湿度等），因此尽量选择在周围环境适合的条件下，特别是安装在封闭场合的时候
此外，错误的接线也会损坏变频器，控制信号线应尽量远距主回路，以免受噪声的影响

为了防止触电，变频器必须进行接地
为了防止变频器动力线传导噪声而设置的接地线，变频器设有专门的接地端子

交流电动机

为了防止触电，在电动机上也必须进行接地

将变频器的输出端与负载设备（电动机等）进行连接，连接时输出侧不要连接电力电容器、过压吸收器和无线电噪声滤波器等设备

图 5-2 变频器的应用

5.1.1 变频器的种类

变频器按照其频率变换形式主要可分为两类，即交流变频器（交流—交流）和直流变频器（交流—直流—交流）。

1. 交流变频器

交流变频器是直接将工频电源（50 Hz）转换成频率可变的交流电源，并通过调节输出交流电源的频率来对电动机等设备的转速等进行控制。图 5-3 所示为交流变频器的电路结构图，它可以直接将工频电源转换成频率可调的交流电源，进行变频调速。但由于这种变频电路只能将输入交流电压频率调低输出，无法将其进行升频，可用的调整范围很窄，因此其应用具有一定的局限性。

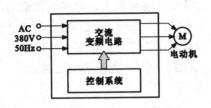

图 5-3 交流变频器电路结构图

2. 直流变频器

图 5-4 所示为直流变频器电路，是将工频电源（50 Hz）整流转换成直流电源，再将直流电源经中间电路及逆变电路后，在控制系统的控制下，将直流电压变为频率可变的交流电压，送往电动机的三相绕组中，驱动电动机运转。通过改变驱动控制信号的频率，即可改变电动机的旋转速度。

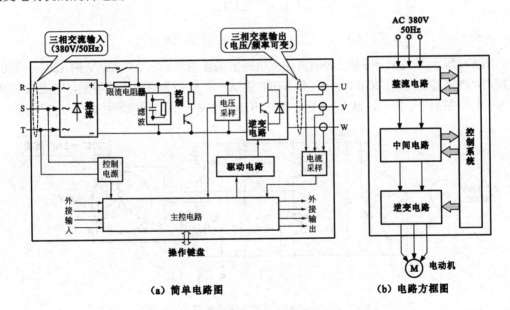

图 5-4 直流变频器电路

这里交流电源变成直流电压的电路被称之为整流器，而直流电压再变成交流电压的电路则称之为逆变器。

5.1.2 直流变频器的工作原理

市场上广泛应用的是直流变频器，构成直流变频器的变频电路包括整流电路、逆变电路、控制电路和中间电路，其中中间电路包括保护电路、操作电路等其他功能电路。

1. 逆变电路的工作原理

逆变电路是将电源电路整流滤波后得到的直流电压送给 6 个 IGBT 管，由这 6 个 IGBT 管控制流过三相电动机绕组的电流方向和顺序，形成旋转磁场，驱动转子旋转。图 5-5 所示为 0°～120°周期内逆变电路的工作原理。以工频电源 AC 220 V 为例进行说明，在 0°～120°周期内，控制信号同时加到 IGBT 管 U＋和 V－的控制极，使之导通，于是电流从 U+ 流出经绕组线圈 U、线圈 V、IGBT 管 V－到地形成回路。

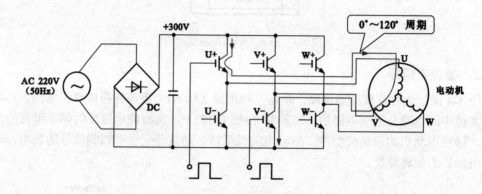

图 5-5　0°～120°周期内逆变电路的工作原理

图 5-6 所示为 120°～240°周期内逆变电路的工作原理。在 AC 220 V 的 120°～240°周期内，电路发生转换，IGBT 管 V+ 和 IGBT 管 W－控制极为高电平而导通，电流从 IGBT 管 V+ 流出经绕组 V 流入，从 W 流出，流过 IGBT 管 W－到地形成回路。

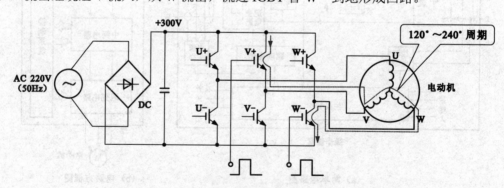

图 5-6　120°～240°周期内逆变电路的工作原理

图 5-7 所示为 240°～360°周期内逆变电路的工作原理。在 AC 220 V 的 240°～360°周期内，电路再次发生转换，IGBT 管 W+ 和 IGBT 管 U－控制极为高电平导通，于是电流从 IGBT 管 W+ 流出经绕组 W 流入，从绕组 U 流出，经 IGBT 管 U－流到地形成回路，又完成一个流程，并按照上述规律循环，使电动机旋转起来。

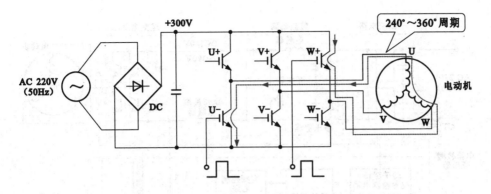

图 5-7 240°～360°周期内逆变电路的工作原理

2. 控制电路工作原理

对逆变电路进行控制的电路，称为控制系统或控制电路，电路结构的不同，采用的控制方式有脉冲宽度调制方式（PWM）和脉冲幅度调制方式（PAM）两种。

（1）脉冲宽度调制方式（PWM）控制电路。

图 5-8 所示为脉冲宽度调制方式（PWM）控制电路的工作原理。脉冲宽度调制方式（PWM）实际上就是能量的大小用脉冲的"宽度"来表示，即整流电路输出的直流供电电压基本不变（DC 240 V），逆变电路的输出电压幅度恒定，脉冲的宽度和频率受微处理器控制。

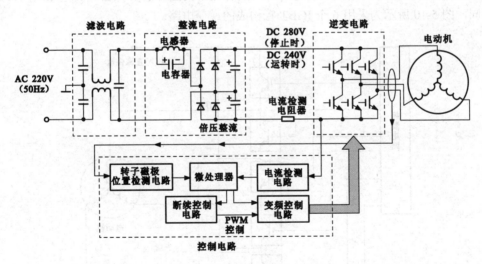

图 5-8 脉冲宽度调制方式（PWM）控制电路的工作原理

（2）脉冲幅度调制方式（PAM）控制电路。

图 5-9 所示为脉冲幅度调制方式（PAM）控制电路的工作原理。脉冲幅度调制方式（PAM）实际上就是能量的大小用脉冲的"幅度"来表示，即整流输出电路中增加开关管，通过对该开关管的控制改变整流电路输出的直流电压幅度（140～390 V），这样逆变电路输出的脉冲电压不但宽度可变，而且幅度也可变。

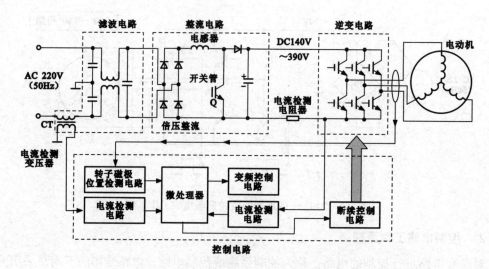

图 5-9 脉冲幅度调制方式（PAM）控制电路的工作原理

5.2 变频电路的结构形式

1. 采用门控管（IGBT）构成的逆变电路

逆变电路是变频电路的核心部分，不同品牌、不同型号的变频器逆变电路组成形式略有不同，图 5-10 所示为采用 6 个 IGBT 管构成的逆变电路。

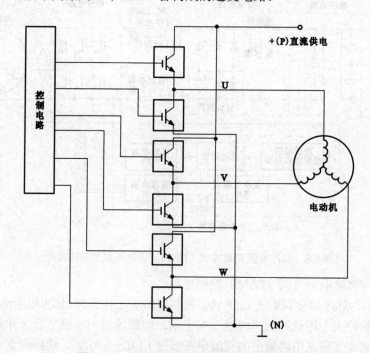

图 5-10 采用 6 个 IGBT 管构成的逆变电路

2. 采用功率驱动模块构成的逆变电路

图 5-11 所示为采用功率驱动模块构成的逆变电路，该电路是将 6 个 IGBT 管集成为一个功率驱动模块，简化了电路。

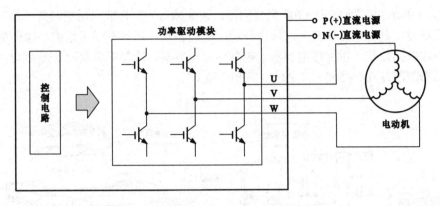

图 5-11　采用功率驱动模块构成的逆变电路

3. 采用智能变频功率模块构成的逆变电路

图 5-12 所示为采用智能变频功率模块构成的逆变电路。该电路是将控制电路、电流检测、逻辑控制和功能输出电路集成在一起的变频功率控制驱动模块。

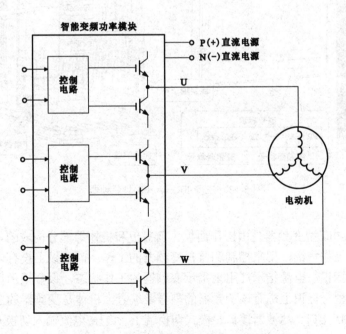

图 5-12　采用智能变频功率模块构成的逆变电路

5.3 变频电路识图

【例1】三菱FR—A700型变频器组成电路

图5-13所示为三菱FR—A700型变频器。该变频器为高性能通用型的变频器，适用于多种应用场合，具有运行性能高，使用环境广泛的特点，还具有便于维护、操作简易等优点。且使用时间较长，主回路电容器、控制回路电容器、冷却电风扇设计寿命均为十年左右。其功率范围在0.4～500 kW之间（三相380 V）。

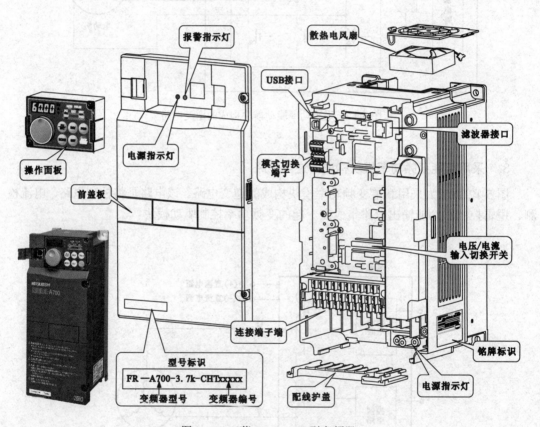

图5-13　三菱FR—A700型变频器

三菱FR—A700型变频器是由操作面板、前盖板和机体等部分构成的，其中操作面板上设有显示屏和操作按键，用来控制和监视变频器的工作。前盖板上设有电源指示灯和报警指示灯及型号标识。电源指示灯用来指示变频器的工作状态，报警指示灯用来指示变频器的故障状态。型号标识上标有该变频器的型号及编号。机体是变频器的主体，主要是由散热电风扇、USB接口、滤波器接口、模式切换端子、电压/电流输入切换开关、连接端子端、配线护盖、电源指示灯等构成的，通过各部分的协调工作，便可以实现变频器的驱动控制功能。

　　图 5-14 所示为三菱 FR—A700 型变频器与外部设备的连接示意图，在变频器的前级电路中设有保护开关、继电器、接触器等设备，用来控制电源的通断，并保护电路安全，其输出端接电动机组件。此外，该变频器还可以与电子计算机进行连接，受电子计算机的控制。

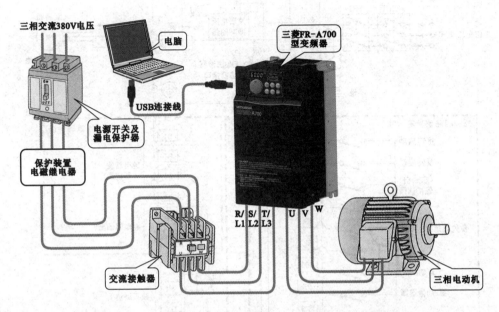

图 5-14　三菱 FR—A700 型变频器与外部设备的连接示意图

　　图 5-15 所示为三菱 FR—A700 型变频器内部变频电路示意图，从该图中可以看到逆变电路和控制电路及控制电路中的各种接口或开关。

【例 2】三菱 FR—A540 型变频器组成的电路

　　图 5-16 所示为三菱 FR—A540 型变频器内部变频电路示意图。图中的 R、S、T 端为三相交流电源输入端；U、V、W 端为变频器输出端，外接三相电动机；R1、S1 为控制回路电源端；P、N、PR、PX、P1 端组合使用，分别用来连接制动电阻器、短路片和其他连接组件，用来实现不同的功能，例如在 P 和 PR 之间可连接制动电阻器，而 PR 和 PX 之间连接短路片，则可实现出厂时预设的制动控制功能。

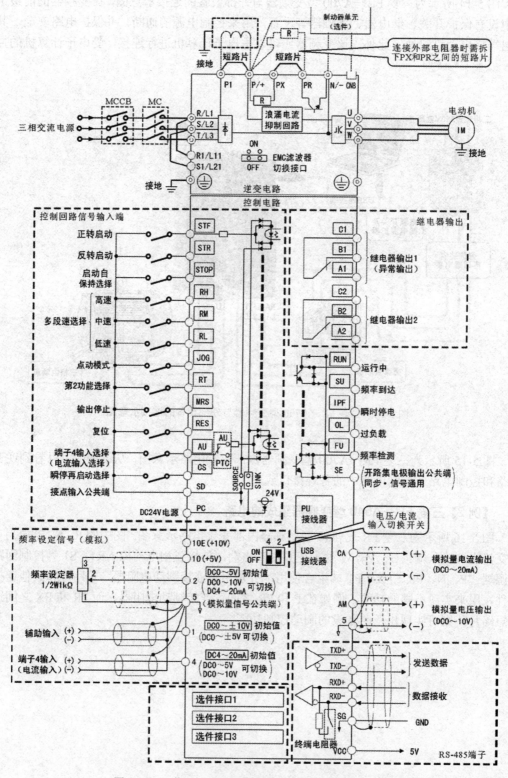

图 5-15　三菱 FR—A700 型变频器内部变频电路示意图

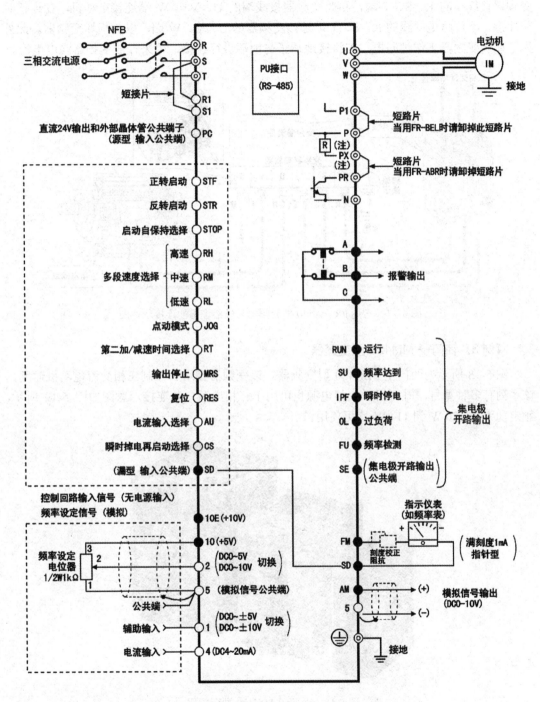

图 5-16　三菱 FR—A540 型变频器内部变频电路示意图

图 5-17 所示为三菱 FR—A540 型变频器与外部设备的连接示意图，将电源、电源总开关、电动机与变频器进行连接，连接时需将三相交流电源 R、S、T 端经电源总开关后连接变频器接线端的 R、S、T 端，再将变频器接线端的 U、V、W 端连接电动机。在连接时需注意，不可将电源线的 R、S、T 端连接变频器的 U、V、W 端，以免损坏变频器。此外为了避免变频器工作时漏电，应将接地端子与地端进行连接，用来释放变频器漏电电流。

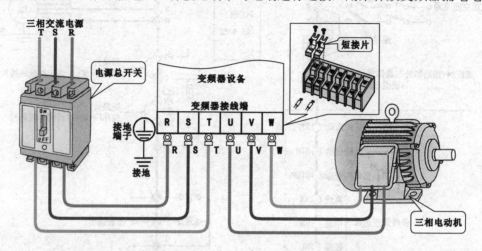

图 5-17　三菱 FR—A540 型变频器与外部设备的连接示意图

【例 3】西门子 MM420 型变频器

图 5-18 所示为西门子 MM420 型变频器。该变频器多用于控制三相交流电动机速度。该系列有多种型号，既可用于单相电源也可用于三相电源，其连接示意图如图 5-19 所示，额定功率从 120 W 到 11 kW 均可使用。

图 5-18　西门子 MM420 型变频器

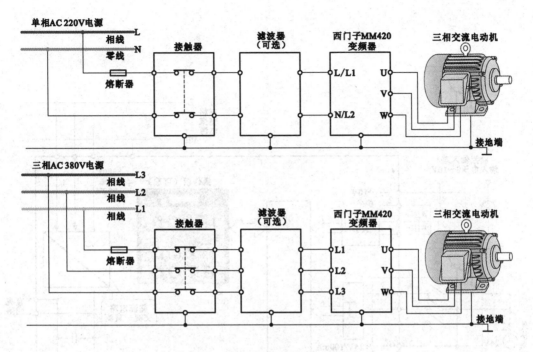

图 5-19　西门子 MM420 型变频器与外部设备的连接示意图

图 5-20 所示为西门子 MM420 型变频器内部变频电路示意图。变频器由微处理器控制，采用绝缘栅双极型晶体管（IGBT 门控管）作为功率输出器件，具有运行可靠性高及功能多样性等优点。脉冲宽度调制的开关频率可选，从而降低了电动机运行时的噪声。全面而完善的保护功能为变频器和电动机提供了良好的保护。

【例 4】用斯耐德 ATV31HU11M2 型变频器组成电路

图 5-21 所示为斯耐德 ATV31HU11M2 型变频器实物外形。该变频器的额定输入电压为交流 380 V 或 220 V，额定输入电流为 1.5 A，适用电动机功率 0.18～0.37 kW，适用于单相电源（220 V）或三相电源（380 V）中。从图中可以看到，变频器前盖板上设有操作显示面板，用来实现操作和显示的功能。打开该变频器的前盖板后，即可看到其内部的组成部分，其中接线柱主要用来连接供电线、电动机及保护装置等组件，并设有各种接口和接线端，用来连接机子内部一些组件。机内的电阻器、电容器、半导体器件或集成电路等，构成了该变频器的主体电路，用来实现该机的变频控制功能。

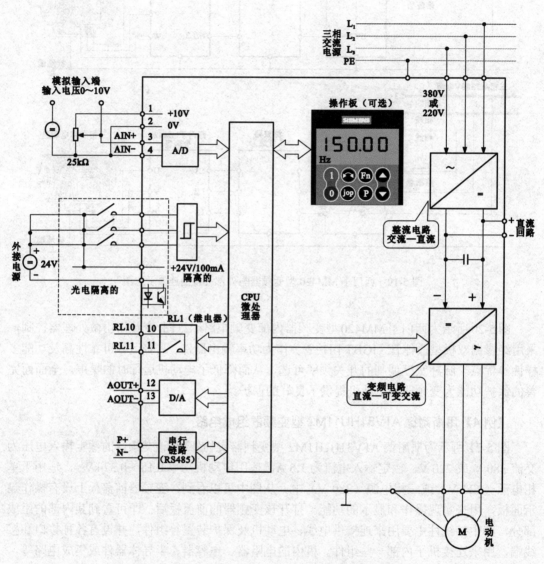

图5-20　西门子MM420型变频器内部变频电路示意图

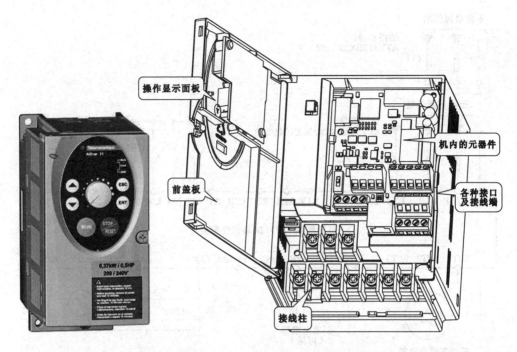

图 5-21　斯耐德 ATV31HU11M2 型变频器实物外形

　　图 5-22 所示为斯耐德 ATV31H 系列变频器各型号接线柱的连接端子图,图中标注了各个连接端子需连接的位置,其中 R/L1、S/L2 和 T/L3 端为供电电压输入端,U/T1、V/T2 和 W/T3 端为电动机连接端。

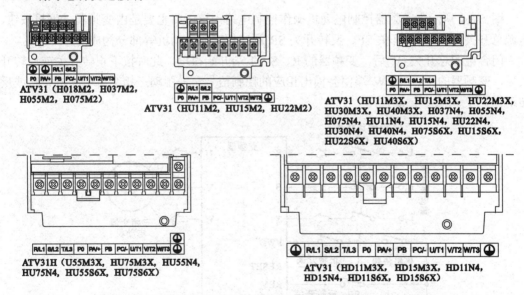

图 5-22　斯耐德 ATV31H 系列变频器各型号接线柱的连接端子图

　　图 5-23 所示为斯耐德 ATV312H 系列变频器出厂时的连接示意图,图中示出了该系列变频器与供电电源(R/L1、S/L2 和 T/L3 端)和三相交流电动机(U/T1、V/T2 和 W/T3 端),以及其他元器件的连接关系。

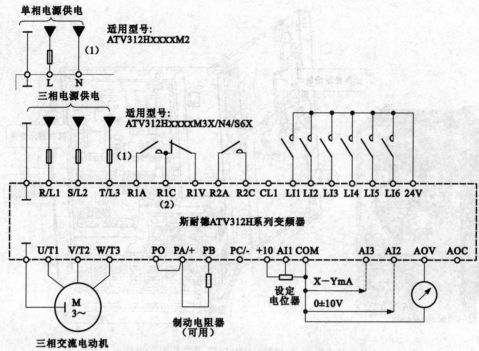

图 5-23　斯耐德 ATV312H 系列变频器出厂时的连接示意图

【例 5】变频器控制电动机操作控制电路

图 5-24 所示为变频器控制电动机操作控制电路。该电路主要是由变频器、停机按钮、电源总开关 QF、正转开关 SF、反转开关 SR 及三相交流电动机等部分构成的。

闭合电源总开关 QF 后，变频器的 R、S、T 端开始得电，此时按下正转开关或反转开关后，变频器的 U、V、W 端便会输出相应的控制信号，去驱动三相交流电动机正转或反转动作。

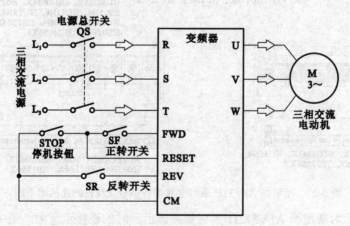

图 5-24　变频器控制电动机操作控制电路

【例 6】变频器外接启、停控制电路

图 5-25 所示为使用变频器外接旋钮的电动机正转控制电路。该电路主要由变频器、三相交流电动机、继电器 KM、停机钮（常闭按钮）SB1、启动钮（常开按钮）SB2、正转开关 SA、调整电位器 RP 等构成。

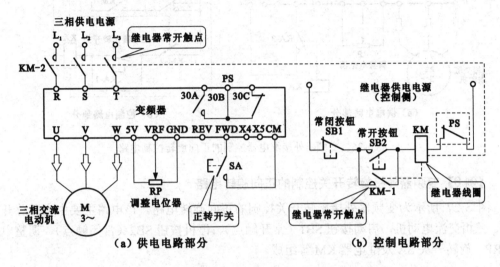

图 5-25　使用变频器外接旋钮的电动机正转控制电路

三相供电电源为变频器进行供电，电源的通断是由继电器 KM 的常开触点 KM-2 控制的，按下常开按钮 SB2 后，继电器线圈开始得电吸合，使常开触点 KM-1 和 KM-2 得电接通，此时变频器得电。按下正转开关 SA 后，变频器开始工作，由 U、V、W 端输出控制信号，驱动电动机正向旋转，调整电位器 RP 用来调整变频器的输出频率。

【例 7】变频器外接继电器控制的正向旋转电路

图 5-26 所示为变频器外接继电器控制的正向旋转控制电路。图中使用继电器 KM 为变频器进行供电，继电器 KA 为控制元件。该电路主要是由变频器、三相交流电动机、调整电位器 RP、继电器 KA 和 KM、电源开关按钮 SB2、继电器正转开关 SF 等器件组成的。

将变频器经继电器 KM 的常开触点接入三相供电电源中，当按下电源开关按钮 SB2 时，继电器 KM 的线圈得电吸合，KM-1、KM-2 和 KM-3 开始接通，此时三相供电电源为变频器进行供电。按下继电器正转旋钮 SF 后，继电器 KA 的线圈得电吸合，KA-1、KA-2 和 KA-3 接通，此时变频器的 U、V、W 端输出正转控制信号，控制三相交流电动机工作。

调整电位器 RP 主要用来控制变频器的输出频率。若想电动机停机，则应断开控制电路的电源开关 PS，即可使电动机停机。

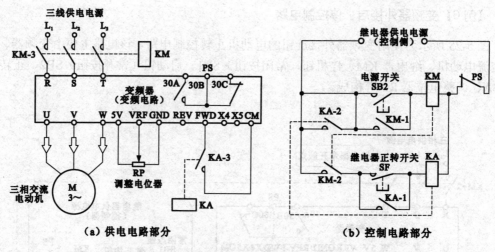

图 5-26　变频器外接继电器控制的正向旋转控制电路

【例 8】变频器外接旋转开关控制的正向旋转电路

图 5-27 所示为变频器外接旋转开关控制的正向旋转电路。该电路主要由电源总开关 QF、三相交流电动机，启动按钮 SB1（常开触点）、停机按钮 SB2（常闭触点）、调整电位器 RP、旋转开关 SA 及继电器 KM 等组成。

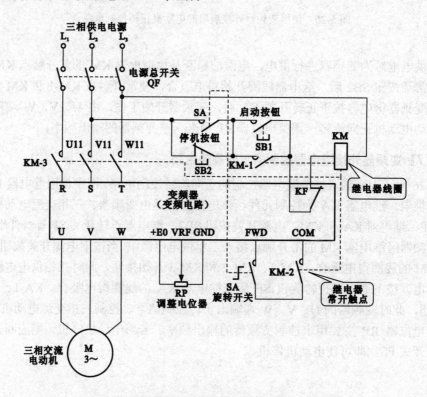

图 5-27　变频器外接旋转开关控制的正向旋转电路

三相供电电源通过电源总开关 QF 及继电器常开触点 KM-3 为变频器进行供电。使用时首先接通电源总开关，然后按下常开按钮 SB1，此时继电器线圈 KM 得电吸合，其常开触点 KM-1、KM-2 和 KM-3 开始接通，变频器得电。此时将旋转开关旋至闭合状态，变频器便由 U、V、W 端输出正转控制信号。调整调整电位器 RP，便可以改变变频器的输出频率，将旋转开关旋至断开状态，并按下停机按钮，继电器失电，变频器停止工作。

【例 9】由变频器外接指令开关控制的正反向旋转电路

图 5-28 所示为由变频器外接指令开关控制的正反向旋转电路，通过指令开关便可以使变频器输出正反转控制信号，用来控制电动机的转动。该电路主要是由电源总开关 QF、指令开关、变频器及三相交流电动机等组成的。

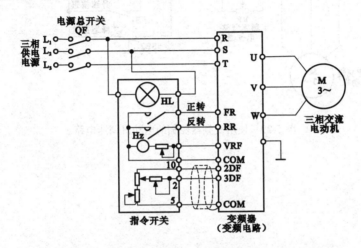

图 5-28 由变频器外接指令开关控制的正反向旋转电路

当合上电源总开关 QF 后，三相供电电源为指令开关和变频器进行供电，指令开关内设有指示灯、正转控制和反转控制开关、频率调整电位器等组件，通过对开关和电位器进行调整，便可以改变变频器的 U、V、W 端输出控制信号，控制电动机的运转。

当断开指令开关内的正转和反转开关后，变频器停止输出信号，三相交流电动机停止运转。

【例 10】使用变频器控制的电动机调速电路

图 5-29 所示为使用变频器控制的电动机调速电路，该电路主要是由电源总开关 QF、继电器 KM（包括继电器线圈 KM 和继电器常开触点 KM-1、KM-2）、变频器、三相交流电动机、频率调整电位器 RP、升速按钮 SB1、降速按钮 SB2、停机按钮 SB3、启动按钮 SB4 等构成的。

当合上电源总开关 QF 后，三相供电电源接入电路中，按下启动按钮 SB4 后，继电器线圈得电吸合，并带动其常开触点 KM-1 和 KM-2 接通，三相交流电源经 KM-2 为变频器进行供电。按下升速按钮 SB1，变频器的 U、V、W 端输出升速控制信号，送入三相交流电动机中；按下降速按钮后，变频器输出减速控制信号，送往三相交流电动机中。在启动前调整频率调整电位器，便可以设置变频器的输出频率。停止时，按下停机按钮 SB3 即可。

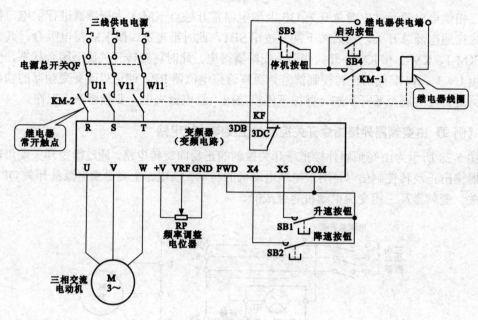

图 5-29　使用变频器控制的电动机调速电路

第6章 常用电工测量仪表及其接线线路

常用电工测量仪表种类很多，其中最常用的电工仪表是电压表、电流表、单相电度表、三相电度表、兆欧表、万用表等。本章主要介绍以上各种电工测量仪表的使用和接线方法。

6.1 电压表和电流表的使用方法和接线方法

电压表和电流表是最常用的测量仪表。电压表和电流表分为交流电压表和电流表、直流电压表和电流表。交流电压表和电流表是用来测量交流电压和电流所用的仪表。直流电压表和电流表只能用来测量直流电压和电流。两种类型的电压表和电流表不能互换使用。

6.1.1 直流电流表的使用方法和接线方法

直流电流表是用来测量直流电流的仪表。直流电流表有直接接入法和间接接入法两种接线方式。直流电流表接线方法如图 6-1 所示。

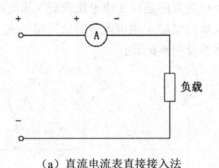

（a）直流电流表直接接入法

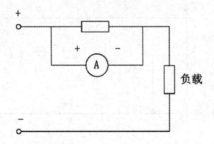

（b）直流电流表间接接入方法

图 6-1 直流电流表接线方法

6.1.2 交流电流表的使用方法及接线方法

交流电流表可直接串入电路测量电流，也可以通过电流互感器测量电流。通过电流互感器间接测量电流，是用量程小的电流表测量大电流的方法。电流互感器原边绕组匝数很少，导线截面积大；副边绕组很多，导线截面积小。电流互感器原边绕组串于被测线路，而副边绕组接电流表。交流电流表接线方法如图6-2所示。

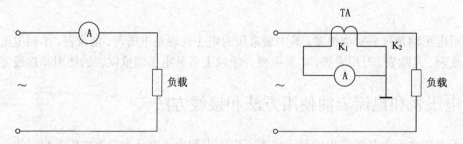

（a）交流电流表直接接入法　　（b）交流电流表通过电流互感器间接测量电流的接线方法

图6-2　交流电流表接线方法

用交流电流表测量三相交流电源三根相线电流是最常见的，也是最有用的。对于输变电来说，及时掌握三相电网运行是否平衡，是首要任务之一。三相电网运行是否平衡是根据三相电压和三相电流来衡量的。

测量三相电源线电流的方法有三种：第1种是用3个电流互感器接3块电流表测三相电流；第2种方法是用2个电流互感器接3块电流表测三相电流；第3种方法是用2个或3个电流互感器和1个电流换向器接1块电流表测量三相电流。测量三相电流的具体接线方法如图6-3、图6-4、图6-5及图6-6所示。

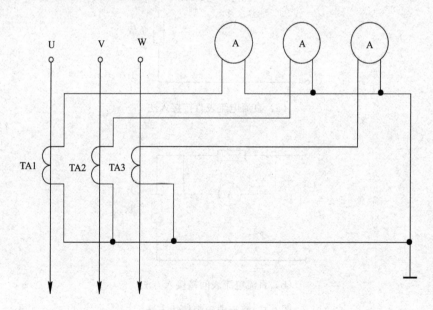

图6-3　用3个电流互感器接3块电流表测量三相电流的接线方法

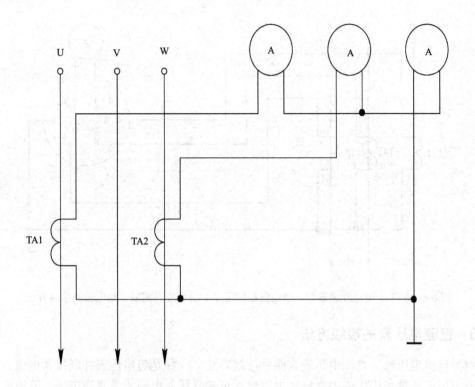

图 6-4　用 2 个电流互感器接 3 块电流表测量三相电流的接线方法

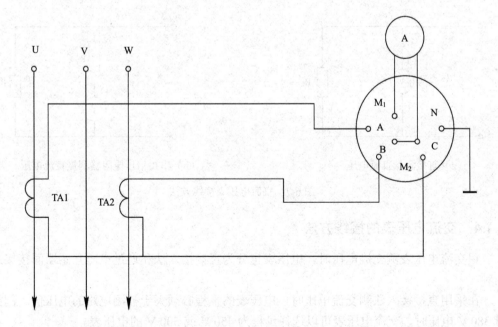

图 6-5　用 2 个电流互感器和 1 个电流换向器接 1 块电流表测量三相电流的接线方法

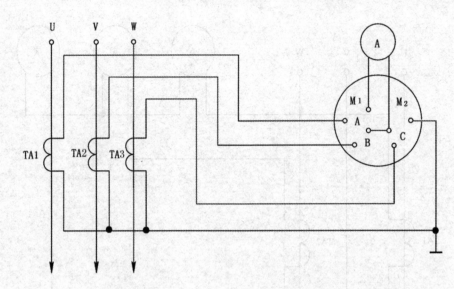

图6-6　用3个电流互感器和1个电流换向器接1块电流表测量三相电流的接线方法

6.1.3　直流电压表的接线方法

测量直流电压时，直流电压表有两种接线方法，一种是将电压表并联接入电路直接测量直流电压；一种是电压表串接倍压电阻器后再并联接入电路测量直流电压。直流电压表接线方法如图6-7所示。

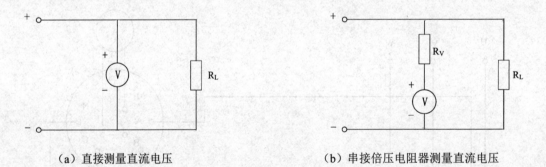

（a）直接测量直流电压　　　　　　　　　　（b）串接倍压电阻器测量直流电压

图6-7　直流电压表接线方法

6.1.4　交流电压表的接线方法

用交流电压表测交流电压时，电压表也分为直接接入法和通过电压互感器间接接入法两种。

在采用直接接入法测交流电压时，电压表的量程必须大于被测电路的电压值。例如测量380 V电压时，交流电压表可以选择量程为450 V或500 V的电压表。

如果需测的电压很高，而交流电压表的量程有限，可采用电压互感器使被测电压降低，再用交流电压表测量降低后的电压，这种测量方法称为间接测量方法。在采用间接测量电压方法的时候，应该注意使电压互感器的变比与电压表的倍率相同，这样，电压表的测量值就为所测的交流电压的实际值。电压互感器的工作原理和单相变压器的工作原理相同。电压互感器原边绕组匝数很多；副边绕组匝数很少。交流电压表接于电压互感器的副边。电压互感器不允许副边短路，副边短路会使电压互感器烧毁。

　　用交流电压表测量交流电压时的直接接入方法如图 6-8 所示；用电压互感器和交流电压表测量交流电压的接线方法如图 6-9 所示；用交直流两用电压表测量电压的接线方法如图 6-10 所示。

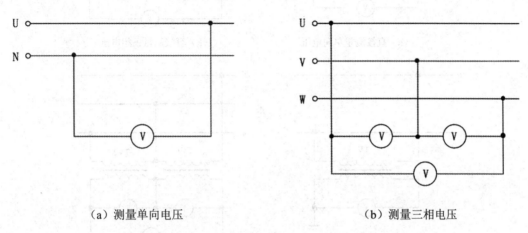

（a）测量单向电压　　　　　　　　　　　　　　（b）测量三相电压

图 6-8　用交流电压表测量交流电压时的直接接入方法

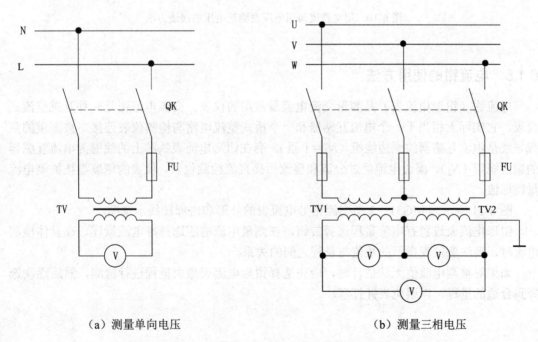

（a）测量单向电压　　　　　　　　　　　　　　（b）测量三相电压

图 6-9　用电压互感器和交流电压表测量交流电压的接线方法

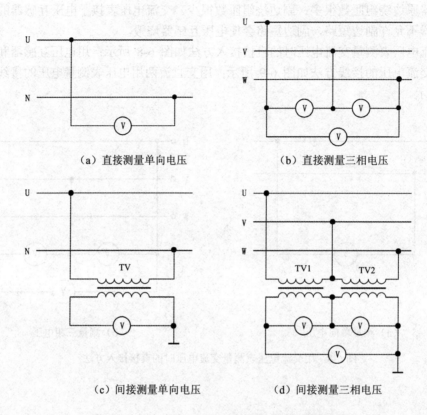

（a）直接测量单向电压　　　　　　（b）直接测量三相电压

（c）间接测量单向电压　　　　　　（d）间接测量三相电压

图 6-10　用交直流两用电压表测量电压的接线方法

6.1.5　电流钳的使用方法

电流钳（钳形电流表）是测量交流电流最常用的仪表。交流电流钳是一种互感整流式仪表。它实际上相当于一个电流互感器和一个桥式整流电路与检测仪表连接。被测量的负载导线是电流互感器的原边绕组（$N_1 = 1$ 匝），套在钳形电流表铁芯上的线圈为电流互感器的副边绕组（N_2）。副边电流经过分流和整流后接直流检测仪表。仪表的刻度盘按被测电流量程标值。

图 6-11 所示为 MG31－2 型交流钳形电流表的外形和内部接线示意图。

钳形电流表设置有电流量程选择旋钮，在测量电流前应选择好电流量程。在具体检测电流时，要注意仪表指示的数值与量程之间的关系。

如果对被测电流值无法估计时，应先选择钳形电流表最大量程进行检测，然后逐次选择到合适的量程，以避免表针打弯。

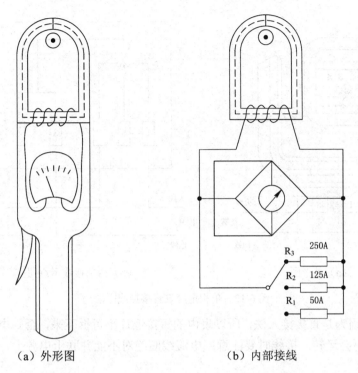

（a）外形图　　　　　　　　（b）内部接线

图 6-11　MG31－2 型交流钳形电流表的外形和内部接线示意图

6.2　电度表的接线方法

为了做到计划用电和节约用电，必须用电度表测量用电量。电度表分为有功电度表（又称有功功率表）和无功电度表（又称无功功率表或 Q 表）。电度表是测量有用功和无用功的电工仪表。有功电度表分为单相和三相电度表两种类型，而无功电度表只有三相电度表。

下面分别介绍有功电度表和无功电度表的接线方法。

6.2.1　单相有功电度表的接线方法

单相有功电度表（简称单相电度表）应用最广泛。它分为直接接入法和经过电流互感器间接接入法两种接线方式。

常用的单相电度表有 DD9 型、DD10 型、DD17 型、DD19 型、DD28 型等。

单相电度表共有 5 个接线端子，其中有 2 个端子在表的内部用连片短接，所以单相电度表外接端子就只有 4 个，即 1、2、3、4 号端子。由于电度表的型号不同，所以外部接线有两种方法（每块表在铅封盖内部都有 4 个端子的接线图）。

1．单相电度表直接接线方法

单相电度表直接接线方法如图 6-12 所示。

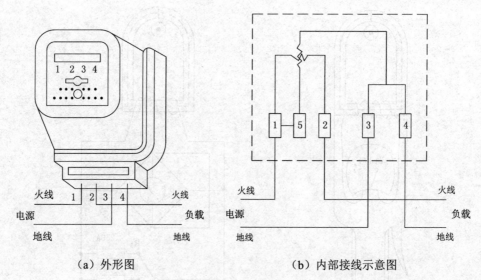

（a）外形图　　　　　　　　（b）内部接线示意图

图 6-12　单相电度表直接接线方法

图 6-12 中因为是直接接入法，所以表内的短接连片不可拆下来，否则电压线圈中无电压，电度表就不会运转。接线时要注意：电流线圈绝对不能并联于电源上，否则电流线圈会被烧毁。

单相电度表直接接线方法适合于测量电流不大的单相电路的用电量。

2.　单相电度表经电流互感器接线方法

在用单相电度表测大电流单相电路的用电量时，应该通过电流互感器接电度表的电流线圈。其具体接线方法如图 6-13 和图 6-14 所示。

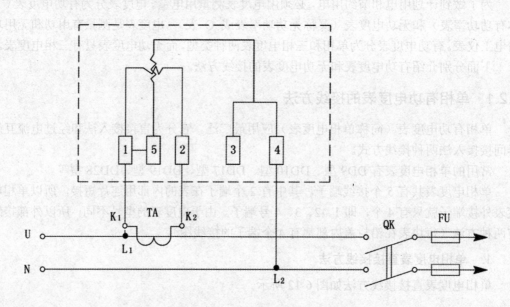

图 6-13　单相电度表经电流互感器接线方法之一

图 6-13 所示接线方法为单相电度表内 5 和 1 端短接连片没有断开时的接线方法。由于表内短接连片没有断开，所以 K_2 禁止接地。同时要注意：电流互感器的 L_1、L_2 和 K_1、K_2 分别为原边和副边线圈的首端和尾端，不要接错，以防止电度表反转。

在图 6-14 所示接线方法中，单相电度表由于连片已经拆除，所以 K_2 应该接地。同时，电压线圈应该接于电源两端。

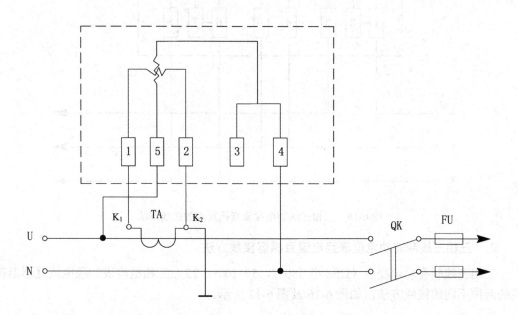

图 6-14　单相电度表经电流互感器接线方法之二

6.2.2　三相电度表的接线方法

三相电度表的接线方法分为两种类型，四种接线方法。三相电度表接线有三相三线制接线和三相四线制接线两类，每类又分为直接接入法和通过电流互感器接入法两种。

1.　三相三线制电度表直接接入的接线方法

三相三线制电度表直接接入的接线方法如图 6-15 所示。

在图中电度表（SD8 型 380 V，5～10 A，25 A 三相电度表）共有 8 个接线端子，其中 1 和 2 短接，6 和 7 短接，所以此种接线只有 6 个端子需要接线。电度表的 1、4、6 号端子接电源三根火线，而 3、5、8 号端子引出三根线接负载。采用此方法接线时，千万不能使进线与出线接错，再有 1 和 2 与 6 和 7 之间短接线不能拆开。

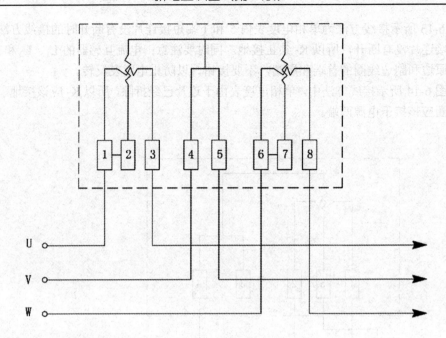

图6-15　三相三线制电度表直接接入的接线方法

2.　三相三线制有功电度表经电流互感器接线方法

三相三线制有功电度表（DS8型380 V，5～10 A，25 A 三相电度表）经电流互感器接线的两种不同的接线方法，如图6-16及图6-17所示。

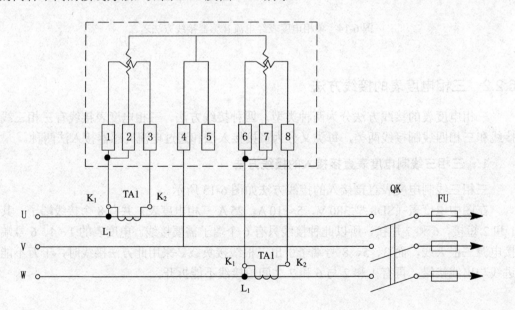

图6-16　三相三线制电度表经电流互感器接线方法之一

在图6-16所示接线方法中，电度表1、2和6、7之间短接线没有拆开，所以电流互感器副边线圈的 K_2 端禁止接地，否则电度表会烧毁。另外两只电流互感器的副边不能接反，也不能接错，原边的 L_1 与副边的 K_1 要可靠连接。

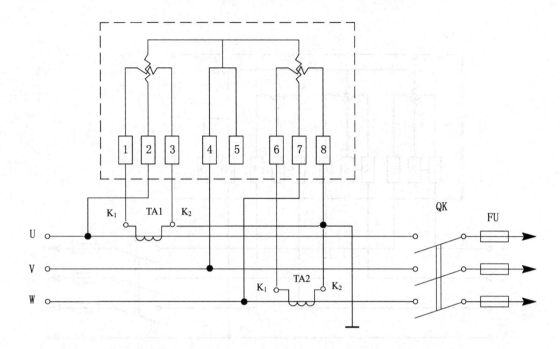

图 6-17　三相三线制电度表经电流互感器接线方法之二

图 6-17 所示接线方法中，电度表的 1、2 之间短接线拆开了，6、7 之间短接线也拆开了。这样电度表的 2 和 7 必须分别接在电源线的两根不同的火线上，而 4 号端子接另外的一根火线上。同时要注意电流互感器副边的 K_2 必须可靠接地。电流互感器的副边不能接反，也不能接错线。

图 6-17 中电度表的 8 个接线端子有 7 个要接线，只有 5 号端子不接线。

3.　三相四线制有功电度表直接接线方法

三相四线制有功电度表直接接入的接线方法如图 6-18 所示。三相四线制所用的三相电度表共有 11 个接线端子。在接线时，只有 11 号端子不接线。1 与 2 和 4 与 5 以及 7 与 8 之间有短接线。1、4、7 接电源，3、6、9 接负载。10 号端子接零线（中线）。

4.　三相四线制有功电度表经 3 个电流互感器接线方法

在计量大电流的三相四线制电路的电量时，可用 DS8 型有功电度表。这种电度表共计有 11 个接线端子。这种表出厂时已经将 1 与 2 之间、4 与 5 之间、7 与 8 之间各自短接。图 6-19 所示的三相四线制有功电度表经 3 个电流互感器接线方法中，有功电度表经 3 个电流互感器接于电路时要注意以下几个问题。

（1）由于电度表的 3 个短接片没有拆开，所以电流互感器的副边 K_2 端禁止接地，以免烧毁电度表。

（2）各只电流互感器的副边不能接反，同时 3 只电流互感器之间的副边相互也不能接错。

（3）三只电流互感器副边的"K_1"与原边的 L_1 都要牢固地与电源三根火线相接。

（4）电度表的 10 号线必须良好地接零线。

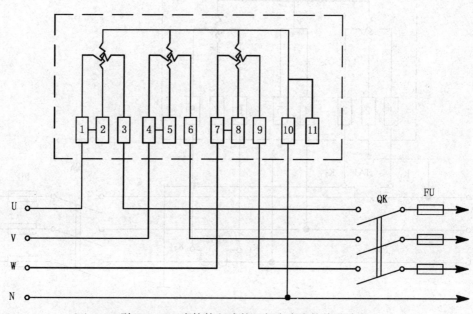

（a）DT8 型 40～80A 直接接入式的三相电度表接线方法之一

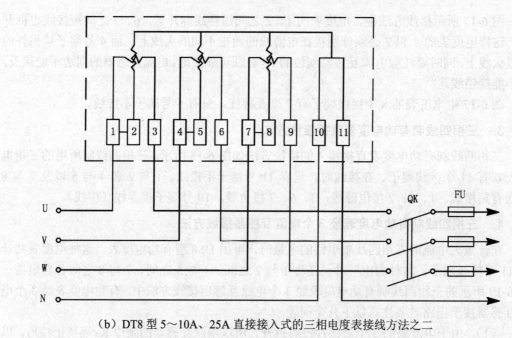

（b）DT8 型 5～10A、25A 直接接入式的三相电度表接线方法之二

图 6-18　三相四线制有功电度表直接接入式的接线方法

图 6-20 所示接线方法是将 DS8 型有功电度表的 3 个短接线拆开时，再经过 3 个电流互感器接线。由于电度表的 3 个短接线已经拆掉，所以 3 个电流互感器副边的"K_2"端必须接地。

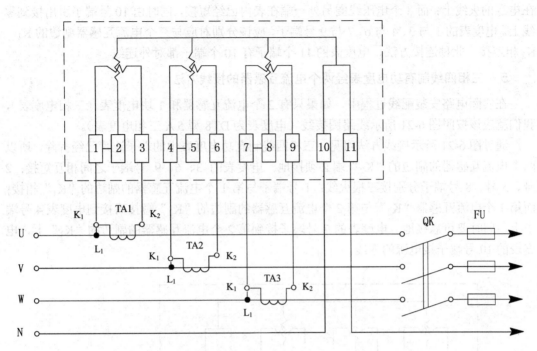

图 6-19 三相四线制电度表经过 3 个电流互感器接线的方法之一

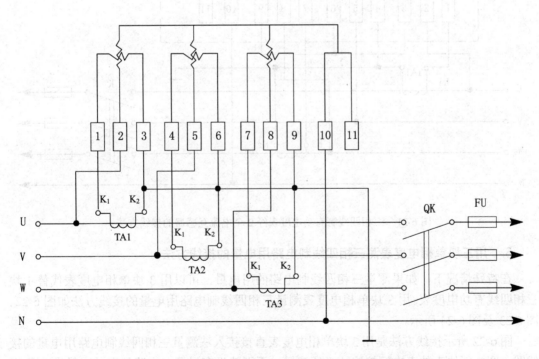

图 6-20 三相四线制电度表经过 3 个电流互感器接线的方法之二

由图 6-20 可知，电度表的 2 号、5 号、8 号是 3 个电压线圈的一端，它们必须分别接在电源的火线上；而 3 个电压线圈另外一端在表内已经短接，同时由 10 号端子引出接到零线上。电度表的 1 与 3、4 与 6、7 与 9 号端子，应该分别对应与三个电流互感器副边的 K_1、K_2 相连接。此种连接方法，电度表的 11 个端子有 10 个端子都对外连线。

5. 三相四线制有功电度表经两个电流互感器的接线方法

在实际电路安装配线过程中，如果只有 2 个电流互感器和 1 块电度表（三相电度表），我们就应该按照图 6-21 所示线路图接线（电度表为 DT8 型 5 A 三相电度表）。

通过图 6-21 所示接线方法可见，三相四线制有功电度表中的端子连片已经拆除，所以两个电流互感器的副边的"K_2"端必须接地。电度表的 3、6、9 号端子之间相互短接；2 号、5 号、8 号端子分别接三根火线；1 号端子与第 1 个电流互感器的副边的"K_1"相接；而第 1 个电流互感器"K_2"与第 2 个电流互感器的副边的"K_2"短接后接到电度表 4 号端子上，同时要可靠接地。电度表的 7 号端子接到第 2 个电流互感器的副边的"K_1"上，电度表的 10 号端子接电源的零线。

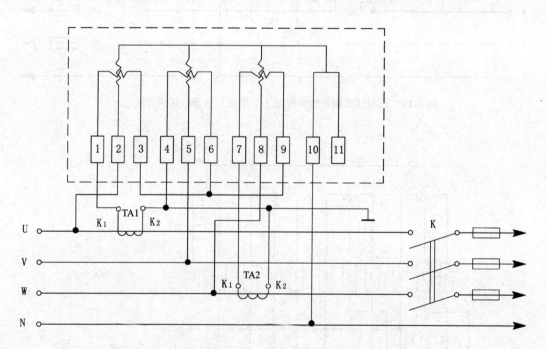

图 6-21　三相四线制有功电度表经 2 个电流互感器的接线方法

6. 用三块单相电度表测三相四线制电路用电量的接线方法

在特殊情况下，如果测量三相四线制电路的用电量，可以用 3 块单相电度表代替 1 块三相四线有功电度表。用 3 块单相电度表测量三相四线制电路用电量的接线方法如图 6-22、图 6-23 及图 6-24 所示。

图 6-22 所示接线方法是用 3 块单相电度表直接接入法测量三相四线制电路用电量的接线图。图中每块表的表内短接连片必须接好，否则就没有显示。电路的有功电量为 3 块表读数之和。

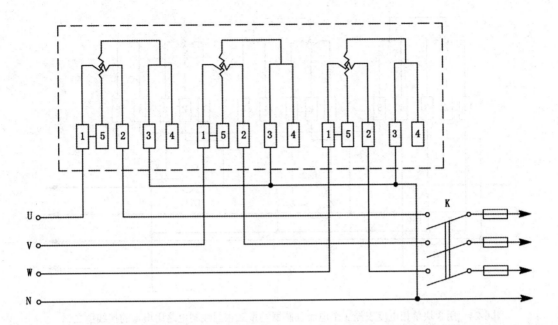

图 6-22　用 3 块单相电度表直接接入法测量三相四线制电路用电量的接线方法

图 6-23 所示接线方法是用 3 块单相电度表经过 3 个电流互感器测量三相四线制电路用电量的接线图之一。在图中，每块电度表的表内短接连片没有拆除，所以电流互感器的副边 K_2 不能接地。电流互感器原边的 L_1 与副边的 K_1 应牢固连接，并且与每块电度表的 1 号端子分别接于电源的三根火线上。这种情况下电路的总用电量为 3 块电度表读数之和乘以电流互感器的变比。

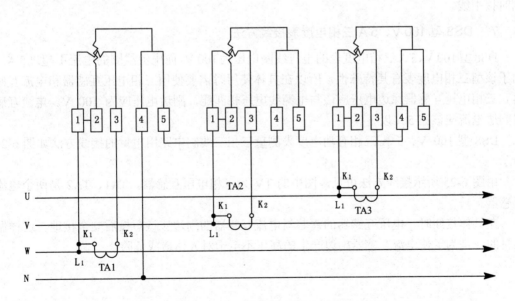

图 6-23　用 3 块单相电度表经 3 个电流互感器测量三相四线制用电量的接线方法之一

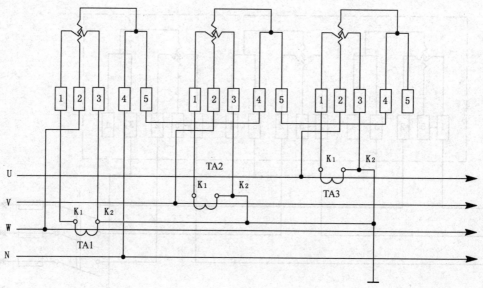

图6-24　用3块单相电度表经3个电流互感器测量三相四线制电路用电量的接线图之二

图 6-24 所示接线方法是 3 块单相电度表的表内短接连片拆除后，用 3 块单相电度表测量三相四线制电路用电量的接线图之二。采用此种接线时，3 个电流互感器副边的 K_2 要短接后接地。采用图 6-24 电路接线时，要注意将每块电度表电压线圈并联于电源火线与中线之间，而每块表的电流线圈与电流互感器的 K_1 与 K_2 连接。在具体接线时，千万不要接错。此种情况下，三相电路用电量数等于 3 块电度表读数之和乘以电流互感器的变比。

通过以上 3 个图可见，3 块单相电度表中的接中线的端子必须短接后接中线，也就是同时接中线。

7. DS8 型 100 V、5 A 三相电度表接线方法

DS8 型 100 V、5 A 三相电度表的电压线圈电压为 100 V，而电流线圈的电流不超过 5 A。由于该型三相电度表有其特殊性，所以在具体使用时需要使用三相电压互感器和电流互感器。三相电压互感器原边电压应该与电源线电压相匹配，副边电压应为 100 V。电流互感器副边电流应该在 5 A 以下。

DS8 型 100 V、5 A 三相有功电度表测量三相三线制电路用电量的接线方法如图 6-25 所示。

由图 6-25 所示接线方法可见，图中的 TV 为三相电压互感器，TA1、TA2 是两个电流互感器。

在具体接线时，电压互感器的铁芯与电流互感器的副边应该短接后安全接地。这样做的目的，是为了使电流互感器副边产生的高压不至于对人体造成危险。

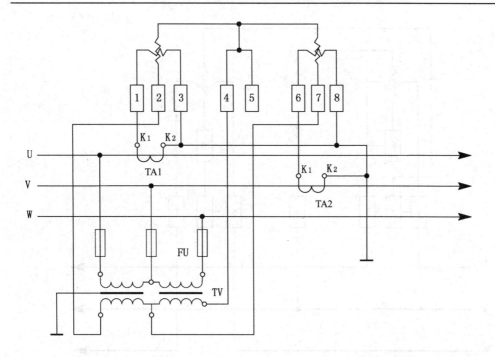

图 6-25　DS8 型 100 V、5 A 三相有功电度表测量三相三线制电路用电量接线方法

6.2.3　三相电路无功电量的测量

交流电路除了有功电量需要计量外，其无功电量也必须计量，这样做才能合理地使用电能和控制电量的分配。

测量三相电路的无功电量常用三相无功电度表 DX 型 60° 无功电度表和三相无功正弦电度表。下面我们具体介绍这两种无功电度表的接线方法。

1. DX2 型三相无功电度表直接接入式的接线方法

DX2 型三相无功电度表测量三相三线制无功电量的接线方法如图 6-26 所示。

由图 6-26 所示接线方法可见，此类型表有 9 个接线端子，应该注意只有 7 个接线端子对外接线。无功功率表与三相有功电度表的外部接线是完全相同的。除如图 6-26 所示的接线方法外，最常见的接线还有经过 2 个电流互感器与之相配合的接线方法，如图 6-27 所示。在采用图 6-27 线路接线时，要特别注意将电流互感器的副边安全接地。

2. 三相无功正弦电度表接线方法

由于三相无功正弦电度表的正弦元件产生的电磁力矩与 $UI\sin\varphi$ 成正比关系，所以表的内部接线方法不同于具有 60° 相位差的无功电度表接线，但是它的外部接线方法相同。用正弦无功电度表测量电路无功电量的接线方法如图 6-28 所示。

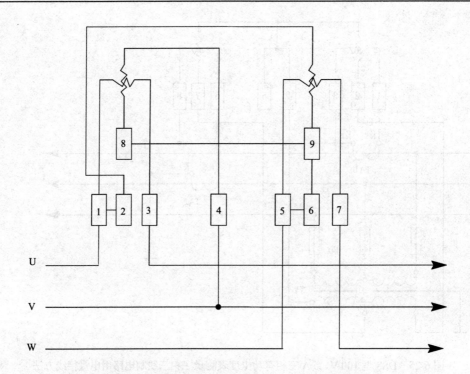

图 6-26　DX2 型三相无功电度表测量三相三线制无功电量的接线方法

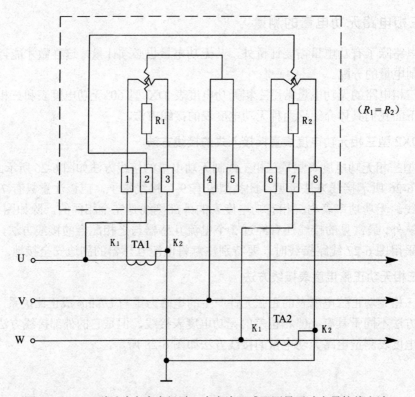

图 6-27　DX2 型无功电度表经过 2 个电流互感器测量无功电量接线方法

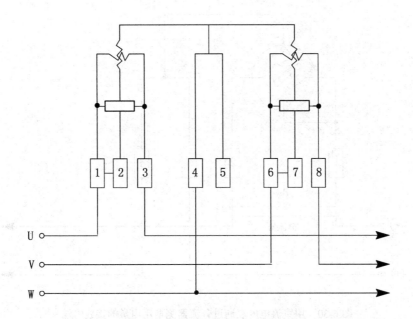

图 6-28　用正弦无功电度表测量电路无功电量的接线方法

6.2.4　直流电度表的接线方法

直流电路用电量的测量使用直流电度表。直流电度表有电压线圈和电流线圈，有 4 个接线柱。具体接线方法基本上有两种，其一是直接接入法，其二是通过分流器接入法。在采用分流器接入直流电度表时，表的读数应该乘以分流倍数才是电路的真正用电量。

用直流电度表直接接入法测量直流用电量的接线方法如图 6-29 所示。用直流电度表通过分流器测量用电量的接线方法如图 6-30 所示。

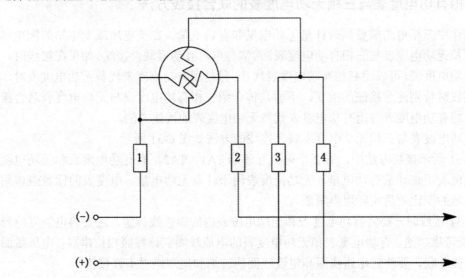

图 6-29　用直流电度表直接接入法测量用电量的方法

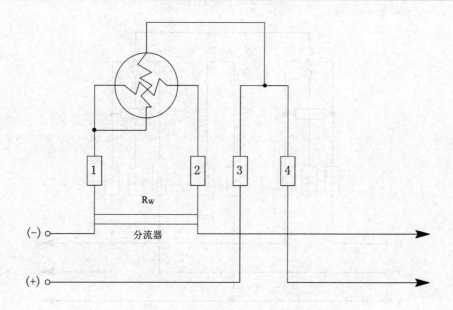

图 6-30　用直流电度表通过分流器测量用电量的接线方法

6.3　电流表、电压表及电度表的联合接线方法

在实际电路中，经常是几种不同功能的仪表联合接入电路中。在各单位的变电所、变电站的配电屏上，电压表、电流表、有功电度表、无功电度表联合接线是最常见的。本节我们将分别介绍三相有功电度表与三相无功电度表联合接线、三相有功电度表与 3 块电流表联合接线以及电压表与电流表联合接线等的接线方法。

6.3.1　三相有功电度表与三相无功电度表的联合接线方法

实际工作中三相电路需要同时计量无功电量和有功电量。在变电所或变电站的配电屏上安装的三相无功电度表与三相有功电度表，常常与电流互感器联合接线。如果在接线时，没有三相无功电度表，可以用三相有功电度表代替；只是用有功电度表代替无功电度表时，要在具体接线时特别注意接法的改变。下面具体介绍三相有功电度表与无功电度表联合接线方法及三相有功电度表与用有功电度表代替无功电度表的接线方法。

三相有功电度表与三相无功电度表联合接线的方法如图 6-31 所示。

在图 6-31 所示接线方法中，有 2 个电流互感器 TA1、TA2，有有功电度表和无功电度表。有功电度表用来计量有功电量，无功电度表用来计量无功电量。电度表的读数应该乘以电流互感器的变比才是实际用电量值。

按图 6-31 接线时，要将有功电度表和无功电度表内的短接线拆除，还要将电流互感器副边的 K_2 端可靠接地。有功电度表和无功电度表的电流线圈应该按照相位串联；电压线圈应该按照相位并联。要注意电压线圈和电流线圈的首端和尾端绝对不许接错。

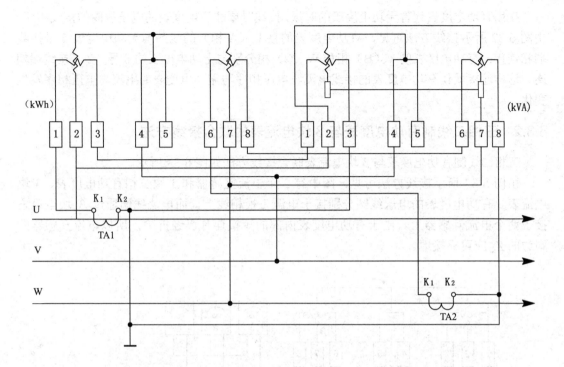

图 6-31　三相有功电度表与三相无功电度表联合接线的方法

　　三相有功电度表与用三相有功电度表代替无功电度表经电流互感器的联合接线方法如图 6-32 所示。

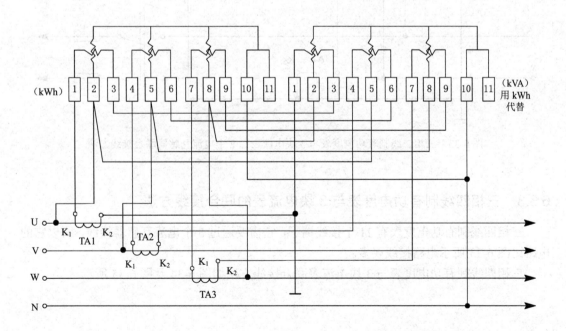

图 6-32　三相有功电度表与用三相有功电度表代替无功电度表经电流互感器联合接线方法

在用有功电度表代替无功电度表的时候，接线时要注意电度表的电压线圈的接线相序。由图 6-32 所示接线方法可见，有功电度表的接 U（A 相）的线圈与无功电度表 5 号接线端相连接；有功电度表的 V（B）相和 W（C）相分别与无功电度表的 8 号、2 号接线端相连。这样连接就使有功电度表的接线电流与电压相序与无功电度表的电流与电压相序发生变化。

6.3.2 三相二线制有功电度表与 3 块电流表的联合接线方法

三相二线制有功电度表与 3 块电流表联合接线方法如图 6-33 所示。

由图 6-33 所示接线方法可见，图中有 2 个电流互感器和 1 块三相有功电度表、3 块电流表。有功电度表的电压线圈分别接于电源三根相线上，而电流线圈通过 3 块电流表接于两个电流互感器上。由于有功电度表内部的短接连片已经拆除，所以电流互感器的副边的 K_2 应可靠接地。

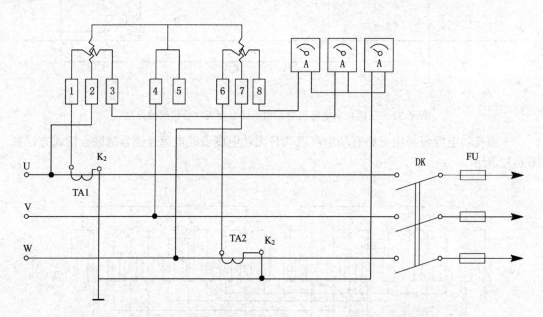

图 6-33 三相二线制有功电度表与 3 块电流表经 2 个电流互感器联合接线方法

6.3.3 三相四线制有功电度表与 3 块电流表的联合接线方法

三相四线制有功电度表有 11 个接线端子，它需要通过 3 个电流互感器接线，所以它的电路比图 6-33 所示电路接线要多。

三相四线制有功电度表与 3 块电流表联合接线方法如图 6-34 及图 6-35 所示。

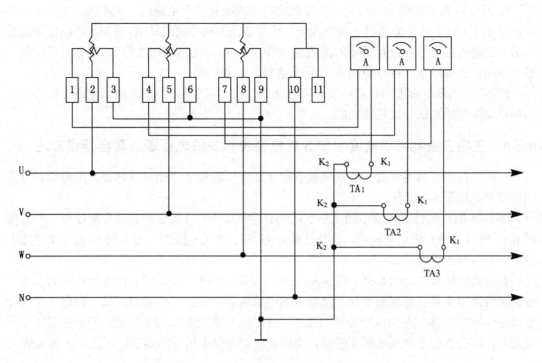

图 6-34　三相四线有功电度表与 3 块电流表联合接线方法之一

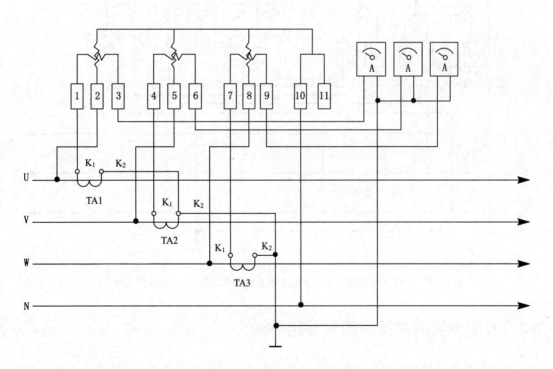

图 6-35　三相四线制有功电度表与 3 块电流表联合接线方法之二

由图 6-34 所示接线方法可见，电度表的电压线圈并接于电源的三根相线与中线上，其电流线圈 1、4、7 端子分别串 3 块电流表，再与电流互感器副边的 K_1 端相连，而电流线圈的另外三端短接后与电流互感器的副边 K_2 端相连。电流互感器副边的 K_2 端要可靠接地。整个电路在连接时要严格按照图 6-34 所示进行，不能搞错。

图 6-34 所示电流表和有功电度表联合接线，也可以采用图 6-35 所示电路接线方法。两种电路接线的测试结果是相同的。

6.3.4　三相三线制有功电度表与 3 块电流表和 3 块电压表的联合接线方法

三相三线制有功电度表与 3 块电流表和 3 块电压表经 2 个电流互感器与电源线相连接的接线方法如图 6-36 所示。

图 6-36 所示的接线方法中的三相三线制有功电度表与 3 块电流表联合配线部分与前面图 6-33 所示接线方法完全相同，只是比图 6-33 多了 3 块电压表。图 6-36 中的 3 块电压表测量三相电源的线电压。

在前面的图 6-33、图 6-35、图 6-36 所示的接线方法中，电路的有功电量应该为有功电度表读数乘以电流互感器的变比。电路中的电流表若与电流互感器相匹配，则电流表的读数即是实际电流值。图 6-36 所示的接线方法中的电压表读数即为实际值。若电压表用小量程表时，则应在接线时加电压互感器，电压表读数乘以电压互感器变比才是电压真实值。

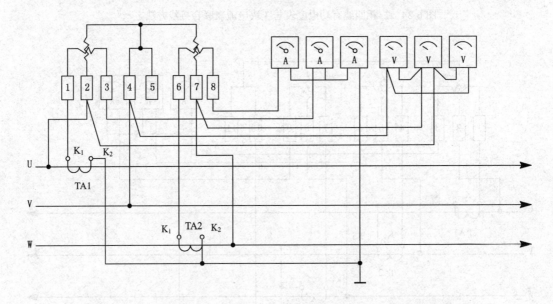

图 6-36　三相三线制有功电度表与 3 块电流表和 3 块电压表联合接线方法

6.4　万用表的内部接线图及使用方法

万用表是电工日常工作中必备测量仪表。万用表可以测量电阻值、直流电压值、直流电流（小电流）值、交流电压值。有的万用表除了能测量上述各种电量外，还设有测量晶体三极管直流放大倍数的功能。MF52 型万用表内部电路原理图如图 6-37 所示。MF52 型万用表的面板图如图 6-38 所示。

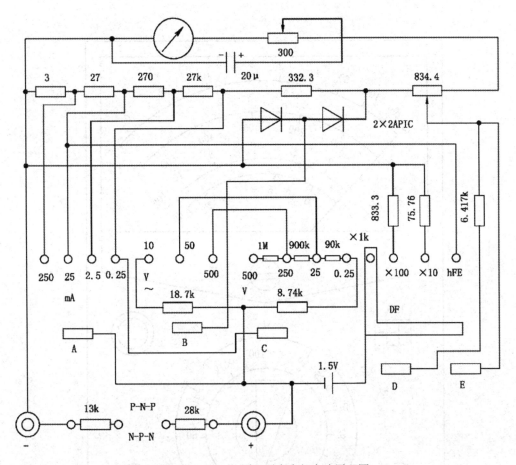

图 6-37　MF52 型万用表内部电路原理图

在图 6-37 所示电路中，A、B、C、D、E 为 5 块定触片，而 DF 为可旋转的动触片；另外，图中单个小圆圈是定触点。

万用表在测量电阻时，表内电源被接入电路；而在测电流、电压时，表内电源不参与电路工作。在使用万用表时，一定要注意，测量物理量时，要将表的旋钮旋到表的面板的对应物理量的位置。特别要注意，绝对不能用万用表的测电阻挡和测直流电流挡测电压。一旦使用失误就会烧坏万用表。

在用万用表测量晶体三极管的电流放大倍数时，先将旋钮转到测电阻值的 ×1 k 挡上，再将测试表笔短路，调整好欧姆零位，然后将旋钮转到 hFE 挡，把晶体管 e、b、c 三个引脚插入万用表相对应的 e、b、c 测试孔内，就可在 hFE 刻度线上读到晶体管电流放大倍数的值。

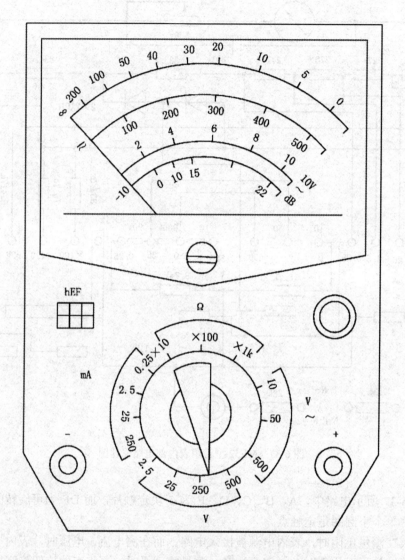

图 6-38　MF52 型万用表的面板图

第 7 章　常用电路举例

为提高读者识图能力，并能掌握实际电路，本章给出 22 个常用电路供参阅。

7.1　常用照明电路

7.1.1　一只单联开关控制 1 盏白炽灯的电路

一只单联开关控制 1 盏白炽灯电路如图 7-1 所示。

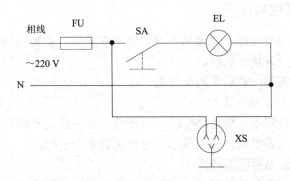

图 7-1　一只单联开关控制 1 盏白炽灯电路

7.1.2　一只单联开关控制多盏白炽灯的电路

一只单联开关控制多盏白炽灯电路如图 7-2 所示。

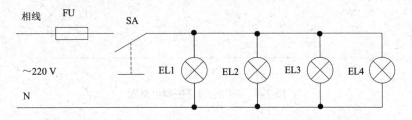

图 7-2　一只单联开关控制多盏白炽灯电路

7.1.3　用两只双掷开关在两地控制 1 盏白炽灯的电路

用两只双掷开关可安装于两个不同的地方。在两个地方通过两只开关中任意一个开关都可以控制 1 盏白炽灯（其他灯也可以）的开或者关。例如在第 2 层楼安 1 盏灯，两只开关分别安装于第 1 层楼和第 2 层楼。在第 1 层楼可以扳动开关 SA1 使灯 EL 亮或者灭，也可以在第 2 层楼扳动开关 SA2 使灯 EL 亮或者灭。用两只双掷开关在两地控制 1 盏白炽灯的电路如图 7-3 所示。

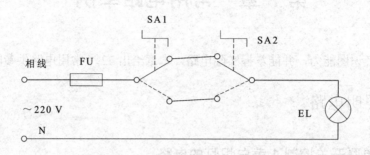

图 7-3　用两只双掷开关在两地控制 1 盏白炽灯电路

7.1.4　高压水银灯控制电路

高压水银灯具有节省电能、发光效率高、使用寿命长、安装线路简单、外形美观等优点。目前被广泛用于公共场所照明。

使用高压水银灯应该注意以下两个方面。

（1）　电源电压不能波动过大。

如果电压波动使线路电压降落 $5\%U_N$，可能使正在正常亮着的灯自然熄灭。高压水银灯自动熄灭后，不能立即复明，必须经过一段时间后才能复明。

（2）　灯泡和镇流器要匹配使用。

高压水银灯的灯座耐热性能要高，以防止灯泡热量过高烧毁灯座。高压水银灯控制电路图如图 7-4 所示。

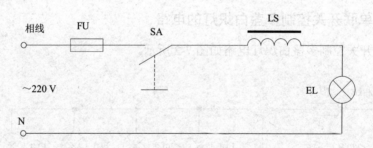

图 7-4　高压水银灯控制电路图

7.1.5　管形氙灯控制电路

管形氙灯也是高压灯。这种灯和触发控制器相连接后，再接于单相 220 V 电源。触发控制器有六个接线端子（X_1、X_2、X_3、X_4、X_5、X_6）。接线端 X_1 和 X_2 接管形氙灯，X_1 是高压端子，应该注意加强绝缘。X_3 和 X_4 分别接单相电源的相线和中线（零线），X_5 和 X_6 接启动继电器 KA（CJ20-20）的常开触点。管形氙灯接线线路图如图 7-5 所示。

这种灯启辉时，启动电流大。当我们按下启动按钮时，启动继电器 KA 得电动作，KA

继电器的常开触点闭合，以便供给灯管较大的启动电流。当灯启辉完毕时，应及时松开启动按钮，使 KA 继电器断电，常开触点断开，氙灯依靠触发控制器供电发光。

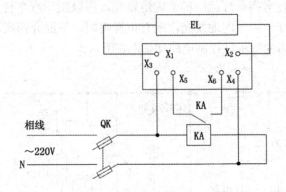

图 7-5　管形氙灯接线线路图

7.1.6　荧光灯和黑色管灯的接线线路

荧光灯和黑色管灯工作原理相同，只是灯管内壁涂荧光粉不同，两种灯的接线线路也相同。荧光灯和黑色管灯接线线路图如图 7-6 所示。

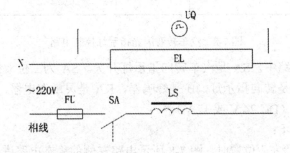

图 7-6　荧光灯和黑色管灯接线线路图

7.1.7　荧光灯与四线镇流器的接线线路

荧光灯接线线路使用的镇流器是双线镇流器，也就是镇流器只有两个接线端。四线镇流器有四个接线端。四线镇流器的四个接线端接线方法标注于镇流器上面，具体接线时，一定要严格按照镇流器上标明的方式接线。荧光灯四线镇流器接线线路如图 7-7 所示。

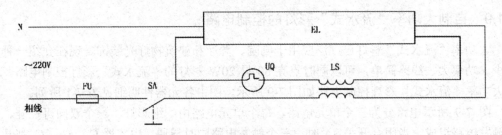

图 7-7　荧光灯四线镇流器接线线路

7.1.8 汽车转弯闪光指示灯的接线线路

当汽车转弯时，转弯指示灯就一闪一闪地发光，用以指示汽车转弯方向。有的汽车转弯时，不但转弯指示灯一闪一闪地发光，还有声音鸣叫。下面介绍汽车转弯指示灯电路的工作情况。汽车转弯闪光指示灯控制电路如图7-8所示。

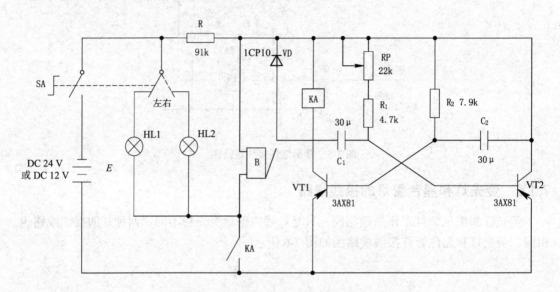

图7-8　汽车转弯闪光指示灯控制电路

在图7-8所示电路中，SA是汽车转向指示灯开关。SA为三位双掷开关（又称为钮子开关），HL1和HL2是转向指示灯，B是蜂鸣器，KA是灵敏继电器，VT1和VT2是两只三极管，E是蓄电池（DC 24 V或12 V）。

电路工作过程如下：

当SA开关扳到"左"位置时，图7-8所示电路左侧的稳态电路进入工作状态。两只三极管VT1和VT2轮换饱和导通与截止。VT1导通时，KA继电器得电动作，KA的常开触点闭合，指示灯亮；VT1截止时，KA失电，KA的常开触点断开，指示灯灭。VT1和VT2不断地轮换饱和通导与截止而交替变化，指示灯则会一闪一闪地发光，蜂鸣器会间断式鸣叫。

当SA开关扳到"右"位置时，电路工作过程同上，只是转向指示灯HL2一闪一闪发光，蜂鸣器间断式鸣叫。

7.1.9 自制大功率"流水式"彩灯的控制电路

大功率"流水式"彩灯已广泛应用于剧院、舞厅和建筑物灯光装饰。现在介绍一种元件少、功率大、线路简单，可以同时点亮60只20W彩灯的"流水式"彩灯控制电路。自制大功率"流水式"彩灯控制电路如图7-9所示。图中各元器件明细见表7-1所列。

图7-9所示电路分为三个单元电路，每个单元电路由一组彩灯、一个双向可控硅、一个触发电路组成。当闭合开关SA时，三个触发电路同时导通，电容器C_1、C_2、C_3都开始充电。通过调节RP1、RP2、RP3的电阻值，改变三个电容器的充电时间常数，造成A点、

B 点、C 点电位升高的速度不同。例如 C 点电位先升高到触发 SCR1 需要的电压值时，SCR1（晶闸管）先导通，彩灯 EL1 先亮。电容器 C_3 通过 R_6 和 SCR1 放电，C 点电位会下降，SCR1 会自然关断。在 EL1 灯亮的过程中 C_1 和 C_2 充电。若 C_1 充电使 A 点电位升高，可触发 SCR2，使 SCR2 导通，灯 EL2 亮。C_1 通过 R_2 和 SCR2 放电，A 点电位下降，SCR2 也会自然关断。接着 B 点电位升高到能触发 SCR3 使 SCR3 导通，EL3 灯亮。C_2 通过 R_4 和 SCR3 放电，SCR3 自然关断。如此循环下去，三组灯轮流点亮，形成"流水式"效果。

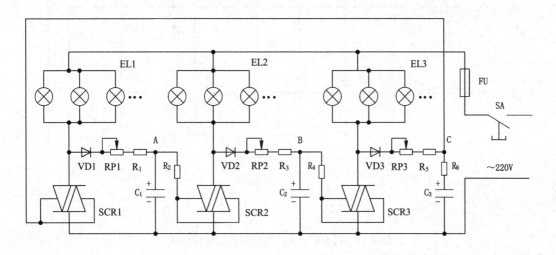

图 7-9　自制大功率"流水式"彩灯控制电路

表 7-1　图 7-9 中各元器件明细

序　号	符　号	名　称	型　号	规　格	数　量
1	SCR1～SCR3	双向晶闸管	KS10	10 A/600 V	3
2	C_1、C_2、C_3	电解电容器		20 μF/300 V	3
3	R_1、R_3、R_5	电阻器		3.5 kΩ	3
4	R_2、R_4、R_6	电阻器		10 kΩ	3
5	VD1、VD2、VD3	二极管	2CP3C	300 mA　$U_R=400$ V	3
6	EL1、EL2、EL3	三组彩灯		每组彩灯功率 1000 W 以内	3组
7	RP1、RP2、RP3	小型电位器		0～10 Ω 可变	3
8	FU	熔断器	RL16	熔芯 5 A	1
9	SA	手动开关	LS2－2	380 V　10 A	1

7.2　常用电动机控制电路

电动机是最常见的动力设备。读懂电动机的控制电路，也就基本上掌握了常用的电力拖动电路。

7.2.1　用倒顺开关控制电动机正、反转的电路

常用的倒顺开关有 HZ3－132 型和 QX1－13M/4.5 型两种。用倒顺开关控制电动机正、反转电路如图 7-10 所示。

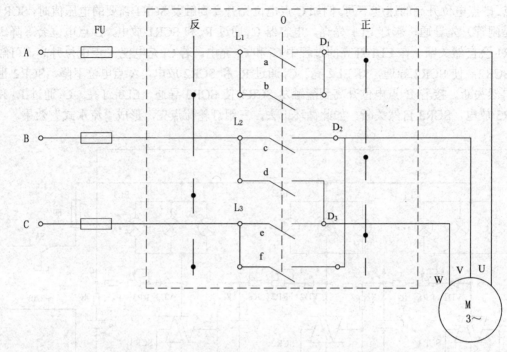

图 7-10　用倒顺开关控制电动机正反转电路

倒顺开关有六个接线柱（L_1、L_2、L_3、D_1、D_2、D_3）。接线柱 L_1、L_2、L_3 分别接电源三根相线（火线）A、B、C；接线柱 D_1、D_2、D_3 分别接电动机定子绕组三个接线端 U、V、W。

倒顺开关手柄有三个位置（"0"位置、"正"转位置、"反"转位置）。当手柄在"0"位置时，电动机与电源断开。当手柄扳到"正"转位置时，电动机顺时针方向旋转。当手柄扳到"反"转位置时，电动机定子绕组与电源相序发生改变，电动机反转。

由图 7-10 可见，倒顺开关用展开法画出。倒顺开关手柄有三个位置，当手柄在"0"位置时，所有的触点全是断开状态，电动机不得电。当手柄开关在"正"转位置时，触点 a、c、e 闭合，使 L_1 与 D_1 通、L_2 与 D_2 通、L_3 与 D_3 通，电动机正转。当手柄在"反"转位置时，触点 b、d、f 闭合，使 L_1 与 D_1 通、L_2 与 D_3 通、L_3 与 D_2 通，电动机定子绕组所接电源相序两相发生改变（两相序对调），电动机反转。

倒顺开关一般适合于控制 4.5 kW 以下的三相鼠笼型异步电动机的正、反转电路。功率大的三相鼠笼型异步电动机的正、反转不能用倒顺开关直接控制，而是用继电器控制。原因是：大功率电动机启动电流和运行电流都很大，直接用倒顺开关控制电动机正、反转时，会产生比较大的火花，开关触点容易黏连，对电源正常供电不利，对人身安全也不利。

7.2.2　三相鼠笼型异步电动机 Y-△启动控制电路之一

中型三相鼠笼型异步电动机 Y-△启动方法是最常用的。我们先介绍 10～30 kW 三相鼠笼型异步电动机 Y-△启动控制电路中最简单的控制电路。

本例电路是由一台三相鼠笼型异步电动机、一个总电源开关、一个热继电器、两组熔断器、三个按钮开关、三个交流接触器组成的。用三个交流接触器控制三相异步电动机 Y-△启动控制电路如图 7-11 所示。电路中的电气器件明细见表 7-2 所列。

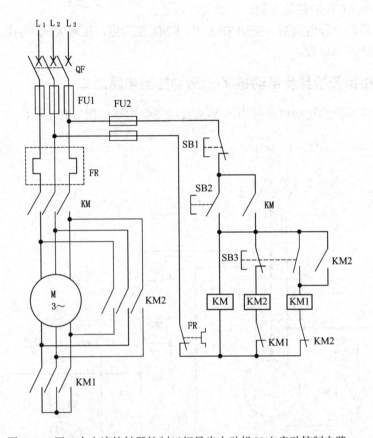

图 7-11　用三个交流接触器控制三相异步电动机 Y-△启动控制电路

表 7-2　图 7-11 电路中的电气器件明细

序　号	符　号	名　称	型　号	规　格	数　量
1	M	三相鼠笼型异步电动机	Y225S－8	380 V　18.5 kW	1
2	QF	自动断路器	DZ10－100 A/3	380 V　100 A	1
3	FR	热继电器	JR16－60/3	60 A	1
4	FU1	熔断器	RL1－60/3	500 V　60 A	3
5	FU2	熔断器	RL1－15/2	500 V　4 A	2
6	SB1－SB3	按钮开关	LAY－11	500 V　5 A	3
7	KM	交流接触器	3TB62	380 V　63 A	1
8	KM1	交流接触器	3TB62	380 V　63 A	1
9	KM2	交流接触器	3TB62	380 V　63 A	1

图 7-11 所示电路是由主电路和辅助电路组成的。主电路中的电动机 M 的 Y-△启动受辅助电路的交流接触器 KM、KM1、KM2 三个交流接触器控制。三个交流接触器的得电与失电由三个按钮开关 SB1、SB2、SB3 控制。

SB1——停止按钮。

SB2——电动机 Y 接法启动按钮。

SB3——电动机由 Y 接法转为△接法按钮。

当 QF 闭合后，按动 SB2，使交流接触器 KM 和 KM1 线圈得电，KM 和 KM1 主触点闭合使电动机 M 为 Y 接法启动。

电动机启动一段时间后，按动 SB2，使 KM1 先失电，接着 KM2 得电，电动机由 Y 接法转为△接法启动运行。

7.2.3　三相鼠笼型异步电动机 Y-△启动控制电路之二

三相鼠笼型异步电动机常采用的 Y-△启动控制电路如图 7-12 所示。

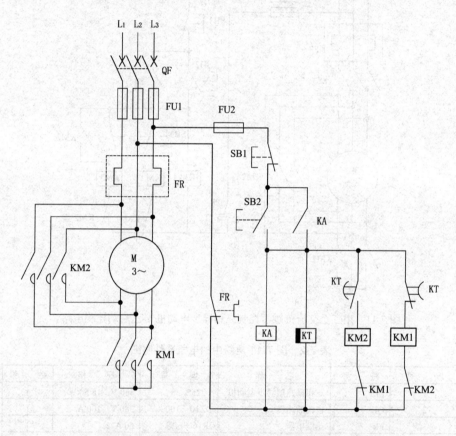

图 7-12　三相鼠笼型异步电动机 Y-△启动控制电路

按动 SB2→KM1 得电动作（同时 KA 自锁，KT 开始延时）→主触点闭合→电动机 Y 接法启动。

当 KT 延时的时间到 KT 常开延时闭合触点闭合（同时 KT 常闭延时断开触点断开 KM1 失电而导致 M 瞬间断电）→KM2 得电动作→电动机 M 转为△接法运行。

7.2.4　采用补偿器降压的三相鼠笼型异步电动机的启动控制电路

采用补偿器降压的三相鼠笼型异步电动机启动控制电路如图 7-13 所示。它主要由自耦变压器（补偿器）、交流接触器、中间继电按钮开关、热继电器、熔断器、电动机等组成。电路中的电气器件明细见表 7-3 所列。

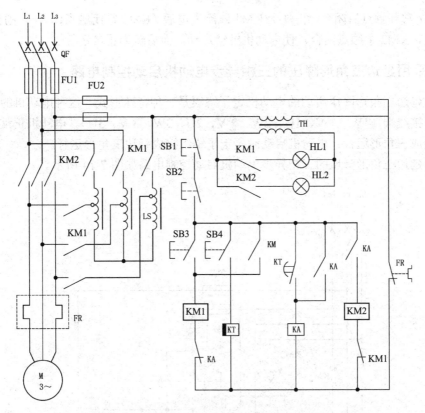

图 7-13　采用补偿器降压的三相鼠笼型异步电动机启动控制电路

表 7-3　图 7-13 电路中的电气器件明细

序　号	符　号	名　　称	型　号	规　格	数　量
1	QF	自动断路器	DZ10－250/3	380 V　250 A	1
2	KM1	交流接触器	CJ－160	380 V　160 A	1
3	KM2	交流接触器	CJ－160	380 V　160 A	1
4	KA	中间继电器	JZ7－44	380 V　10 A	1
5	KT	时间继电器	JS7－A	380 V（1～120 s）	1
6	LS	启动补偿器	XJ01	380 V　250 V	1
7	FR	热继电器	JR16－150/3	100 A～160 A	1
8	M	三相鼠笼型异步电动机	Y280M－8	3×380 V　45 kW	1
9	SB1～SB4	按钮开关	LAY－11	500 V　5 A	4
10	FU1	熔断器	RL1－100	500 V　150 A	3
11	FU2	熔断器	RL1－15	500 V　5 A	2
12	HL1～HL2	指示灯	WZ6.3－0.12	～6.3 V　0.12 W	1
13	TH	照明变压器	BK－50	380 V/6.3 V	1

在辅助电路中停止按钮有两个：SB1 和 SB2，启动按钮有两个：SB3 和 SB4，该电路属于多地点控制电路。

按动 SB3 或 SB4，KM1 和 KT 线圈得电，KM1 主触点闭合，电动机降压启动。KM1 的辅助触点闭合，使信号指示灯 HL1 亮，表示电动机接补偿器降压启动。

当电动机启动一段时间后，时间继电器 KT 的延时闭合触点会自动闭合，使 KA 中间继电器线圈得电，KA 常闭触点先断开，使 KM1 失电，KM1 动合触点断开，电动机瞬间断电；KA 常开触点后闭合，再加上 KM1 线圈失电后（KM1 常闭触点闭合），则会使 KM2 线圈得电，KM2 主触点闭合，使电动机继续启动，而后转为正常运行。

7.2.5　采用延边三角形降压的三相异步电动机启动控制电路

采用延边三角形降压启动的电动机定子绕组是一种特殊形式。这种电动机的定子绕组共有 9 个接线端（1W、1 V、1U、2W、2 V、2U、3W、3 V、3U）。电动机正常工作时定子绕组接成三角形运行；电动机启动时，定子绕组接成延边三角形运行。

采用延边三角形降压的三相异步电动机启动控制电路如图 7-14 所示。

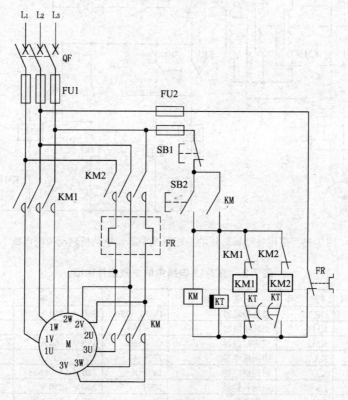

（a）电路图

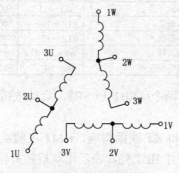

（b）定子绕组示意图

图 7-14　采用延边三角形降压的三相异步电动机启动控制电路

由图 7-14 所示电路可见,采用延边三角形降压启动的三相异步电动机的 9 个接线端有规律地与六个交流接触器和热继电器的接线柱相接。

按动 SB2 按钮开关时,KM、KM1 和 KT 的线圈得电,KM 和 KM1 的主触点闭合,电动机 M 定子绕组接成延边三角形接通电源,电动机降压启动,KT 得电,使 KT 进入延时状态。

当 KT 延时的时间到达预定时间时,使 KT 延时继电器的触点断开,则 KM1 失电,KM1 的主触点断开,电动机 M 瞬间断电;KT 延时继电器的常开触点闭合,则 KM2 线圈得电,KM2 主触点闭合,电动机定子绕组接三角形连于电源,电动机结束启动过程,进入正常运行状态。

7.2.6 双速电动机启动控制电路

国产的 YD 系列变极多速三相异步电动机可分为双速、三速、四速等几种类型。这里介绍双速电动机启动控制电路。

双速电动机低速时定子绕组为三角形接法,高速时定子绕组为双星形接法,双速电动机启动控制电路原理图如图 7-15 所示。

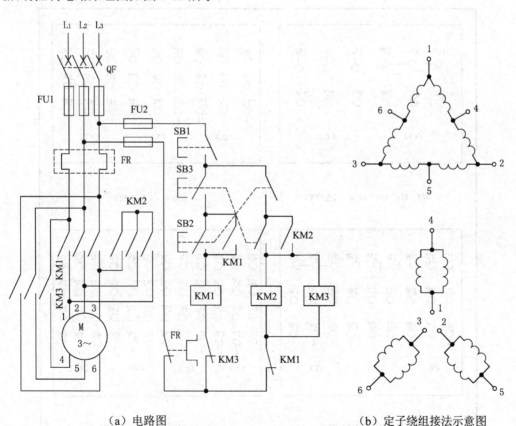

(a)电路图   (b)定子绕组接法示意图

图 7-15 双速电动机启动控制电路原理图

电路工作过程如下:按动启动按钮 SB2,低速控制继电器 KM1 线圈得电,KM1 主触点闭合,电动机定子绕组接成三角形,电动机低速启动运行。

当按动 SB3 按钮时，会使 KM1 线圈失电，使 KM2 和 KM3 线圈得电，KM2 主触点闭合，使电动机定子绕组接线端 1、2、3 端点短接，KM3 主触点闭合，使定子绕组出线端 4、5、6 端点接通电源，电动机定子绕组接成双星形接法而接通电源，电动机为高速运行状态。

7.2.7　三速电动机启动控制电路

三速电动机的定子绕组接线端有 9 个，通过对定子绕组三种不同的连接方法，改变定子磁极数，从而使电动机有三种不同的转速。

目前国产的 YD 系列变极多速电动机（老系列为 JD02、JD03 系列）定子绕组的接线方法及出线端数见表 7-4 所列。YD 系列变极多速电动机定子绕组与电源的接法见表 7-5 所列。

表 7-4　YD 系列变极多速电动机定子绕组接线方法及出线端数

极数	4/2	6/4	8/4	8/6	12/6	6/4/2	8/4/2	8/6/4	12/8/6/4
接法	△/YY（双速）					Y/△/YY	△/Y/YY	△/Y/YY	△/△/YY/YY
出线端数	6					9			12

表 7-5　YD 系列变极多速电动机定子绕组与电源的接法

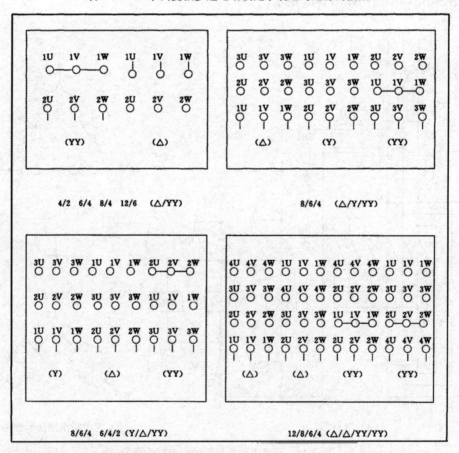

三速电动机定子绕组接法示意图（Y/△/YY）如图 7-16 所示。三速电动机启动控制电路原理图（Y/△/YY）如图 7-17 所示。图 7-17 电路中各电气器件明细见表 7-6 所列。

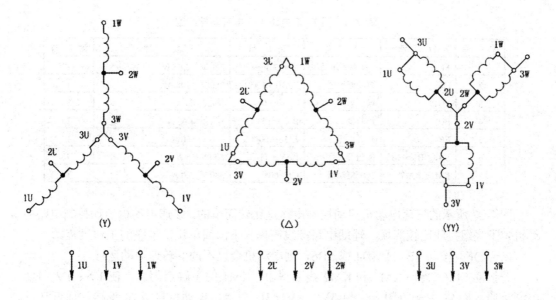

图 7-16　三速电动机定子绕组接法示意图（Y/△/YY）

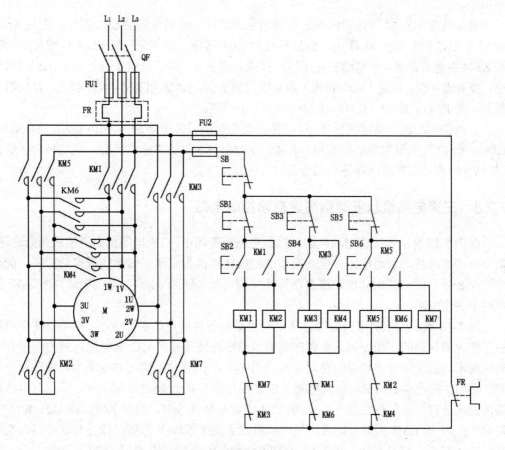

图 7-17　三速电动机启动控制电路原理图（Y/△/YY）

表 7-6 图 7-17 电路中各电气器件明细

序　号	符　号	名　称	型　号	规　格	数　量
1	M	YD 系列电动机	YD1601−8/4/2	380 V 2.8 kW 7 kW 9 kW	1
2	QF	自动断路器	DZ10−100/3	380 V 100 A	1
3	FU1	熔断器	RL1−60	熔芯 60 A	3
4	FU2	熔断器	RL1−15	熔芯 4 A	2
5	FR	热继电器	JR16−60/3	380 V 60 A	1
6	SB、SB1～SB6	按钮开关	LAY−11	500 V 5 A	7
7	KM1～KM7	交流接触器	CJ−60	380 V 60 A	7

图 7-17 所示的三速电动机启动控制电路是比较简单的。多速电动机启动控制电路中电动机定子绕组接线比较麻烦，辅助电路接线简单。下面简单说明电路的工作过程。

闭合 QF，按动 SB2 或 SB4 或 SB6，则电动机会以不同的转速启动运行。

若按动 SB2，会使 KM1 和 KM2 线圈得电，KM1 的主触点闭合，使 1W、1V、1U 与电源接通，KM2 主触点闭合，使 3W、3V、3U 短接，电动机接成 Y 形接法而低速启动运行。KM1 和 KM2 的辅助触点（互锁触点）断开，使 KM3、KM4、KM5、KM6、KM7 不得电。

若想使电动机 M 转速由低速运行转为中速运行，应当先按动 SB1 按钮，先使 KM1 和 KM2 失电，使电动机 M 断电，然后再按动 SB4 按钮，使 KM3 和 KM4 线圈得电，KM3 和 KM4 主触点闭合，使电动机定子绕组接成△形接法，电动机定子绕组接上三相对称交流电，会形成 4 极，转速（同步转速）为 8 极时的 2 倍。KM3 和 KM4 辅助触点（常闭触点）断开，使 KM1、KM2、KM5、KM6、KM7 不得电。

若想使电动机为高速运行状态，可先按动 SB，然后再按动 SB6。SB6 按动，会使 KM5、KM6、KM7 三个继电器线圈得电，KM5、KM6、KM7 的主触点闭合，电动机定子绕组接成（YY）双星形接法而高速启动运行。

7.2.8 三速电动机从低速到高速自动控制电路

在图 7-17 所示的三速电动机启动控制电路原理图中，三速电动机由低速转为高速运行，需要有规律地按动启动按钮，电动机才能由低速转换为高速。如要实现自动控制，应采用如图 7-8 所示的三速电动机转速自动转换控制电路（辅助电路），其主电路同图 7-17 所示电路中的主电路。

图 7-18 所示的控制电路既可以实现对电动机各种转速的手动控制，也可以实现对电动机从低速到高速的自动控制。两种控制的选择通过转换开关 QC 来实现，当 QC 闭合时，实现对电动机从低速到高速的自动控制，当 QC 不闭合时，实现对电动机各种转速手动控制。手动控制电动机转速时，其电路工作过程与图 7-17 控制过程相类同。实现对电动机从低速到高速自动控制过程如下：先闭合 QC，然后按动 SB1，会使 KM1、KM2、KT1 线圈得电。KM1 和 KM2 主触点闭合，使电动机定子绕组接成 Y 形接法低速启动并转为低速运行；KT1 得电，延时开始。当 KT1 延时闭合触点闭合后，使 KA1 线圈先得电，KA1 的常闭触点断开，使 KM1、KM2、KT1 线圈失电，电动机瞬间断电；KA1 常闭触点断开后，

紧接着自锁常开触点闭合。当 KA1 得电，KM1、KM2、KT1 失电后，才会使 KM3、KM4、KT2 线圈得电。KM3 和 KM4 主触点闭合，使电动机定子绕组接成△形接法并转换为中速运行。KT2 延时闭合触点闭合后，使 KA2 线圈先得电，KA2 常闭触点先断开，使 KM3、KM4、KT2 失电，电动机又处于瞬间断电状态；KA2 常闭触点断开后，紧接着 KA2 的自锁常开触点闭合。KA2 常开触点闭合后，使 KM5、KM6、KM7 线圈得电，KM5、KM6、KM7 的主触点闭合，电动机为高速运行状态。

电动机停止，按动 SB 即可。

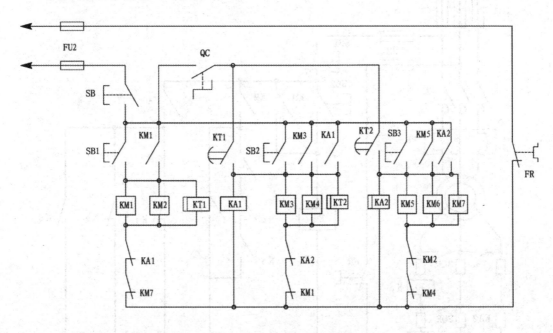

图 7-18　三速电动机转速自动转换控制电路（Y/△/YY）

7.2.9　三相绕线型异步电动机转子串接三级电阻器的启动控制电路

三相绕线型异步电动机转子串接三级电阻器的启动控制电路如图 7-19 所示。它根据电动机转子串接电阻值的大小，实现对电动机启动力矩大小的控制。

在转子电路中串接三级电阻器和三个电流继电器 K_1、K_2、K_3。电流继电器 K_1、K_2、K_3 动作电流是不同的。K_1 要求动作电流最大，K_2 动作电流次之，K_3 动作电流最小。

在电动机启动过程中，转子电路在刚开始启动时，电流最大，三个电流继电器 K_1、K_2、K_3 都会动作，随着电动机转速上升，转子电流逐渐变小，会使 K_1、K_2、K_3 逐次恢复原态（初始不动作状态）。

下面介绍电路的工作过程。

闭合 QK，按动 SB2，KM 得电并自锁，KM 主触点闭合，电动机转子串接三级电阻器而启动。电动机开始启动时，转子电流很大，K_1、K_2、K_3 都动作，会使 KA 得电动作并自锁；K_1、K_2、K_3 常闭触点断开，KA1、KA2、KA3 都不会得电动作。

当电动机转速升高时，定子转子电流会逐渐下降，会使 K_1 首先返回初始状态（没电流状态），继电器 KA1 先得电动作，KA1 常开触点闭合，使电动机转子所接的电阻器 1QR

切除。随着电动机转速继续上升，电流继电器 K_2、K_3 相继返回初态，继电器 KA2、KA3 相继得电动作，使电动机转子所串接的电阻器 2QR、3QR 相继被切除。

当电动机停止转动时，只要按动 SB1，则 KM 失电，电动机断电，停止转动。

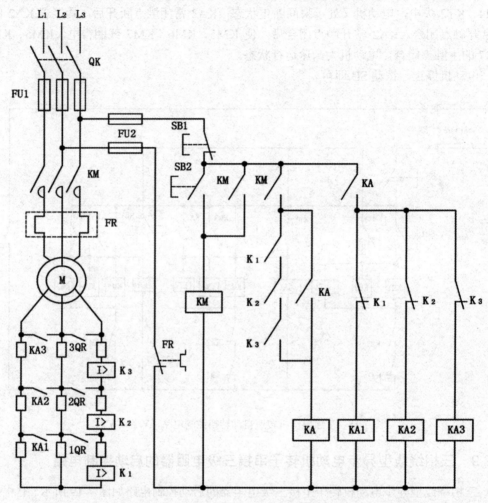

图 7-19   三相绕线型异步电动机转子串接三级电阻器的启动控制电路

7.3 常用机床控制电路

本节简要介绍常用普通车床、磨床、铣床、刨床、镗床等机床设备的电气控制电路。

7.3.1 C630 型车床的控制电路

C630 型车床控制电路原理图如图 7-20 所示，C630 型车床控制电路中电气器件明细见表 7-7 所列。

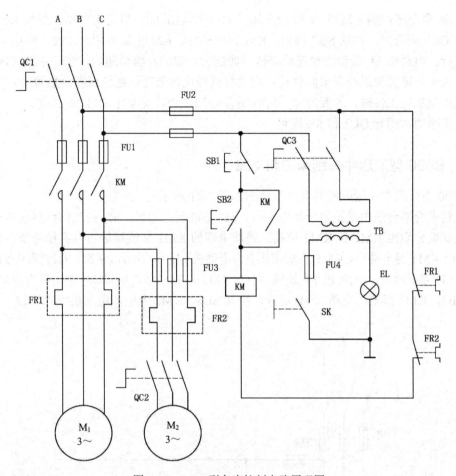

图 7-20　C630 型车床控制电路原理图

表 7-7　C630 型车床控制电路中电气器件明细

序　号	符　号	名　称	型　号	规　格	数　量
1	M_1	主轴电动机	JO2—52—4	380 V　10 kW　4 极	1
2	M_2	冷却泵电动机	JCB—22	0.125 kW　2 极	1
3	QC1	转换开关	HZ1—60/3	60 A	1
4	QC2	转换开关	HZ1—10/3	10 A	1
5	QC3	转换开关	HZ1—10/2	10 A	1
6	FU1	熔断器	RL1—60/3	30 A	3
7	FU2	熔断器	RL1—15/2	2 A	2
8	FU3	熔断器	RL1—15/3	2 A	3
9	FU4	熔断器	RL1—15/1	2 A	1
10	FR1	热继电器	JR0—40	25 A	1
11	FR2	热继电器	JB0—40	2 A	1
12	SK	手动开关（灯开关）	（与灯为一体）		0
13	SB1、SB2	按钮开关	LA5—2 H		1
14	KM	交流接触器	CJ10—40	40 A　380 V	1
15	TB	照明变压器	BK—50	50 VA　380 V　6.3 V	1
16	EL	照明灯	12" 软梗工作灯	45W	1

C630 型车床控制电路与 C620 型车床控制电路是相同的，只是电气器件型号上有差别。

当 QC1 闭合后，按动 SB2 按钮，KM 得电动作，KM 主触点闭合，使主轴电动机 M_1 启动运行。电动机 M_1 带动齿轮箱轴旋转，通过齿轮箱的有级调速后，带动主轴（床头轴）旋转。为使车床刀架纵向和横向移动，均设有机械连锁装置及超负荷安全装置。

在车制加工工件时，若要冷却，可以闭合 QC2，使冷却泵电动机 M_2 工作。

若需照明，闭合 QC3 和 SK 即可。

7.3.2　B690 型液压牛头刨床控制电路

B690 型液压牛头刨床控制电路原理图如图 7-21 所示。

电路中有两台三相鼠笼型异步电动机，M_1 是油泵电动机，M_2 是工作台移动电动机。两台电动机分别由 KM1 和 KM2 控制。辅助电路的 KM1 交流接触器有自锁环节，即 SB2 按动，使 KM1 得电动作，KM1 主触点闭合，电动机 M_1 启动运行，KM1 的自锁触点自锁，保持 KM1 继续得电，电动机 M_1 连续运行。KM2 没有自锁，所以 M_2 电动机为点动控制，即按 SB3，KM3 得电，电动机 M_2 运行，松开 SB3、KM2 失电，电动机停止运行。

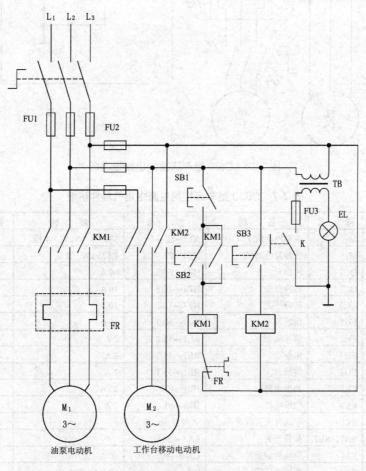

图 7-21　B690 型液压牛头刨床控制电路原理图

7.3.3　Y7131 型齿轮磨床控制电路

Y7131 型齿轮磨床控制电路原理图如图 7-22 所示,电路中有 4 台电动机,其中 M_1、M_3、M_4 是三相鼠笼型单速异步电动机,M_2 是三速三相鼠笼型异步电动机。M_2 电动机的速度选择通过操作三速开关 SSK 实现。电动机 M_1 是减速箱齿轮轴驱动电动机,M_2 是头架驱动电动机,M_3 是冷却泵电动机,M_4 是砂轮驱动电动机。

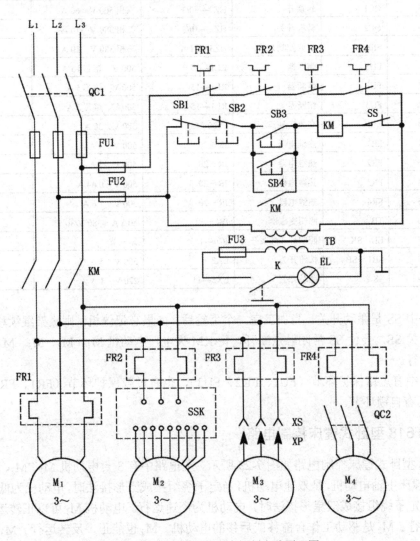

图 7-22　Y7131 型齿轮磨床控制电路原理图

当闭合总电源开关 QC1 后,按动 SB3 或 SB4 按钮开关,交流接触器 KM 线圈得电,KM 主触点闭合,使电动机 M_1 启动运行。砂轮电动机 M_4 启动运行,应闭合转换开关 QC2。头架驱动电动机 M_2 启动运行,需要操纵 SSK 多速开关。SSK 开关共 4 个位置,即“零”位,“低速”位、“中速”位和“高速”位置,根据加工工件的需要,将 SSK 开关扳到不同位置,M_2 就有不同的转速。需要冷却时,需将插头 XP 插入相应插座 XS,电动机 M_3 启动运行。Y7131 型齿轮磨床控制电路中的电气器件明细见表 7-8 所列。

表 7-8　Y7131 型齿轮磨床控制电路中的电气器件明细

序　号	符　号	名　称	型　号	规　格	数　量
1	M₁	减速箱电动机	JO2—22—4	4 极　1.5 kW	1
2	M₂	头架电动机	JDO2—42　8/4/2	1.1 kW/1.7 kW/2.2 kW	1
3	M₃	冷却泵电动机	JCB—22	2 极　0.125 kW	1
4	M₄	砂轮电动机	JO2—11—2	0.8 kW	1
5	QC1	转换开关	HZ2—60/3	三相 500 V　60 A	1
6	QC2	转换开关	HZ2—10/3	三相 380 V　10 A	1
7	SSK	三联控制开关	HZ3—91 A	三相 380 V　10 A	1
8	FU1	熔断器	RL1—15	500 V　熔芯 15 A	3
9	FU2	熔断器	RL1—15	500 V　熔芯 5 A	2
10	FU3	熔断器	RL1—15	500 V　熔芯 2 A	1
11	KM	交流接触器	CJ20—20	380 V　20 A	1
12	FR1	热继电器	JR—20	500 V　4 A	1
13	FR2	热继电器	JR—20	500 V　4 A	1
14	FR3	热继电器	JR—20	500 V　0.64 A	1
15	FR4	热继电器	JR—20	500 V　1.6 A	1
16	TB	照明变压器	BK—50	50 VA　380 V/36 V	1
17	EL、SK	照明灯和灯头开关	JC6—1	短三节	1
18	SB1～SB4	按钮开关	LA2	500 V　5 A	4
19	SS	微动开关	LX5—11	220 V　1 A	1

电路中 SS 是微动开关。当加工完一个齿轮后，如果忘记停机，则头架继续移动，会碰到微动开关 SS，会使 SS 常闭触点断开，使 KM 失电，电动机 M₁、M₂、M₃、M₄ 会同时断电停止运行。

电路中有短路保护环节（FU1、FU2、FU3），也有过载保护环节（FR1、FR2、FR3、FR4），还有自锁环节。

7.3.4　T618 型卧式镗床控制电路

T618 型卧式镗床控制电路如图 7-23 所示。主电路中有 3 台电动机 M₁、M₂、M₃。电动机 M₁ 是镗床主轴电动机，是双速电动机，当定子绕组接成△形接法时，电动机为低速运行，当电动机定子绕组接成双星形接法时，电动机为高速运行。电动机 M₁ 可以正转运行，也可以反转运行。M₂ 是驱动工作台前移或后移的电动机。M₂ 也能正、反转运行。M₃ 是冷却泵电动机。

图 7-23 所示电路的辅助电路有 6 个小回路。辅助电路中的 KM1 和 KM2 交流接触器控制电动机 M₁ 的正、反转，中间继电器 KA1 和 KA2 控制电动机 M₁ 低速和高速运行。中间继电器 KA3 和 KA4 控制电动机 M₂ 的正、反转。冷却泵电动机 M₃ 由手动转换开关 QC2 和 KM1 与 KM2 联合控制。T618 型镗床控制电路中电气器件明细见表 7-9 所列。

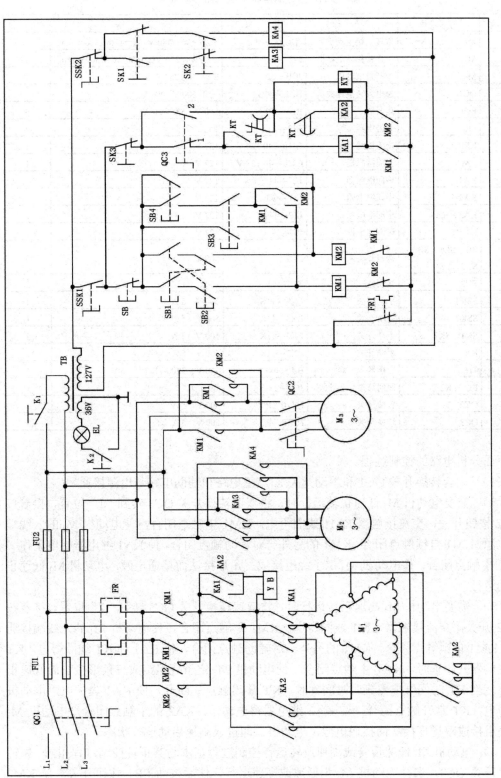

图 7-23　T7618 型卧式镗床控制电路

表 7-9 T618 型镗床电路中电气器件明细表

序 号	符 号	名 称	型 号	规 格	数 量
1	M_1	双速三相电动机	JDO252—4/2	5.2/7 kW 380 V $n=1500/300$ r/min	1
2	M_2	工作台移动电动机	J42—4	2.8 kW 220 V/380 V $n=1500$ r/min	1
3	M_3	冷却泵电动机	JCB—22	2 极 0.125 kW	1
4	QC1	总电源转换开关	HZ2—60/3	三相 500 V 60 A	1
5	FU1	熔断器	RL1—60	500 V 熔芯 60 A	3
6	FR	热继电器	JR2—1	16 A	
7	KM1	交流接触器	CJ10—40/127 V	127 V	1
8	KM2	交流接触器	CJ10—40/127 V	127 V	1
9	KA1	中间继电器	JZ7—44	127 V	1
10	KA2	中间继电器	JZ7—6/2	127 V	1
11	KA3、KA4	中间继电器	JZ7—44	127 V	2
12	KT	时间继电器	JS7—2	127 V	1
13	SB、SB1、SB2、SB3、SB4	按钮开关	LA2	500 V 5 A	5
14	FU2	熔断器	RL1—15	15 A	3
15	SSK1	手动开关	LX3—11K	500 V 5 A	1
16	SSK2	手动开关	LX3—11K	500 V 5 A	1
17	SK1、SK2	手动开关	LX3—11K	500 V 5 A	2
18	K1	手动开关	LX3—11K	500 V 5 A	1
19	TB	变压器	BK—300	300 V 380 V/127 V 6 V	1
20	EL 与 K2	照明灯与灯头开关	JC6—2	短三节式	1
21	QC2	转换开关	HZ10—P/2	500 V 5 A	1
22	QC3	转换开关	HZ10—P/3	500 V 5 A	1

下面分析电路的控制过程。

（1）闭合转换开关 QC1 和手动开关 K_1，主电路和辅助电路与电源接通。

（2）需要电动机 M_1 低速正转运行时，将双速转换开关 QC3 转到 "1" 位置，接着按动 SB2 按钮开关，交流接触器 KM1 线圈得电。KM1 主触点闭合，使电动机 M_1 的入线端接通电源，KM1 自锁触点闭合，KM1 的另外一对辅助触点闭合，使 KA1 继电器得电动作。KA1 的主触点闭合，使电动机 M_1 定子绕组接成三角形接法而接通电源，电动机 M_1 低速正转启动运行。

（3）需要电动机 M_1 高速正转运行时，将双速转换开关 QC3 转到 "2" 位置，接着按动 SB2 开关，交流接触器 KM1 线圈得电。KM1 主触点闭合，使电动机 M_1 的入线端接通电源，KM1 自锁触点闭合，KM1 的另外一对辅助触点闭合，使 KA1 和 KT 线圈得电。KT 时间继电器开始延时，KA1 主触点闭合，使电动机 M_1 定子绕组接成三角形接法而低速正转启动。当 KT 时间继电器延时时间到时，KT 常闭触点先断开，使 KA1 先失电，电动机瞬间断电；KT 常开触点闭合，使 KA2 继电器得电动作，KA2 的主触点闭合，电动机 M_1 定子绕组接成双星形接法而接通电源，电动机立即进入高速启动运行状态。

（4）电动机 M_1 低速反转或高速反转运行控制过程基本与其正转控制过程相同。先转动双速开关 QC3，选择电动机 M_1 为低速或高速运行，然后按动 SB1 按钮开关，使 KM2

线圈得电；KM2 主触点闭合，使电动机 M_1 的入线端接通电源；KM1 自锁触点闭合，还有另外一对触点闭合，使 KA1 或者 KT1 与 KA 的线圈得电，从而使电动机 M_1 低速反转或使电动机低速启动转为高速反转运行。

（5）电动机 M_1 的低速点动控制过程。电动机低速点动，需先将双速开关 QC3 转到"1"位置（低速），然后按动 SB3 或 SB4，可使交流接触器 KM1 和 KA1 或者 KM2 和 KA1 得电动作，使电动机 M_1 正向转动或反向转动；一旦 SB3 或 SB4 被松开，会立即复位，电动机 M_1 断电停止转动。

（6）电动机 M_2 正转或反转运行，可使工作台快速向前移动或者向后移动。通过按 SK1 或 SK2，使 KA3 或者 KA4 得电动作；KA3 或 KA4 主触点闭合，使电动机 M_2 正转或者反转。在使工作台向前或向后移动之前，应先断开 SSK1 开关，然后再使工作台移动。这样做的目的，是避免损坏镗刀及其刀杆。

（7）SSK1 和 SSK2 开关分别由工作台上的手柄和主轴箱上的手柄控制。

需要改变电动机 M_1 转速时，应先将 SSK1 和 SSK2 断开，使辅助电路断电，然后转动双速开关 QC3 到"1"位置或者"2"位置，最后再将 SSK1 和 SSK2 闭合，使辅助电路接通电源。

需要工作台驱动电动机 M_2 工作时，应先使 SSK1 断开，电动机 M_1 的控制线路断电，M_1 停止转动，镗刀和送刀变速机构停止运动，然后才能按 SK1 或 SK2，使电动机 M_2 正转或反转。

（8）开关 SK3 的作用。SK3 是改变送刀进给量的控制开关。当调节送刀进给量时，应断开 SK3，使继电器 KA1 和 KA2 失电，电动机 M_1 断电，齿轮箱主轴停止转动，然后调整送刀变换机构中的齿轮啮合关系。

（9）电路中有短路保护环节，有过载保护环节，有自锁环节和连锁环节。

第8章 供配电线路的识图

本章首先简介供电系统概况，然后介绍变配电相关基本知识，重点介绍变电和配电线路识图，最后介绍安全用电常识。

8.1 供配电线路的组成和功能概述

8.1.1 供配线路系统简介

按照能源种类，发电厂可分为水力、火力、风力、原子能、太阳能、沼气等几种发电厂。

各发电厂中的发电机几乎都是三相交流发电机。目前我国生产的三相交流发电机的电压等级有 400 V/230 V、3.15 kV、6.3 kV、10.5 kV、13.8 kV、15.75 kV、18 kV 等多种。

发电厂与用电地区和用户之间有较远的距离，而且用电设备电压等级与发电厂的电压等级之间有很大差别。例如家庭用电设备、照明设备的额定电压为 220 V 单相电压；而一般低压三相电动机的线电压为 380 V。这样就有一个远距离高压输电，以及一次和二次变电问题。

输电、变电的过程如图 8-1 所示。

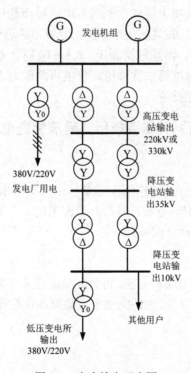

图 8-1 电力输电示意图

国家标准中规定高压输电的电压等级为 35 kV、110 kV、220 kV、330 kV、500 kV 等。输电线的始端电压应高出以上电压 5%～10%。

一般的输电是通过两级升高电压，而远距离输电时，中间还有升高电压的变电站。输送电能距离越远，则要求输电电压越高。当输电进入用电市区时，要经过第 1 次降压；国家标准规定，市区输送电压为 6～10 kV。市区输电到各单位变电所，则要进行第 2 次降压，将 6～10 kV 变为 380 V/220 V。供配电线路的结构示意图如图 8-2 所示。

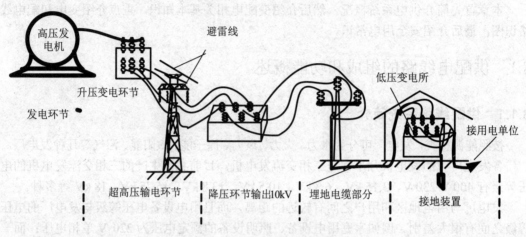

图 8-2　供配电线路的结构示意图

由图 8-2 所示的供配电线路的结构可见，在整个电力系统中，发电厂发出的电能电压比较低，输变电的第一个环节是通过总变电所升压，使电压等级达到高压或者超高压；第二个环节是通过超高压输电线将电能输送到远方用电城市和地区（如果输电线路太远，中间还需要再次升压）。当超高压输送到用电城市，则城市的总变电站（所）则应进行第一次降压，使电压降为 6.3～10 kV，再通过次高压（6.3～10 kV）配电线路将电能输送到各个单位的变电所。各单位变电所通过第二次降压，使电压降低为 380 V/220 V 低压，再通过低压配电屏将电能输送到各用电设备。

8.1.2　总降压变电站（所）和输变电所或建筑物变电所功能简介

1.　总降压变电所

总降压变电所是企业电能供应的枢纽。它是将来自电力系统中的 35～110 kV 的供电电源电压降为 6～10 kV 高压配电电压，供给高压配电所、车间变电所和高压用电设备。图 8-3 所示为供配电线路中的总降压变电所。

2.　高压配电所

高压配电所集中接收 6～10 kV 电压，再分配到附近各车间变电所或建筑物变电所和高压用电设备，一般负荷分散、厂区大的大型企业设置高压配电所。

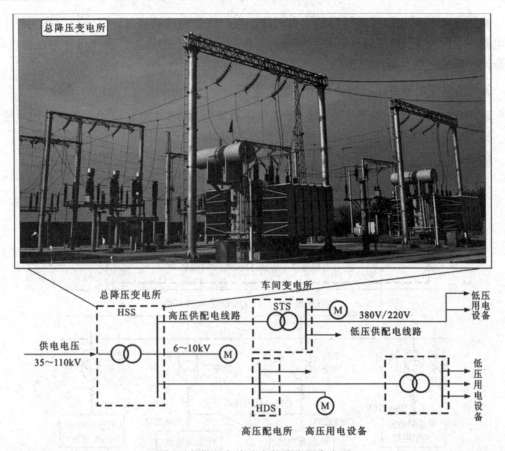

图 8-3　供配电线路中的总降压变电所

图 8-4 所示为具有高压配电所的供配电系统，由图可知该变电所主要由高压电气设备构成，并没有设置电力变压器。

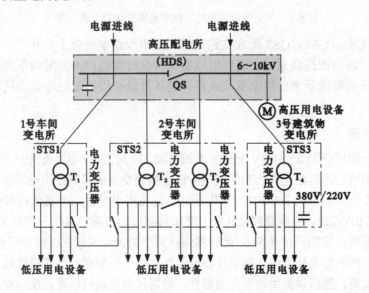

图 8-4　具有高压配电所的供配电系统

从图 8-4 可见，电源进线系统设有两路，当一路停电或检修时，另一路可作为整个供电电源，备用开关 QS（隔离开关）接通，车间变电所之间的连接开关也可作为应急供电，不会因一路供电线路断电而影响车间的生产。

3. 车间变电所或建筑物变电所

车间变电所或建筑物变电所将 6～10 kV 电压降为 380 V/220 V 电压，供低压用电设备用，其主要是由电力变压器和各种低压电气设备构成的。

图 8-5 所示为供配电线路中的车间变电所或建筑物变电所的供电分配关系。

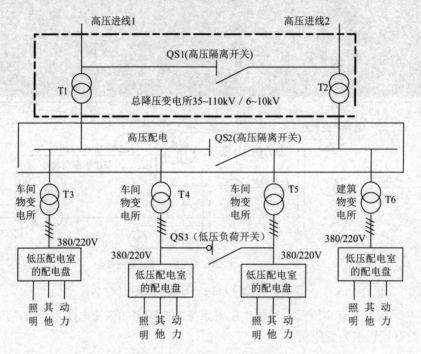

图 8-5　车间变电所或建筑物变电所的供电分配关系

图 8-5 中 QS1、QS2、QS3 所在支路是桥式配电线路中桥臂上的开关。它们是备用电源开关，当某一路电源进线系统出现停电或断电情况时接通，不会影响车间生产。这种桥式配电方式对于有特殊要求的用电单位或特殊装备是最常用的配电方式；民用配电不采用这种配电方式。

4. 配电线路

配电线路一般可分为 6～10 kV 高压配电线路和 380 V/220 V 低压配电线路。高压配电线路将总降压变电所与高压配电所、车间变电所或建筑物变电所和高压用电设备连接起来，低压配电线路将变电所输出的 380 V/220 V 电压送给低压用电设备。小型企业和分散的居民住宅和楼房所用 380V/220V 电源线都是从杆上变压器副边输出端设置的三相开关单独接出（三棵相线和一棵零线，零线不接开关），此四棵线接到小型企业或居民区时，应先进入低压配电所或配电箱。再次配电接到实体用电设备或器件；对于小型企业就应设置低压配电所用以再次分接配电线路，然后供给用电设备或器件；对居民用电是可以通过配电箱，配电后送到每户（220V 电压）。图 8-6 给出了小型企业或日常生活用电的配线示意图。

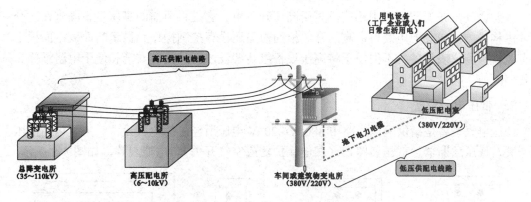

图 8-6　小型企业或日常生活用电配线示意图

用电设备按用途可分为动力用电设备（工厂企业用电）、日常生活用电设备（楼宇、家庭照明用电器件）等。

8.1.3　供配电线路的主要组成部件

在供配电线路中，必须把各种电气设备按一定的接线方式连接起来，组成一个完整的供配电线路。一般根据供配电线路中高低压线路的区分，分为高压电气设备、低压电气设备和变压器设备三种。

1.　高压配电常用电器元件

高压电气设备是指供配电线路中 6～10 kV 电压所经过的电气设备，主要包括高压断路器、高压隔离开关、高压熔断器、电流互感器、高压补偿电容器、避雷器等。供配电线路中常见的高压电气设备如图 8-7 所示。

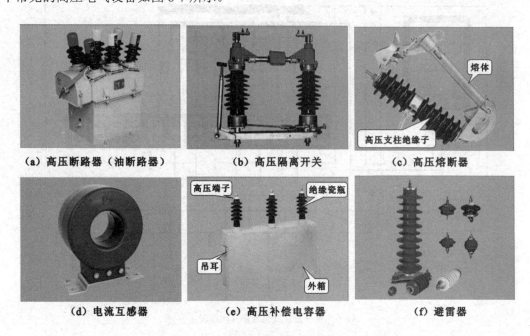

(a) 高压断路器（油断路器）　　(b) 高压隔离开关　　(c) 高压熔断器

(d) 电流互感器　　(e) 高压补偿电容器　　(f) 避雷器

图 8-7　供配电线路中常见的高压电气设备

除此之外，在变配电所中还广泛采用高压开关柜。它是将所需的高压设备固定在一个箱体内构成一种成套配电装置，高压开关柜的前面还设有控制操作和显示的面板，面板上装有监视检测仪表设备，不但便于将高压设备组装架设，而且具有安全和便于电路维修、设备增减的功能。

2. 低压电气设备

低压电气设备是指供配电线路中 380 V/220 V 电压所经过的电气设备，主要包括低压刀开关、低压熔断器、低压断路器（漏电保护器或空气开关）、电能表等，如图 8-8 所示。

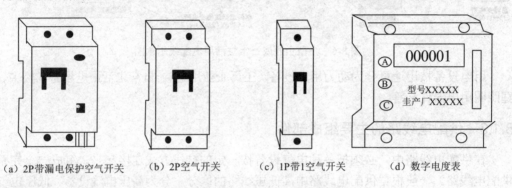

（a）2P带漏电保护空气开关　（b）2P空气开关　（c）1P带1空气开关　（d）数字电度表

图 8-8　供配电线路中常见的低压电器元件

图 8-8 中的数字电度表正被广泛使用，它优点是用户自行购电，自行插片输入所购电量。一旦用电量剩余值少于表所设定值时，电表会自动断电，用户便可及时购电。这样就减少了供电者与用电者之间矛盾，利于节约用电。

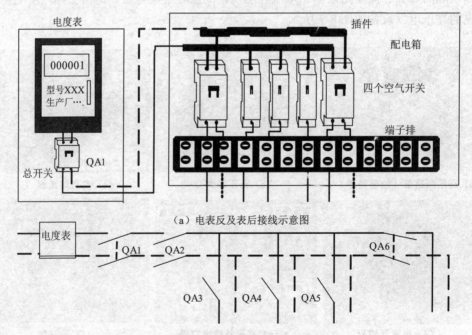

（a）电表反及表后接线示意图

（b）电变表后接线原理图（虚线表示零线）

图 8-9　低压供配电线路及相关的配电箱和配电盘

图 8-9 所示为低压供配电电路图，通常将低压电气设备集中安装在一个箱体内，称其为配电箱和配电盘。

在供配电线路中，从高压配电线路到低压配电线路的过程中，首先是用变压器将 10kV 电压降到 380V/220V，变压器通常安装在变电所或者安装在户外电线杆的变压平台上；降压后再通过配电所（室）的配线，最后输送到工厂、企业、居民等用电单位。配电所（室）只是将电源总线分配到各分支线路，分支线路再输送到各用户。有时一幢高层建筑物也会设有一个总配电室，由该配电室再分别向低压供配电线路进行配电。该配电室中安装有各种保护、监测、显示和操作设备，用于对低压供配电线路的保护和监测、控制。低压供配电线路中的变配电室如图 8-10 所示。

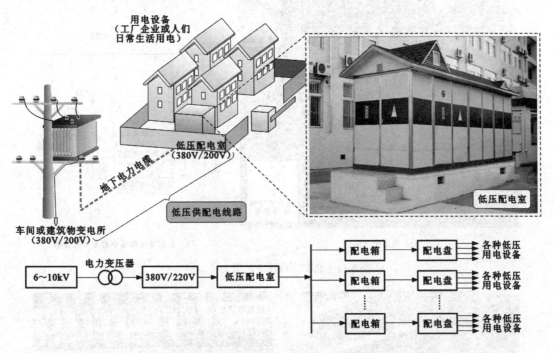

图 8-10　低压供配电线路中的变配电室

3. 变压器

供配电线路中所采用的变压器称为电力变压器。电力变压器是供配电系统中实现电压变换的器件；在远程传输时，为了减少在电力传输过程中的损失，便于长途输送电力，首先将发电站送出的电压升高；在用电的地方，变压器将高压降低，供用电设备和用户使用。图 8-11（a）所示为供配电线路中的电线杆变压台设置的电力变压器和配电箱等器件；图 8-11（b）所示为供配电电路原理图。

在供配电系统中，用电线或电缆将用电设备与电源连接起来，构成供配电回路。在配电系统中，经常是通过接线端排的端子向外接线的，如图 8-12 所示。

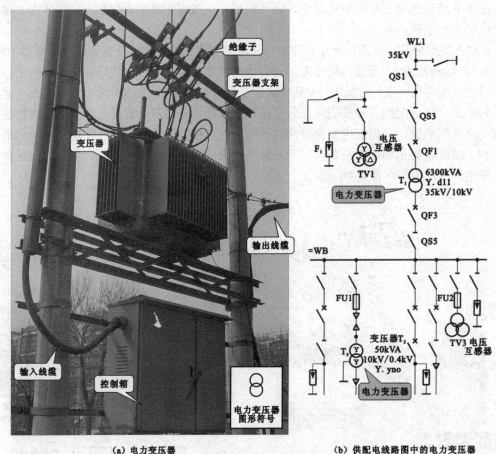

图 8-11　供配电线路中的电力变压器

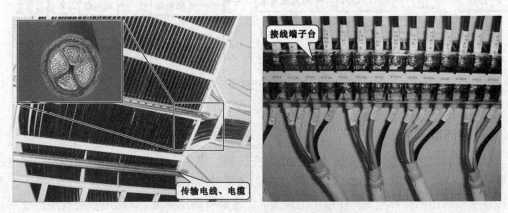

图 8-12　供配电线路中的电线及接线端子

8.2　供配电线路的识图方法

供配电线路的结构和关系较为复杂，在分析识读供配电线路时，首先应了解电路的基本组成和结构形式，即明确线路的主要组成部分有哪些，采用何种结构形式，然后在此基础上，进一步明确该线路所实现的大体功能，即从电源到负载的连接关系入手，搞清供配电线路传输电能的大体过程，以及为负载提供电能的基本情况。

当大体了解了供配电线路的基本组成和结构形式后，即可从该供配电线路的电气部件入手，按照从整体到局部、从电源到负载、从主接线到二次接线的基本原则进行识读。

供配电线路中一般分为主接线（主电路或一次接线）和二次接线（副电路）两大部分。

主接线在供配电线路中承担输送和分配电能任务，也称为主电路或一次接线。主接线电路中所有的电气设备称为一次设备，如电力变压器、断路器、互感器等。

二次接线是用来控制、指示、检测和保护主接线的，也称为二次接线电路。二次接线中所有的电气设备均称为二次设备，如仪表、继电器等。

图 8-13 所示为某典型总降压变电所的主接线图。

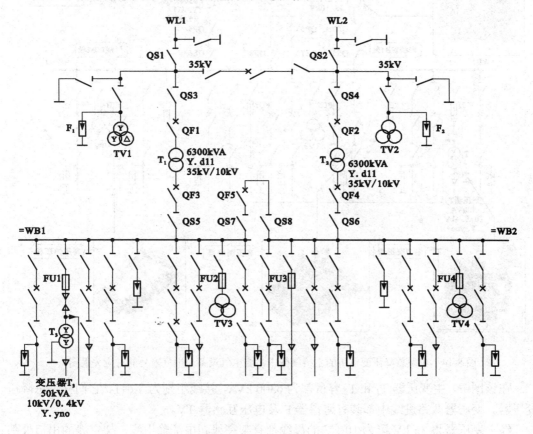

图 8-13　某总降压变电所的主接线原理图

对该总降压变电所的主接线图进行识图分析时，我们可以将识图过程划分成三个阶段。

8.2.1　简介配电线路中的主要电气器件

通过该总降压变电所的主接线图，我们可以看到，该线路图主要是由输入端电源、电力变压器（T_1、T_2）、避雷器（F_1、F_2 等）、电压互感器（TV1～TV4）、多个高压隔离开关（QS1～QS8 等）、多个高压断路器（QF1～QF5 等）、多个高压熔断器（FU1～FU4）以及一台 50 kVA 的电力变压器 T_3，经电缆和两段母线 WB1、WB2 构成的。图 8-14 所示为该接线图中主要电气设备的对应关系。

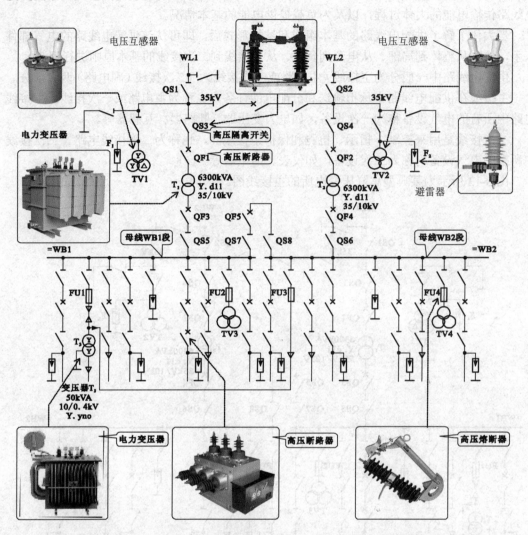

图8-14 典型总降压变电所的主接线图中主要电气设备与电气附号的对应关系图

在该图中，主变压器 T_1 和 T_2 容量都为 6300 kVA，接线组别为 Y.d11，它们称为总降压变压器。变压器两路进线中都装有避雷器 F 及电压互感器 TV。

经主变压器将 35 kV 降为 10 kV 的母线都有架空线和电缆输出线，架空线的出口处都装有避雷器。在 WB1 段母线上装有一台 50 kVA 的电力变压器，并经电缆和 WB2 段母线相连，使 WB1、WB2 两段母线都能向该电力变压器供电，保证了电源的可靠性。另外，在两段母线上都装有电压互感器和避雷器，起到计量和防雷保护的作用。

8.2.2 配电线路接线形式

在总降压变电所的主接线图中，主变压器 T_1 和 T_2 高压侧的接线为外桥式接线，低压侧为单母线分段式接线。

接线形式是指供配电线路中主接线的接线形式。通常在供配电线路中高压变配电所会有几路、十几路甚至更多的引出线，它们都是从主变压器处获得电能。为了使众多的接线清楚明了，必须采用母线，母线在图中用黑粗线表示。

供配电线路中主接线的接线形式较多，一般可分为单母线不分段接线、单母线分段接线、桥式接线等几种方式。图 8-15 所示为供配电线路中主接线的几种接线形式。

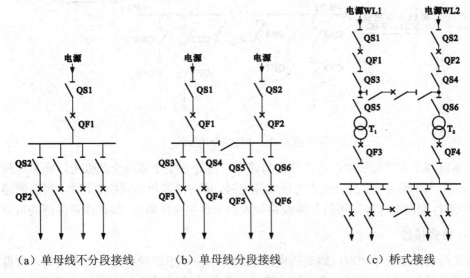

　（a）单母线不分段接线　　　（b）单母线分段接线　　　（c）桥式接线

图 8-15　供配电线路中主接线的几种接线形式

1. 单母线不分段接线

单母线不分段接线是一种简单的主接线形式，该线路中的母线是不分段的，如图 8-16 所示。单母线不分段的每条引入、引出线中都安装有隔离开关及断路器。

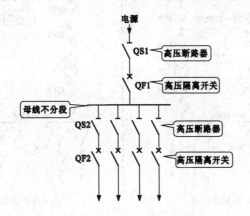

图 8-16　单母线不分段接线

2. 单母线分段接线

单母线分段接线是一种用断路器和隔离开关将单母线进行分段的一种接线形式，如图 8-17 所示。

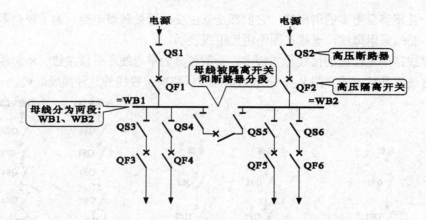

图 8-17　单母线分段接线

在单母线不分段接线中，若主变压器停电，将导致整个系统全部停电，而单母线分段接线，若某一段母线发生故障或主变压器停电时，可将两段母线间的断路器（母联断路器）闭合（即进行倒闸操作），则可将故障线路接入另一台主变压器中，保证线路电源的可靠性。

3. 桥式接线

桥式接线是指在采用双回路高压电源进线时，在高压侧间跨接一个断路器，就像一座桥，根据"桥"位置的不同分为内桥式接线和外桥式接线两种，如图 8-18 所示。

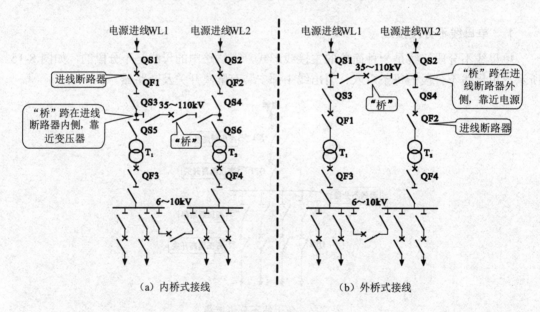

图 8-18　桥式接线

内桥式接线是指断路器跨接在进线断路器的内侧，靠近变压器；外桥式接线是指断路器跨接在进线断路器的外侧，靠近电源侧。

由图 8-18 可见某总降压变电所的主接线图中，低压侧为单母线分段式接线，也就是说每台变压器为一段母线供电，当有一台变压器停电时，通过母联断路器，由另一台主变压器向 WB1 和 WB2 两段母线供电，保证重要负荷不间断供电。

8.2.3　配电线路具体识图方法

在上述典型总降压变电所的主接线图中找到其主要组成部件，并明确其接线形式后，便可按照从电源出发，经过开关设备、线路到用电设备的顺序分析线路的工作过程了。如图 8-19 所示为该总降压变电所的主接线图的工作流程分析图。

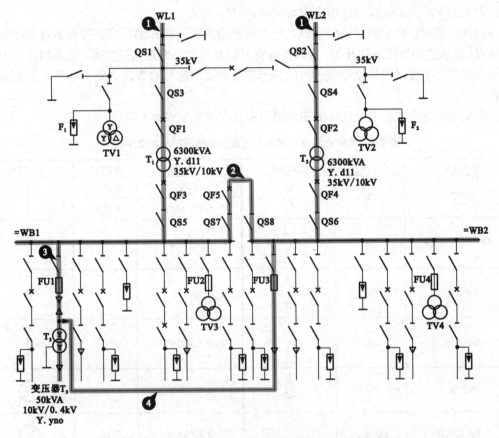

图 8-19　总降压变电所的主接线图的工作流程分析图

（1）该总降压变电所采用了双路电源进线，来自前级的 35 kV 三相交流电源（发电厂或电力变电所），经高压断路器和高压隔离开关后，分别送入两台容量为 6300 kVA 的主变压器 T_1 和 T_2，主变压器将电压由 35 kV 降为 10 kV，再经高压断路器和高压隔离开关接到母线上，作为母线的电源侧。三相交流输电线在图中用一条线表示。

变压器高压侧的接线为外桥式接线，两路进线的隔离开关带有接地刀闸，且两路进线中都装有避雷器 F_1、F_2 及电压互感器 TV1、TV2。

（2）该线路的母线采用分段式接线形式，分为 WB1 和 WB2 两段，分别由一台主变压器供电，两段母线之间通过高压断路器 QF3 和高压隔离开关 QS3、QS4 分段。当有一台变压器停电时，可通过断路器"倒闸"，由另一台主变压器向 WB1 和 WB2 两段母线同时供电，保证重要负荷不间断供电。

（3）母线中的 WB2 段中接入一台 50 kVA 的电力变压器，主变压器作为电源为其提供 10 kV 电压，经该变压器后，又降为 0.4 kV 电压，为后级线路或用电设备提供 0.4 kV 电压。

（4） 50 kVA 的电力变压器经电缆和 WB2 段母线相连，使 WB1、WB2 两段母线都能向该电力变压器供电，若主变压器 T_1 停电或发生故障，可使用 T_2 为其供电，保证了电源的可靠性。

最终，经过一系列的识图分析，我们可以归纳出该变电所主接线图的工作流程。来自前级电源的 35 kV 电压经主变压器（T_1、T_2）后降为 10 kV，再经 50 kVA 电力变压器降压后降为 0.4 kV，为后级线路或用电设备供电。

识读供配电线路中的主接线图时，一般可从电源引入端开始，经开关设备及导线负载方向看；或从主要组成部件开始，看该部件前后以及与其并联连接的关系。在识图过程中，熟练掌握供配电线路中常见电气设备的图形符号和文字符号对理清线路的各种关系十分有帮助。

供配电线路中常见电气设备的图形符号和文字符号见表 8-1 所列。

表 8-1 供配电线路中常见电气设备的图形符号和文字符号

电气设备	文字符号	图形符号	电气设备	文字符号	图形符号
刀开关	QK		母线	W 或 WB	
			导线、线路	W 或 WL	
断路器（自动开关）	QF		三相导线		
隔离开关	QS		端子	X	
负荷开关	QL		电缆及其终端头		
熔断器	FU		交流发电机	G	
跌落式熔断器	FU 或 S		交流电动机	M	
避雷器	F 或 FV		单相变压器	T	
			电压互感器	TV	
三相变压器	T		三绕组变压器	T	
三相变压器	T		三绕组电压互感器	TV	
电流互感器（具有一个二次绕组）	TA		电抗器	L	
电流互感器（具有两个铁芯和两个二次绕组）	TA		电容器	C	

8.3　供配电线路的识图举例

不同的供配电线路，所采用的变配电设备和电路结构也不尽相同。对供配电线路图的识读，首先熟悉和掌握供配电线路中的主要部件的图形符号和功能特点是关键，然后按信号流程对电路进行逐步识读。

8.3.1　户外供配电线路的识图

1.　典型车间变电所一次变压供电线路的识读

图 8-20 所示为典型车间变电所一次变压供电线路。

这是一个简单的车间变电所供配电线路图，它是只有一个变电所构成的一次变压供电系统，可将 6～10 kV 电压降为 380 V/220 V 电压。图（a）采用了一台电力变压器，图（b）采用了两台电力变压器（T_1、T_2）和一个刀开关 QK，当一个变压器停电或有故障需要检修时，可通过刀开关将线路中的两端母线进行联结，由另一台变压器提供电源，保证电源仍可正常供电。

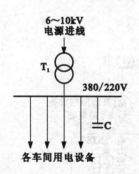
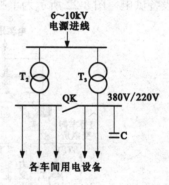

（a）装有一台电力变压器的车间变电所　　　　（b）装有两台电力变压器的车间变电所

图 8-20　典型车间变电所一次变压供配电线路

2.　拥有高压配电所的一次变压供电线路识图

图 8-21 所示为拥有高压配电所的一次变压供电线路。

通过线路图我们可以看出，该一次变压供电线路主要是由高压配电所（HDS）、车间变电所（STS1、STS2）、建筑物变电所（STS3）、电力变压器（T_1～T_4）以及低压供电线路等部分构成的。

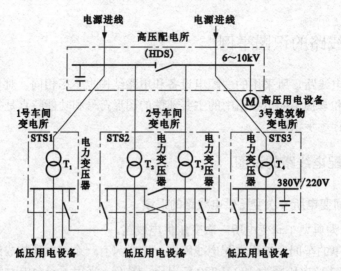

图 8-21 拥有高压配电所的一次变压供电线路

高压配电所接收 6～10 kV 的电源进线，经由车间变电所降压为 380 V/220 V 电压。该系统有两路独立的供电线路，且采用单母线分段接线形式，当一路有故障时，由另一路正常为设备供电。图 8-22 所示为单独供电时线路工作流程分析图。

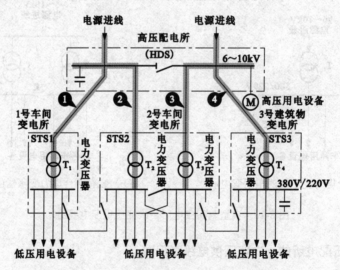

图 8-22 单独供电时线路工作流程分析图

也就是说，高压配电所输出的 6～10 kV 的电压分为四路，为后级的车间变电所和建筑物变电所提供电源，四路供电独立工作。

当有一路供电故障时，便可将高压配电所中的高压隔离开关闭合（即进行倒闸操作），例如，当左侧电源故障时，闭合母线开关，可由右侧电源为后级电路供电。同样当车间变电所中一台电力变压器故障，也可通过倒闸操作，将另一台电力变压器作为其电源使用。图 8-23 所示为当出现电源或电力变压器故障时的工作流程分析。

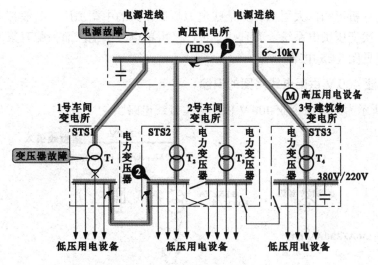

图 8-23　当出现电源或电力变压器故障时的工作流程分析

3. 拥有总降压变电所的二次变压供电线路识图

图 8-24 所示为拥有总降压变电所的二次变压供电线路图。

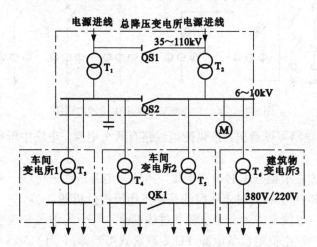

图 8-24　拥有总降压变电所的二次变压供电线路图

由图 8-24 所示电路可以看出，该供配电线路共有两次变压器降压，因此称其为二次变压供电线路。该电路主要是由总降压变电所、车间变电所和建筑物变电所构成，其中电气设备主要有电力变压器 $T_1 \sim T_6$、高压隔离开关 QS1、QS2 以及刀开关 QK1 等部分组成的。

在该图中电源进线为 35～110 kV，经总降压变电所输出 6～10 kV 高压，再由车间变电所降压为 380 V/220 V。

正常情况有两路供电电路，分别为各自的系统供电，但电源进线一路停电时，可将 QS1 接通，整个系统正常供电。当 T_1 或 T_2 需检修时，接通 QS2，整个系统可正常工作；当 T_4 或 T_5 需要检修时，接通 QK1，整个电路仍可正常供电。

通过以上分析可知，大型工厂和某些电力负荷较大的中型工厂，一般都采用具有总降压变电所的二次变压供电系统。而有些单位，采用单电源供电，而另配有柴油发电机作为备用电源，可见图 8-25 电路。

4. 某企业 400 V 供配电线路图的识读

图 8-25 所示为某典型企业 400 V 供配电主接线电路图。

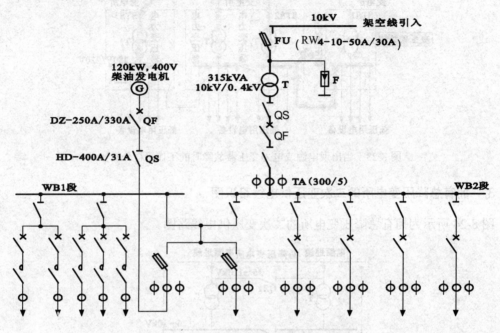

图 8-25　某企业 400 V 供配电主接线电路图

由图 8-25 所示电路可以看出，该供配电线路有两个电源，电路中母线采用分段接线形式，供电可靠性高。

识读该图时，读者根据基本的识读步骤，按照从电源进线→母线→电气设备→负载的顺序进行识读。图 8-26 所示为对该线路的基本工作流程分析图。

在该线路图中，母线上方为两个电源和进线部分，一个为 10 kV 架空线路的外电源，另一个为独立的柴油发电机组自备电源。FU 为跌落式熔断器，T 为 315 kVA 的电力变压器，F 为避雷器，安装在变压器的高压侧。母线的后级线路中还安装有多个电流互感器，供测量仪表用。

（1）10 kV 架空线路电源进入系统后，首先经跌落式熔断器 FU 后，送入电力变压器 T 的高压侧，经该变压器降压后，降为 0.4 kV（400 V），再经断路器和隔离开关后，送到 WB2 段母线上。

（2）自备发电机电源则首先经断路器和隔离开关以及相关电气设备后，送到 WB1 段母线上。

（3）当 10 kV 架空线路或电力变压器 T 出现故障时，可将分段母线 WB1、WB2 之间的隔离开关闭合，由自备发电机电源同时为两端母线所接负载进行供电。

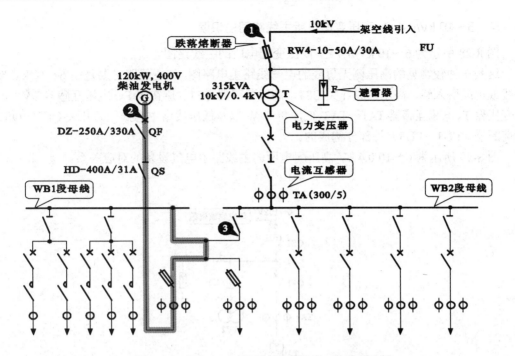

图 8-26　企业 400 V 供配电线路基本工作流程分析

　　我们可将该线路中的电气设备统一进行安装连接，便构成我们常见的低压配电柜。根据该线路特点，可以将线路中母线以下的电气设备分别安装成 5 个低压配电柜。图 8-27 所示为企业 400 V 低压配电柜线路图。

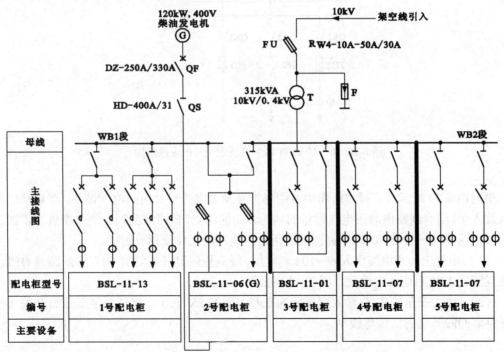

图 8-27　企业 400 V 低压配电柜线路图

5. 6～10 kV/0.4 kV 高压变配电所主线路图的识读

图 8-28 所示为 6～10 kV/0.4 kV 高压变配电所的主线路图。

这是一种较常见的高压侧无母线的电气线路主电路图，该主线路主要是由 6～10 kV 架空线或电缆引入线、高压隔离开关 QS1、高压断路器 QF1、避雷器 F、电压互感器 TV、电力变压器 T、电流互感器 TA1～TA3、低压母线 W 以及低压线路中的低压刀开关 QK1～QK3 和熔断器（FU1～FU3）等部分构成的。

图 8-29 所示为 6～10/0.4 kV 高压配电所的主线路中电气设备的对应关系。

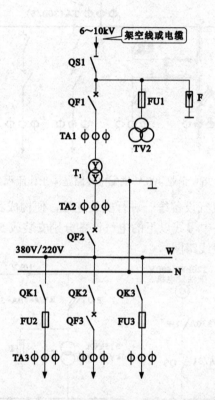

图 8-28 6～10 kV/0.4 kV 高压配电所的主线路图

根据图 8-29 所示可了解线路图中各图形符号及文字符号对应的电气设备，然后从电源引入线入手，结合线路中对应电气设备的结构和功能特点，按照从上到下的顺序进行识图。图 8-30 所示为 6～10 kV/0.4 kV 高压配电所的主线路的工作流程分析图。

（1）由架空线或电缆引入 6～10 kV 电压，经高压隔离开关 QS1 和高压断路器 QF1、电流互感器 TA1 后送入电力变压器 T_1 的高压侧。

（2）电力变压器 T_1 将输入电压降为 0.4 kV/0.23 kV 低压，然后再经低压总开关（空气断路器 QF2）送到低压母线 W。

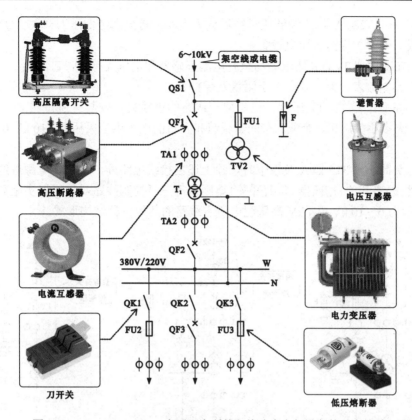

图 8-29　6～10 kV/0.4 kV 高压配电所的主线路中电气设备的对应关系

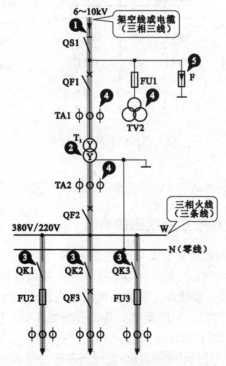

图 8-30　6～10 kV/0.4 kV 高压配电所的主线路的工作流程分析图

（3）380 V/220 V 低压经低压母线后分为多路，再分别经低压刀开关（QK1～QK3）和熔断器或其他开关送至各用电设备。

（4）在变压器 T₁ 的高低压侧均装有电流互感器和电压互感器，它们的二次线圈分别接到电能表、电流表、电压表，用于测量及保护。

（5）在变压器 T₁ 的高压侧，也是架空线路的进线处，安装有避雷器 F，防止雷击。

目前，大多小型厂矿、企业、车间、城镇和乡村的电力供应采用 6～10 kV/0.4 kV 的配电所供电。

通常当负荷小于 315 kVA 及以下时，除上述主接线电路外，还可在电源进线处采用跌落式熔断器、隔离开关+熔断器、负荷开关+熔断器等三种控制线路对变压器实施高压控制。图 8-31 所示为 6～10 kV /0.4 kV 高压配电所主线路的其他三种结构形式。

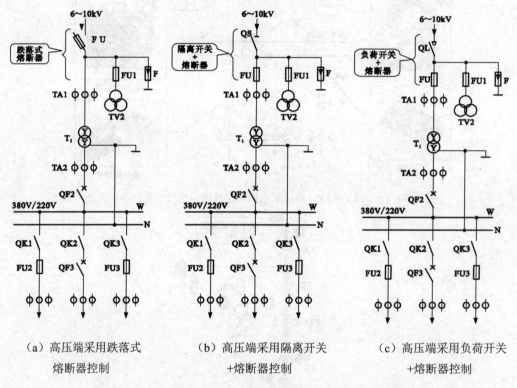

（a）高压端采用跌落式　　　　　（b）高压端采用隔离开关　　　　　（c）高压端采用负荷开关
　　熔断器控制　　　　　　　　　　　+熔断器控制　　　　　　　　　　+熔断器控制

图 8-31　6～10 kV /0.4 kV 高压配电所主线路的其他三种结构形式

8.3.2　一般民用建筑变电所主接线图的识读

图 8-32 所示为典型一般民用建筑变电所主接线图。

通过图 8-32 我们可以看到，一般民用建筑变电所主接线的结构比较简单，变压器高压侧控制设备也比较单一。该主接线图主要是由电源进线、高压电气设备（跌落式熔断器、高压隔离开关或高压负荷开关）、变压器 T₁、电流互感器 TA1、低压母线 W 和多路低压线路及相关低压电气设备等部分构成的。

低压母线 W 分为多路，每路由低压刀开关或负荷开关等构成，为各种低压用电设备供电。该部分一般安装在低压配电柜中，作为成套装置使用。

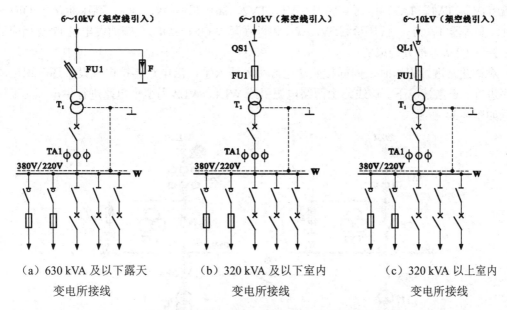

图 8-32　典型一般民用建筑变电所主接线图

1. 低层民用建筑变电所接线图

通常 9 层及以下的多层住宅、机关、学校等均为一般民用建筑，其为Ⅲ级负荷。一般情况下，多幢民用建筑共用 1 个变电所，单电源、一台变压器。

2. 典型高层民用建筑变电所主接线图的识读

图 8-33 所示为典型高层民用建筑变电所的主接线图。

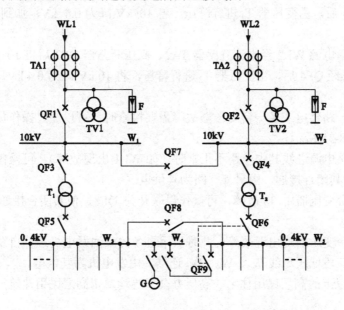

图 8-33　典型高层民用建筑变电所的主接线图

由图 8-33 所示主接线图可知，该主接线图主要是由两路高压电源进线（WL1、WL2）、电流互感器 TA1、TA2、电压互感器 TV1、TV2、高压母线 W_1、W_2、高压断路器 QF1～QF4、变压器 T_1、T_2、低压母线 W_1～W_5 和母联开关 QF1～QF8、柴油发电机 G 及相应的母联开关 QF9 等部分构成的。

对该线路进行识读时，同样按照从电源引入线入手，沿电路连接电气设备逐一识读的顺序进行。正常情况下，该线路由两路电源引线 WL1、WL2 为整个电路进行供电。其工作流程如图 8-34 所示。

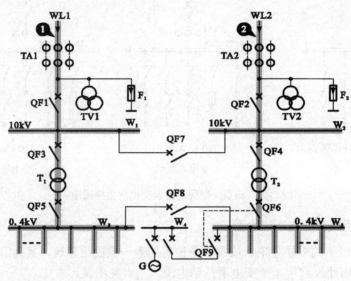

图 8-34 典型高层民用建筑变电所的主接线图的工作流程（一）

（1）电源 WL1 经电流互感器 TA1、高压断路器 QF1 后将 10 kV 电压加到高压母线 W_1 上，再经 QF3 后，由变压器 T_1 进行降压，将 10 kV 降为 0.4 kV，加到低压母线的 W_3 段。

（2）同样，电源 WL2 经电流互感器 TA2、高压断路器 QF2 后将 10 kV 电压加到高压母线 W_2 上，再经 QF4 后，由变压器 T_2 进行降压，将 10 kV 降为 0.4 kV，加到低压母线的 W_5 段。

当线路中某一路供电或某一台变压器故障需要检修时，可以通过操作母联开关进行转换，其流程如图 8-35 所示。

（3）当两路电源进线其中一路不正常时（如 WL1 出现故障），可操作母联开关 QF7（倒闸操作），使其闭合接通，由另外一路为其供电。

（4）若两台变压器中 T_2 故障，可操作母联开关 QF8，使其闭合接通，由 T_1 为 W_5 母线供电。

（5）若两台变压器均出现故障，此时可用自备的柴油发电机进行自发电，同时操作 QF8 和 QF9，将三段低压母线 W_3、W_4、W_5 连结，由发电机为其供电。

通常 9 层及以上的高层民用住宅、高层办公楼等均属于高层民用建筑，采用两路高压电源供电。

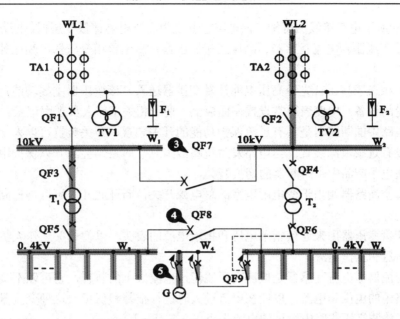

图 8-35 典型高层民用建筑变电所的主接线图的工作流程（二）

3. 6.6 kV 变配电室的电气接线图的识读

图 8-36 所示为典型 6.6 kV 变配电室的电气接线图。

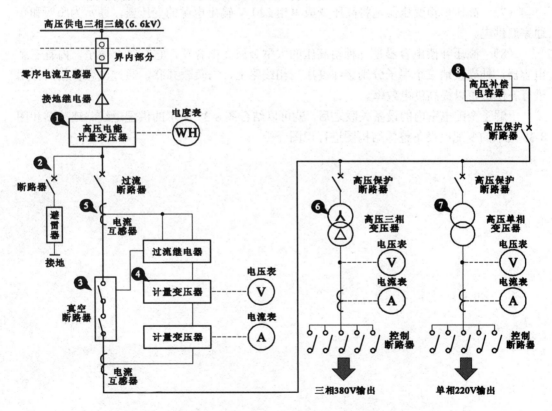

图 8-36 典型 6.6 kV 变配电室的电气接线图

269

由图 8-36 所示电气接线图可知，该电路主要是由高压电能计量变压器、断路器、真空断路器、计量变压器、电流互感器、高压三相变压器、高压单相变压器、高压补偿电容器等部件组成的。

（1）三相三线高压首先经高压电能计量变压器送入，该变压器主要功能是驱动电度表测量用电量的设备。电度表通常设置在面板上，便于相关工作人员观察记录。

（2）线路中的断路器是具有过流保护功能的开关装置，开关装置可以人工操作，其内部或外部设有过载检测装置。当电路发生短路故障时，断路器会断开以保护用电设备，它相当于普通电子产品中带熔断器的切换开关。

（3）真空断路器相当于变电配电室的总电源开关，断开此开关可以进行高压设备的检测检修。

（4）计量变压器用来连接指示电压和指示电流的表头，以便相关工作人员观察变电系统的工作电压和工作电流。

（5）变流器即电流互感器是检测高压线流过电流大小的装置，它可以不接触高压线而检测出电路中的电压和电流，以便在电流过大时进行报警和保护。这种变流器是通过电磁感应的方式检测高压线路中流过的电流大小。

（6）高压三相变压器是将输入高压（7000 V 以上）变成三相 380 V 电压的变压器，通常为工业设备的动力供电。该变电系统中使用了两个高压三相 380 V 输出的变压器，分成两组输出，一组用电系统中出现故障不影响另一组用电系统。

（7）高压单相变压器是将高压变成单相 220 V 输出电源的变压器，通常为照明和普通家庭供电。

（8）高压补偿电容器是一种耐高压的大型金属壳电容器，它有三个端子，内有三个电容器，外壳接地三个端子分别接在高压三相线路上，与负载并联，通过电容移相的作用进行补偿，可以提高供电效率。

了解了变配电室内的设备关联之后，就可以结合图 8-37 所示的供配电线路连接图和图 8-38 所示的变配电设备整体结构图进行识图分析。

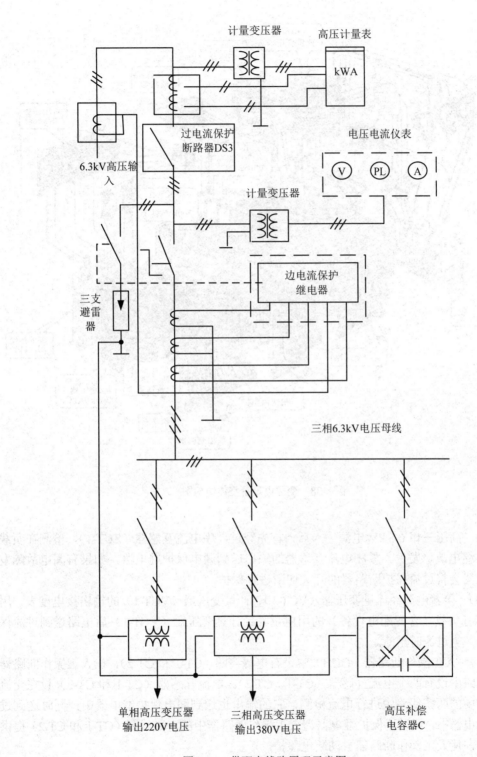

计量变压器　　高压计量表

kWA

6.3kV高压输入

过电流保护断路器DS3

电压电流仪表

V　PL　A

计量变压器

三支避雷器

边电流保护继电器

三相6.3kV电压母线

单相高压变压器输出220V电压

三相高压变压器输出380V电压

高压补偿电容器C

图 8-37　供配电线路原理示意图

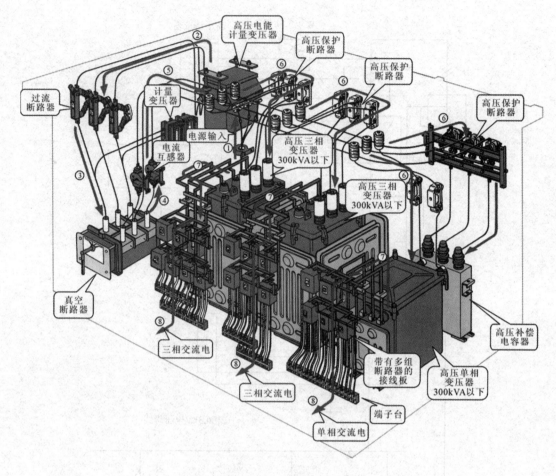

图 8-38　变配电设备整体结构图

（9）高压三相 6.6 kV 电源输入后，首先经过零序电流互感器（ZCT-1），检测在负载端是否有漏电故障发生。零序电流互感器的输出送到漏电保护继电器，如果有漏电故障发生，继电器会将过流保护断路器的开关切断进行保护。

（10）接着电源经计量变压器（VCT-1），计量变压器（VCT-1）的输出接电度表，用于计量所有负载（含变配电设备）的用电量。经计量变压器（VCT-1）后电路送到过流保护继电器，当过流时熔断。

（11）人工操作断路器（OCB）中设有电磁线圈（CT-1 和 CT-2），在人工操作断路器的输出线路中设有两个电流互感器（CT-1、CT-2）。电流互感器（CT-1 和 CT-2）设在交流三相电路中的两条线路中进行电流检测，它的输出也送到漏电保护继电器中，同时送到过流保护继电器中，经过流保护继电器为人工操作断路器中的电磁线圈（CT-1 和 CT-2）提供驱动信号，使人工操作断路器自动断电保护。

（12）最后，三相高压加到高压接线板（高压母线）上，高压接线板通常是由扁铜带或粗铜线制成，便于设备的连接。电源从高压接线板分别送到高压单相变压器、高压三相变压器和高压补偿电容器中。在变压器电源的输入端和高压补偿电容器的输入端分别设有高压保护继电器（PC-1、PC-2 和 PC-3），进行过流保护。高压单相变压器的输出为单相 220 V，高压三相变压器的输出为三相 380 V。单相 220 V 可作为照明用电，三相 380 V 可作为动力用电，也可送往住宅为楼内单元供电。单相变压器和三相变压器的数量可以根据需要增减。

这套变配电设备的电源输入从变配电配电室的一角进入，且由地下管道进入（见图 8-38 中的①）。输入线通常为三相三线高压（6.6 kV 以上被称为高压），线路经高压电能计量变压器，送到过流断路器（见图 8-38 中的②），再送到真空断路器（见图 8-38 中的③）和计量变压器，线路经过真空断路器进入电流互感器（见图 8-38 中的④），检测电流是否有漏电情况。如果电流检测正常，电流会经电路进行正常传输，线路会将电流送入主线路中（见图 8-38 中的⑤），主线路经过分流，分别送入带有高压保护断路器的支线路中（见图 8-38 中的⑥）和高压补偿电容器电路中（见图 8-38 中的⑥）。最后，经过高压保护断路器后分别进入多个高压变压器中，高压变压器的输出再分成多路送到楼宇中去（见图 8-38 中的⑦）。由于高压变压器的有三相和单相两种，因而其输出也有三相交流电和单相电，供小区用电。

从图 8-37 所示的变配电设备整体结构中可见，变配电室的主要功能是将高压三相 6.6 kV 的电源经开关及检测设备后送到单相高压变压器和三相高压变压器中，经变压器变成单相 220 V 电压和三相 380 V 电压，再送往住宅楼。

为了监视和检测供电系统的工作情况，在供电系统中设有计量变压器和电流互感器。当负载有过流或漏电情况发生时，应能进行断电保护，因而还要设有过流断路器和漏电保护继电器等设备。

4. 某工厂 10 kV /0.4 kV 变电所电气主接线图的识读

图 8-39 所示为某工厂 10 kV/0.4 kV 变电所电气主接线图。

由图可知，该变电所是将 10 kV 高压降为 380 V/220 V 的终端变电所，其主要是由 10 kV 架空线路、高压隔离开关 QS1、跌落式熔断器 FU1、避雷器 F、高压开关柜（$Y_1 \sim Y_5$）、低压开关柜 $P_1 \sim P_{15}$ 等部分构成的。

其中，高压开关柜采用 JYN2-10 型 5 台（$Y_1 \sim Y_5$），其中 Y_1 为电压互感器和避雷器柜，供测量及保护用；Y_2 为通断高压侧电源的总开关柜；Y_3 是供计量电能及限电用；Y_4、Y_5 分别为两台主变压器的操作柜。除此之外，高压开关柜还装有控制、保护、测量、指示等二次设备。

低压开关柜采用 PGL2 型 15 台，其中 P_1、P_2、P_9、P_{14}、P_{15} 用于引入电能；$P_3 \sim P_7$、$P_{11} \sim P_{13}$ 用于为该工厂的生产、办公、生活的动力和照明负荷；P_8、P_{10} 用于提高电路功率因数的自动补偿静电电容器柜。

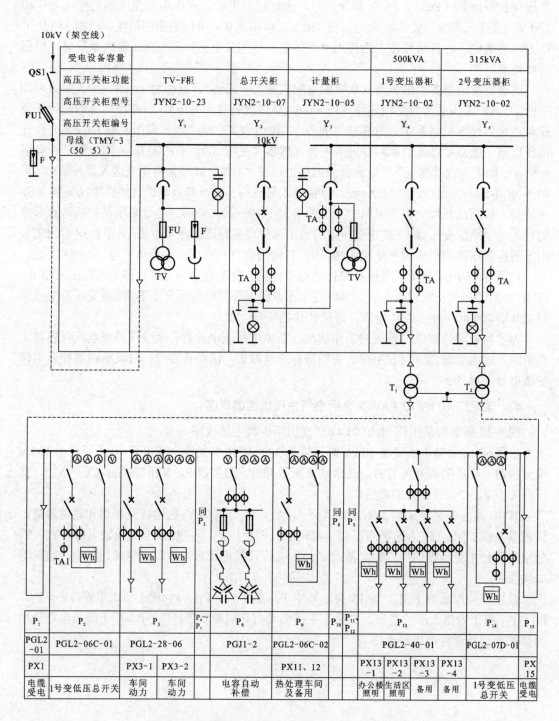

图 8-39　某工厂 10 kV/0.4 kV 变电所电气主接线图

8.3.3 室内供配电线路的识图

1. 由插座和照明线路构成的室内供配电线路图的识读

如图 8-40 所示为一种简单的由插座和照明线路构成的室内供配电线路图。

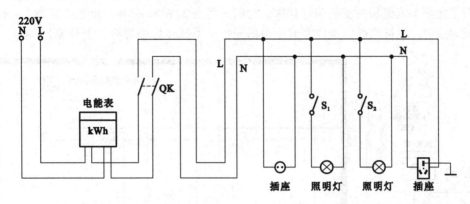

图 8-40 由插座和照明线路构成的室内供配线路示意图

通过图 8-40 所示的室内供配电线路图可知，我们可以看到，室内供配电线路图比较简单，其主要是由进户线、电能表、总开关（断路器）及负载线路构成。

图 8-41 是对应图 8-40 的内电路原理图。

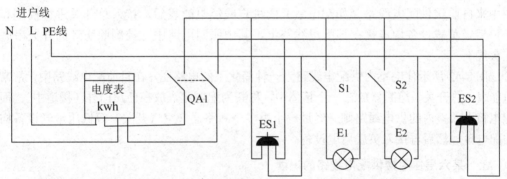

L—相线 N—零线 PE—安全地线 kwh—电度表 QA1—双联空气开关 SK1、SK2—单联空气开关两个
ES1、ES2—暗装三头插座两个 E1、E2—普通白炽灯两盏

图 8-41 插座和照明线路构成的室内电路原理图

图 8-41 所示的对照关系，了解了各种图形符号所对应的电气设备，在进行线路识读时就容易多了。由图可知，来自前级配电室的 220 V 低压，首先经电能表后，接入总开关，然后根据实际应用在零线与火线之间接入照明灯、控制开关及插座形成供电电路。

其中，该线路中电能表用于计量有功电量，总开关 QA_1（表后断路器为 2P 空气开关）用于控制和保护线路，当负载线路出现过载或短路故障时，能够自动切断电路，起到保护配电线路的作用。SK_1 和 SK_2 两个单联手动开关，分别控制两盏灯 E_1 和 E_2。ES_1、ES_2 两个暗装墙内的三爪插座，用以外接插排。

2. 某住宅室内供配电线路图的识读

图 8-42 所示为对应图 8-41 住宅室内配电线路示意图。

通过图 8-42 所示室内供配电线路图可知，该配电线路图主要是由进户线、电能表 kWh、总开关 QK（断路器）、低压用电设备（灯开关、照明灯、暗装插座）等部分构成的。图 8-42 中标明了插座电流值和两支照明灯功率，它们分别为 20W 和 30W；距地面高为 2.9 米。在电路原理图中，只标明线路走向和其中电器元件，不具体标明规格、型号等。

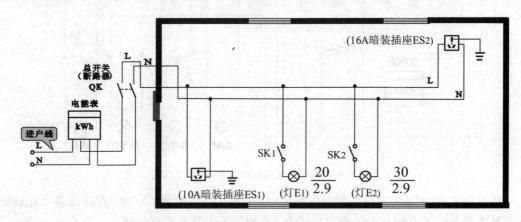

图 8-42　对应图 8-41 住宅室内配电线路示意图

对该类电路进行识读时，仍按照电源引入线→电气设备→负载的总体顺序进行识读。图中来自前级供配电线路（如配电室）的进户线经电能表后，接入总开关进行控制和保护，后级负载设备均连接在该配电线路上，其中照明电路中，控制照明灯的开关串联接在火线上。

图 8-42 所示住宅室内供配电线路为一种简化了的电路图。在目前配电线路中，常常将电能表、总开关、熔断器放在一个箱体中，称其为配电箱，放在住户门外（楼道中），而由配电箱引入室内的供电线路则先经过一个由多个断路器（空气开关）等低压电气设备构成的配电盘，然后再接入负载用电设备。

3. 某六层住宅楼供配电线路的识读

图 8-43 所示为某六层住宅楼供配电线路图。

通过图 8-43 所示的供配电线路可知，该供配电线路图主要是由进户线、电能表 kWh［DD862 10（40）A］、40 A 的总开关、入户电能表［DD862 5（20）A］和多组供电线路等构成的，分别用于为室内照明，客厅、卧室插座，厨房、阳台插座等各用电部分提供电源。

对该类电路进行识读时，仍按照电源引入线→电气设备→负载的总体顺序进行识读。图中来自前级供配电线路（380 V/220 V 架空线引入）的进户线经单元口总电能表后［DD862 10（40）A］，接入总开关［C45N/3（40）A］，进行总线路的控制，然后在每一层单元用户室外都接有分表（为每户用电量进行测量），然后经室内设置配电盘（图中的断路器部分），分为多个支路，分别为后级负载设备，如照明线路、插座等进行供电。

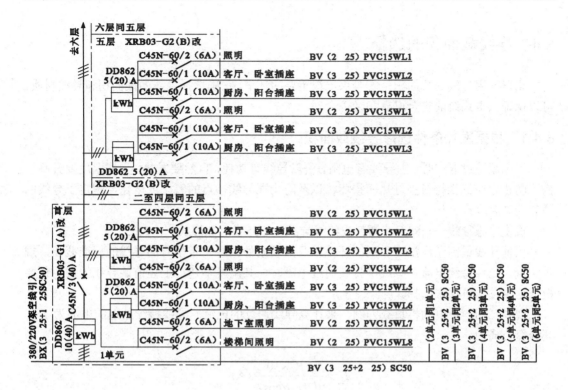

图 8-43　某六层住宅楼供配电线路原理图

　　另外，该六层住宅楼中，每个单元首层还设有地下室照明和楼梯间照明线路，二至六层的供配电线路分配及连接关系和线路结构均相同。整栋楼的其他单元均与第一单元的结构和连接形式完全相同。

　　本章从供配电系统电气线路结构组成入手，通过对供配电系统电气线路功能特点的系统剖析，首先让读者建立起供配电系统电气线路中主要部件的电路功能和电路对应关系。然后，再以典型供配电系统电气线路为例，系统介绍供配电系统电气线路的识图特点和识图方法。最后，本章对目前流行且极具代表性的供配电系统电气线路进行归纳、整理，筛选出各具特色的供配电系统电气线路实用电路，以实例方式逐一向读者解读不同供配电系统电气线路实用电路的识读技巧和识图注意事项，力求让读者真正掌握供配电系统电气线路的识图技能。

　　（1）常用的供电电压一般为 35 kV 和 6 kV～10 kV，高压配电电压为 6 kV～10 kV，低压为 380 V，照明系统电压为 220 V。

　　（2）供配电线路是电力系统中的电能用户。

　　（3）高压电气设备主要有高压断路器、高压隔离开关、高压负荷开关、高压熔断器、互感器、高压开关柜、避雷器等。

　　（4）低压设备主要有低压断路器、低压熔断器、低压开关、低压开关柜等。

　　（5）供配电线路识图的基础是熟练掌握各种常用电气设备的图形符号和文字符号。

　　（6）识读供配电线路的基本顺序是电源进线→母线→电气设备→负载。

8.4　导线截面积的选择

正确选用导线的截面积是安全供电很重要的环节。正确选择导线的截面积和导线材质，可以保证供电系统的安全可靠和经济合理。

8.4.1　根据发热条件选择导线截面积

当电流通过导线时，因导线有电阻，所以导线有功耗，自然要发热，导线温度要升高。为了防止导线绝缘材料因过热而损坏，以及防止裸导线接点的氧化或熔化，规定了导线的最高允许温度：

橡皮绝缘导线——55℃，塑料皮绝缘导线——55℃，裸导线——70℃。

依据导线最高允许温度和周围环境以及敷设条件，对一定型号的导线的标准截面，规定了最大允许持续电流。导线中持续通过电流时，其温度不超过上述值，导线的截面积要根据这个发热条件来选择。

现以三相异步电动机负载为例，来计算导线通过的电流。导线持续通过的电流为 I_L，其计算公式为

$$I_L = \frac{\beta P_N \times 10^3}{\sqrt{3}U_N \eta \cos\varphi}(\mathrm{A})$$

式中，P_N——电动机功率（kW）；

$\quad\quad U_N$——电动机三相线路的线电压（V）；

$\quad\quad \eta$——电动机额定负载时的效率；

$\quad\quad \cos\varphi$——电动机在额定状态下的功率因数；

$\quad\quad \beta$——电动机负载系数；

$\quad\quad I_L$——三相电动机线电流（A）。

在实际选择导线时，导线允许通过的电流应该略大于导线通过电流，导线截面积的选择除了考虑导线温升外，还要考虑线路的电压损失。

8.4.2　根据允许电压损失选择导线截面积

由于导线有电阻存在，所以线路电压损失是必然的，只要导线截面积选择合理，使线路电压损失在允许值之内即可。

导线电压损失不允许超过下式计算值。

$$\Delta U = \frac{\Delta U}{U_N} \times 100\% \leqslant 5\%$$

对于户内配电线路导线截面积选择，在线路不太长情况下，应先考虑发热条件选择导线截面积，然后根据电压损失进行校验，总之要综合考虑。

为了选择导线截面积的方便，现给出经验参考值：铜质导线每 mm^2 允许通过的电流不超过 8 A，而铝质导线每 mm^2 允许通过的电流不超过 6 A。

三根橡皮铜线穿管敷设的最大允许持续电流值见表 8-2 所列。

表 8-2　橡皮铜线最大允许持续电流值

导线截面积（mm²）	1.0	1.5	2.5	4	6	10	16	25	35	50
持续电流值（A）	13	15	23	30	38	50	66	83	100	130

配线时要注意橡皮铜线可以穿铁管敷设，而铝线或塑料绝缘铜线一般不允许穿铁管敷设。塑料铜线可以穿塑料管和尼龙软管；也就是穿管敷设的电线一定要有牵拉强度，而且不能使绝缘层破坏。

第9章　防雷保护和安全用电知识

雷电如果通过建筑物或电气设备对大地放电时，会造成非常严重的危害，比如重大财物损失，甚至是人身伤亡事故；再者，电气设备在运行过程中由于绝缘损坏等原因，可能使正常不带电的金属外壳带电，被人触及就会造成触电事故。为了人身安全和人民财产的安全，为了电力系统的正常运行，故在本章中主要介绍建筑物的防雷和安全用电的基本知识。

9.1　雷电的基础知识和对建筑物的危害

本节首先介绍雷电形成和对建筑物的危害性，然后介绍防雷保护和安全接地知识。

9.1.1　雷电的形成和对建筑物的危害

1. 雷电的形成

雷电形成有很多种解释，现象比较复杂，通常的解释为若地面湿气上升遇到高空冷热气团，就会形成细小的水滴或冰晶，形成了积云。当积云受到强气流的吹袭时，就会分裂为较小水滴和较大雨滴；而较小水滴形成的云块带负电荷，较大雨滴形成的云块带正电荷；带负电或带正电的云块各自越集越多时，就会形成带负电荷的雷云或带正电荷的雷云。在高空中带负电荷和带正电荷的雷云相遇会产生电荷的释放，形成常见的空中电闪雷鸣。

当雷云接近地面或建筑物时，则使大地或建筑物感应出与雷云极性相反的电荷，因而在大地或建筑物与雷云之间形成强大电场；当电场强度达到使空气绝缘破坏时，空气开始游离，变为导电通道，此导电通道使得雷云逐步向地面发展，这过程称之为先导放电。因为雷云中的电荷分布并不均匀，地面感应电荷分布也不均匀，就会有雷云电荷中心和地面感应电荷中心，而电荷中心与电荷中心之间的电场强度最强。带异性电荷的雷云之间或雷云与地面之间的先导放电是沿着场强最强路径进行的。

当雷云先导放电的头部接近异性雷云电荷中心或者地面感应电荷中心时，此时就开始主放电阶段。主放电又可称为回击放电（正、负电荷相对运动），回击放电的电流，也就是雷击电流可高达几十万安培，其电压可高达几百万伏，在回击放电过程中产生的高温可达二万摄氏度；回击放电可在几微秒内完成，高压大电流放电可使放电通道周围的空气烧成白炽程度，同时使空气剧烈膨胀，这就是电闪雷鸣。打到地面的雷电称为落地雷，落地雷击中建筑物、树木或人畜称之为雷击事故。

2. 雷电的种类

雷电种类通常分为三类。

（1）直击雷。

雷电直接击中地面或建筑物，称为直击雷。直击雷一般作用于建筑顶部的突出部分或者高大建筑物的侧面，也就是常说的侧击。

（2）感应雷。

感应雷又称为雷电的第二次作用，又可称为雷电感应。雷电感应分为静电感应和电磁感应两种。静电感应雷是雷云接近地面时，在地面凸出物顶部感应出大量的异性电荷，在雷云与雷云之间放电后，或者雷云与其他部位放电后，凸出物顶部感应的电荷失去束缚，以雷电波的形式高速传播，形成静电感雷。电磁感应雷是在雷击后，在放电电流周围会产生不断变化的强磁场，处于强感应磁场范围内的金属导体会感应出很高电压，从而形成电磁感应雷。

（3）雷电波侵入。

雷电打击在架空线路或金属管道上时，雷电波会沿着这些管线侵入建筑物内部，会危及人身或设备及其他物品的安全。这种雷电波入侵传输速度非常快，其速度可达每微秒300米。

3. 雷电的危害

因雷电放电过程会产生雷电的电磁效应、热效应、机械效应，可能会造成巨大的物质损失或造成人身伤害事故。下面说明雷电三种效应产生的严重后果。

（1）雷电的电磁效应。

当有很强电场的雷云漂浮于建筑物上空时，就会造成建筑上感应出与雷云等电量的异性束缚电荷。当雷云在空间对地放电后，建筑物上空的电场立即消失，而在建筑物上感应电荷并不能很快地泄入大地，因而对地产生很高的电压差；这种感应出的电荷所生成的电场会使其周围的输电线及金属管道等产生很高的电动势，电动势电压幅值可达几十万伏，强大的电压足以破坏一般电气设备或电线的绝缘，造成瞬间短路，导致火灾或爆炸，因此对建筑物破坏极大，还可能产生人身触电伤亡事故。

（2）雷电的热效应。

巨大的雷电流通过被击物体时，会产生极大的热能；这种热能不能立即散发，可能会使金属熔化，使树木或其他物体烧焦。更为严重的是雷电流流过易燃、易爆物体时，便会引起火灾、爆炸，因而造成建筑物的倒塌、设备的毁坏及人身的伤害等重大事故。

（3）雷电的机械效应。

雷电的机械效应就是雷电通过被击物体时，会产生巨大的电动能。这种电动能会使物体内的水份急剧升温并气化，从而产生高温蒸气；这种电动能也会使物体内缝隙中的气体急速膨胀，造成物体内的压力骤增；这两种原因，都会使物体炸裂甚至炸碎。

综上所述，雷电对人类活动会造成巨大损失，认清雷电活动规律，合理地采取防雷击措施是非常重要的。

9.1.2 雷电的活动规律和建筑物防雷等级的介绍

1. 雷电的活动规律

经常在浓云密布、乱云翻滚的天气，或者疾风暴雨天气，会发生电闪雷鸣。有时会见到落地闪电，紧接着传来巨大雷声。高空的雷暴是两种带异性电荷雷电云相碰撞放电的结果，而低空雷和落地雷是雷电云对地面或建筑物之间的放电结果。

当雷电云距地面较近，而空气潮湿度又大，或者地面有较高的建筑物（建筑物没有做好防雷保护），或者平原地区的输电线杆及铁塔、平地上生长的大树等都可能为低空雷电云提供放电通道。所以雷雨天我们尽量不要独自站在空旷的大地上，不要在空旷的地方打手机，不要站在大树及电线杆下避雨，也要远离高大建筑物。

雷电的发生与季节有关，与地域及地物有关，与天气有关。例如在夏季、春夏及夏秋交替时节比其他季节多雷电；再有山区比平原多雷电，平原地区比沙漠地区多雷电，华南、西南及长江流域比华北和东北地区多雷电；还有高温而湿潮地区比冷而干燥地区多雷电。

2.　容易遭受雷击的建筑物及相关因素

（1）易遭雷的建筑物有建筑群中的高耸建筑物及尖顶建筑物、构筑物等，例如常见的水塔、烟囱和天线等。

（2）建筑物的突出部位，例如屋脊、屋角、女儿墙、屋顶蓄水箱、烟囱和天线等。

（3）房顶为金属结构的建筑物，地下埋设的金属管道，房内有大量金属设备和金属物品的厂房和仓库，排放导电尘埃的工厂等。

（4）特别潮湿的建筑物及地下水位比较高的地方。

（5）金属矿藏地区，因其埋有金属矿藏的原因，使其极易被雷电感应出感应电荷，从而容易遭受雷击。

（6）空旷地区的孤立物，如野外孤立的建筑、输电线杆及铁塔、高大的树木，甚至在空旷的大地上站立的人等，都容易遭受雷击。

3.　建筑物的防雷等级

根据防雷要求不同，经常将建筑物分为三个类型，现简述如下。

（1）一类防雷建筑物。

① 具有特别重要用途的建筑物。例如国家级办公、开会的建筑物，大型体育场馆，特级火车站，国际航空港、通信枢纽，国宾馆，大型旅游建筑物等。

② 国家级重点文物保护的建筑物。

③ 超高建筑物。

④ 制造或贮有大量易燃易爆物质的厂房或仓库。

（2）二类防雷建筑物。

① 重要的或人员密集的大型建筑。例如省级办公、开会建筑物，省级大型体育场馆、博物馆、交通、电信、商厦和影剧院等建筑物。

② 省级重点文物保护建筑。

③ 19 层及以上的高层住宅建筑，或 50 米以上的民用和一般工业建筑。

（3）三类防雷建筑物。

① 建筑群中最高的建筑；处于边缘地带高度超过 20 米以上的建筑物；在雷电活动频繁地区，其高度超过 15 米的建筑物；雷电活动较多的地区，其高度超过 25 米的建筑物。

② 历史上雷电事故严重地区的建筑物或雷电事故较多地区的重要建筑物。

③ 高度超过 15 米的烟囱、水塔或孤立建筑物。

9.2 建筑物的防雷保护

建筑物防雷保护要因地制宜，应该根据当地气象、地形、地貌、地质等环境条件，当地雷电活动情况，建筑物的保护等级和建筑物的特点等，采取相应的防雷保护措施。

对于第一类防雷保护建筑物应防止直击雷、感应雷、雷电波浸入。对第二类防雷建筑物应首先防止直击雷，对感应雷和雷电波浸入适当考虑到。对第三类防雷保护建筑物主要解决容易遭受雷击部位的防止雷保护。

9.2.1 建筑物的防雷措施

1. 防止直击雷措施

为了防止直击雷，建筑必须设置防雷装置。防雷装置由接闪器、引下线、接地装置等三部分组成。如图 9-1 和图 9-2 所示。接闪器的基本形式有避雷针、避雷带、避雷网、笼网等，接闪器应安置于建筑的顶端。

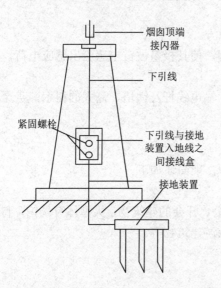

图 9-1　烟囱的防雷系统示意图（避雷针）

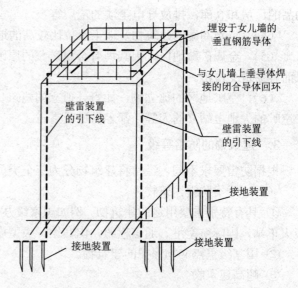

图 9-2　楼房防雷系统示意图（避雷带）

避雷针常安装在孤立建筑物的顶端（如水塔、烟囱、通讯电铁塔的顶端），而在石油库的油罐区四周和高压变配电所四周，需设置多支独立的避雷针。避雷带安装于建筑物顶层，避雷带连成闭合的环形，而且与建筑物的引下线和接地装置相连接。避雷网是指敷设在房屋顶层的金属导体（如圆钢或扁钢等），将这些金属导体之间相焊接，成为网状，此金属网再与引下线、接地装置相连接。笼网是指将框架结构建筑物的顶层钢筋网与立柱的主钢筋及建筑物基础钢筋网格焊接而成的避雷装置，笼网也必须可靠地与接地装置相连接。

接闪器的作用是将附近的雷云放电电荷诱导过来，再通过引下线和接地装置注入大地，从而避免建筑物遭受雷击；如果接闪器与引下线、接地装置连接有问题，其后果非常严重，接闪器会招来雷电，使建筑物遭受雷击。

在图 9-1 中烟囱的避雷装置由接闪器（避雷针）、引下线、接地装置等三部分组成。烟囱上部分的引下线沿着外墙表面延伸至距离地面 1.5 米左右时，再与埋设于墙体中的接线盒的上端接线柱连接，接线盒的下端接线柱与接地装置相连接。接地装置的埋入地面以下的接地体，常用工字钢、厚壁钢管、三角铁，或者平辅钢筋网组成。接地装置的接地体有垂直埋设和水平埋设两种形式。具体接地装置的要求与安装将在 9.5.4 中说明。

2. 防止感应雷的措施

防止感应雷的有效方法是将建筑物的金属框架、钢窗框架等与接地装置连接；再者应将建筑物内部的金属设备、金属管道、框架、电缆线的金属外皮等与接地装置连接。这样就能使残留于建筑物上的电荷迅速通过大地释放掉，消除了建筑内部出现的高电位，使其免遭雷击。

3. 防止雷电波浸入的措施

雷电波浸入建筑内部的主要路径是进入建筑物内的架空电线、电缆、套在进户线用的金属导管等。只要将进户架空线、电缆线的首端安装避雷器，将套在进户线用的金属导管与保护接地装置连接，这样可将雷电流迅速引入大地，起到保护建筑物的目的。

架空线和电缆线首端安装的避雷器的形式有阀形避雷器、管形避雷器、羊角保护间隙元件等三种类型。羊角保护间隙元件现在比较少用。

9.2.2 防雷装置说明

1. 防雷装置

防雷装置是由接闪器、引下线、接地装置等三部分组成，如前面的图 9-1 和图 9-2 所示。下面就说明防雷装置三部分的具体要求和安装知识。

（1）接闪器。

接闪器种类有避雷针、避雷带、避雷网三类。接闪器又称为接雷装置，是接受雷电的金属导体，即避雷针、避雷带、避雷网。

① 避雷针一般用镀锌圆钢或焊接钢管制成，其圆钢和钢管直径根据避雷长度而定，而钢管壁厚不应小于 3mm。

若避雷针长度为 1m 以下，其圆钢直径应大于 12mm，钢管直径大于 20mm，若避雷针长度为 1～2m，其圆钢直径应大于 16mm，钢管直径大于 25mm；烟囱顶上的避雷针所用圆钢直径不小于 20mm。

② 明装的避雷带和避雷网一般用圆钢或扁钢制成，圆钢直径不小于 8mm，扁钢厚度应不小于 4mm，截面积不小于 48mm²。

③ 明装的避雷带距离屋顶或女儿墙顶部高度应在 10～20cm，垂直的支承钢柱间距不应大于 1.5m。第一类建筑物的防感应雷的避雷网的网格不应大于 10m。当屋顶有超出屋顶面的金属管道或铁烟囱时，应将其与屋顶避雷网相连。

④ 除用于贮存易燃、易爆物品的建筑物外，一般建筑物的金属屋顶面和金属框架可作为接闪器。

⑤ 当将混凝土屋顶内的钢筋网（钢筋直径不小于 3mm）作为避雷网时，钢筋网一定要牢固良好接地。

⑥ 木制结构的建筑物，可将避雷针敷设于房山墙顶部或屋脊上，并且用抱箍和锁紧螺栓固定于梁柱上，固定部位的长度约为避雷针的 1/3；避雷针如若插入砖墙内，其深度应为避雷针的 1/3。避雷针若插入混凝土墙内，其深度为避雷针的 1/4～1/5。

避雷针的顶端可作成尖形、圆形、扁形。各种形式的接闪器都应做好防腐保护。

（2）引下线。

① 建筑物的避雷引下线用圆钢或扁钢制成，圆钢直径不小于 8mm，扁钢厚度不小于 4mm，其截面积不小于 48mm²。如果腐蚀性较严重的情况下，引下线应适当加粗。

② 建筑物的金属结构，如消防梯、烟囱爬梯等都可以作为引下线，所有部件之间都应电气连接（钢铁梯子应焊接牢固）。

③ 引下线有暗装和明装两种形式。暗装形式是将引下线埋设于墙体内，明装是将引下线沿着外墙面垂直敷设。明装引下线时，应当每距 1.5m 左右打固定卡子，使引下线固定于墙体。混凝土框架结构的建筑物，可用其主立柱内的主钢筋作引下线，但主钢筋应焊接牢固，以保证良好的电气通路，并且主钢筋与接地装置可靠连接。

引下线采用明装形式时，引下线敷设不能紧。为了便于测量接地电阻和检验引下线和接地线的连接状况，通常在引下线距地面 1.8～2m 处设置短接卡子。在短接卡子到地面以下 0.3m 之间应加钢管保护外套，以免接地引下线受到机械损伤。

④ 通常引下线不应少于 2 根，其距离不大于 30m。对于周长和高度不超过 30m 的建筑物可采用单根引下线。

⑤ 避雷引下线应避开建筑的出入口和易使人接触的地点。

（3）接地装置。

接地装置由接地线和埋于地下的金属接地体组成，接地体对地电阻应小于 10Ω。

接地体分为人工接地体和自然接地体两种类型。

① 人工接地体的埋设形式有两种，即垂直埋设和水平埋设。

垂直埋设接地体是指将圆钢、角钢、钢管、扁钢等打入地下约 2.5m，这些金属器件的顶部应在地面下约 0.5m 以下部位处采用焊接方式与扁钢带相接，使之成为网格状。被焊接的扁钢带还应与接地线（圆钢、扁钢）牢固焊接。水平埋设接地体的结构形式比较少用。

② 自然接地体是用建筑物的混凝土基础内的闭合的多根主钢筋作为接地体，不另设接地体。对混凝土框架结构的建筑物，只要将主立柱内的主钢筋与基础内的主钢筋牢固焊接即可，这样做就使避雷装置引下线和接地装置成为组合体。

2. 避雷针的保护范围

避雷针是防雷保护的重要接闪器之一。避雷针设置于建筑物的最高处。在用避雷针作为接闪器的防雷装置系统中，避雷针顶端距地面的高度直接关系到防雷保护范围，避雷针距地面越高则保护的半径也就越大。

避雷针保护范围，根据国际电工委员会 IEC 标准规定采用"滚球法"来确定。下面结合图 9-3 说明"滚球法"确定避雷针的防雷保护范围。

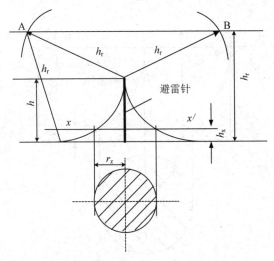

图 9-3　滚球法示意图（$h \leqslant h_r$）

　　"滚球法"就是根据具体防雷建筑物防止直击雷的部位的需要，选择一个半径为 h_r 的球体，使该球体沿着要保护直击雷部位在地上滚动一周，球体在滚动时球面始终与避雷针的顶尖相接触，于是就形成以避雷针顶尖为顶点的圆锥体，圆锥体内的部位，就是避雷针的保护区。要注意所选择球体半径 h_r 与要保护建筑物的防雷范围有关系，详见表 9-1。

　　单支避雷针的保护范围的确定应按着下述步骤进行。

　　（1）　当避雷针高度小于滚球体半径（$h \leqslant h_r$）时保护范围的确定方法。

　　①　在距地面 h_r 高度画出一条平行于地面的直线。

　　②　以避雷针尖为圆心，以 h_r 为半径画圆弧，此圆弧与平行线分别交于 A、B 两点。

　　③　分别以 A、B 点为圆心，以 h_r 为半径画圆弧，两个圆弧上端交于避雷针顶尖，下端分别与地面相切，此圆弧形成的锥体空间就是避雷针的保护范围。

　　④　在避雷针的保护范围内，当建筑物高度为 h_x 时，则以 h_x 为高度画一个平行于地面的平面，见图 9-3 所示的 xx' 平面，此平面与圆弧形锥体（圆锥侧面线为圆弧）相交的轨迹，就是高度为 h_x 建筑物的保护范围，半径 r_x 按式 9-1 计算。

$$r_x = \sqrt{h(2h_x - h)} - \sqrt{h_x(2h_r - h_x)}$$　　　　　　式 9-1

表 9-1　建筑物的防雷级别和接闪器的布置及其滚球半径

建筑物防雷级别	防雷网尺寸 / m^2	滚珑球半径 / m
第一类防雷建筑	5×5	30
第二类防雷建筑	10×10	45
第三类防雷建筑	20×20	60

　　（2）　当避雷针高度 h 大于滚球半径 h_r（$h \geqslant h_r$）时的防雷保护范围确定方法。

　　确定避雷针保护范围和上面所述的四个步骤相同，示意图如图 9-4 所示。只是以避雷针高度为 h_r 的位置作圆心画出两段圆弧，此两段圆弧分别交平行线于 A、B 点；再分别以 A 点和 B 点为圆心，以 h_r 为半径画出与地面相切的两段圆弧，则形成圆弧形的圆锥体，此即为避雷针防雷防护范围。

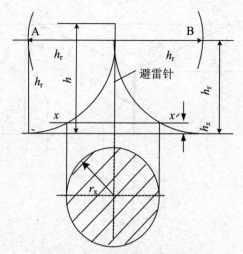

图 9-4 滚球法示意图（$h \geqslant h_r$）

图 9-4 是 $h \geqslant h_r$ 情况下用滚球法确定的避雷针防直击雷的防雷范围图。图中所示以 r_x 为半径的圆作为底面到避雷针顶端的锥体就是建筑物高为 h_x 高度时的防雷保护范围。

为了便于理解，下面举例说明单根避雷针防雷保护范围常用的计算方法。

例 9-1 某单位在一座水塔旁边建了一处水泵房。泵房为长方体，顶部为人字型大屋顶，屋顶用瓦棱铁板敷盖，屋顶上层为钢骨架结构，房屋为混凝土框架结构建筑物。铁板与钢骨架、立柱的主钢筋及地基圈梁钢筋作电气连接。

例 9-1 单支避雷针防雷范围举例。

图 9-5 为例 9-1 所示避雷针。

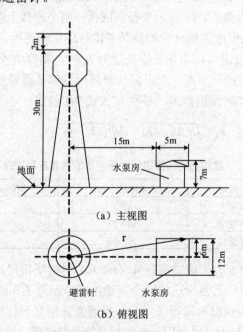

（a）主视图

（b）俯视图

图 9-5 例 9-1 所示避雷针保护范围示意图

图 9-5 所示建筑物，水泵房是第三类防雷保护建筑物。水泵房高为 7m（h_x=7m），房盖最远边缘距水塔中心线为 20m，根据表 9-1 中所列数据选择滚球半径为 60m（h_r=60m）；水塔避雷针距地面垂直高度为 32m（h=32m）。将图 9-5 中的数据代入式 9-1 中，求出防雷保护锥体的底面半径 r_x，并判定水泵房是否在防雷保护范围之内。

$$r_x = \sqrt{32 \times (2 \times 60 - 32)} - \sqrt{7 \times (2 \times 60 - 7)} = 25m$$

水泵房房顶最远点至水塔中心线的距离计算如下：

$$r = \sqrt{(15+5)^2 + 6^2} = 21 \leqslant 25m$$

通过计算可知水泵房完全在防雷保护范围之内。

9.2.3 高层建筑防雷的特殊性

目前高层建筑越来越多，百米高楼已大量出现，因建筑物高，使之容易遭受直击雷和侧击雷，所以对高层建筑物的防雷有特殊要求。

对不同的高层建筑物，其防雷措施也有所不同。对于高层建筑物首先防止直击雷，但也应特别防止侧击雷，即防止建筑物的侧面遭受雷击，其具体要求和做法如下所述。

（1）建筑物的顶部设置避雷网，而不安装避雷针。

（2）建筑物 30m 以上部位，每三层沿建筑物四周设置避雷带。

（3）建筑物 30m 以上部位的金属栏杆、金属门窗及较大的金属物等都应与防雷装置相连接。

（4）每三层应该沿着建筑物的四周设置均压环，而且与其所有的防雷装置的引下线相连接。

（5）防雷装置的多条引下线之间的水平间距应在 20m 以内，其接地装置应围绕建筑物构成闭合回路，接地电阻要求小（一、二类建筑物 ≤5Ω，三类建筑物 ≤10Ω）。

（6）建筑物内的电气线路全部采用钢管保护配线。

（7）建筑物内所有金属管道及电梯轨道等，应均与防雷装置连接。

高层建筑物为防止直击雷和侧击雷，应该设置多层避雷带、均压环，而且在外墙的转角处应设置引下线，使建筑物的防雷装置成为避雷笼网。

目前高层建筑的防雷设计，已经将整个建筑物的梁、柱、板、基础等结构中的钢筋，通过焊接连成一体，使整个建筑物形成为笼式避雷网，对雷电起到均压作用。当其建筑物受到雷击时，建筑物内各处成为均电位，因此对人和设备都很安全。再者因其采用笼网避雷，使建筑受到屏蔽保护，笼内空间电场强度为零，导体间不会发生放电。建筑物所有的导电体因其与钢筋及防雷装置相连接，也会起到均衡电位作用。另外由于高层建筑的基础深，且多为筏片式结构，筏片结构的钢筋就是大面积的接地体，使用基础钢筋作为防雷接地体，其接地电阻达到了小于 5Ω 要求即可。

9.3 避雷器作用和防雷特殊要求

避雷器与前面所述的避雷针、避雷带、避雷网等的结构和使用范围完全不同。避雷器经常用于电力输电和变配电系统，还可以用于通信设备的保护。

在电力传输系统中包括高压传输、一次高压变电环节（从 500 kV、330 kV、220 kV、110 kV 变为 10 kV）和二次变电环节（从 10 kV 变为 0.4 kV）。在二次变电环节中从次高压（10 kV 或 6.3 kV）电源输电线引入到二次变电站（变电所）设备时，需要一整套特殊的连接方式和安装法，且需要特殊的防雷设备（避雷器）的安装。

从高压架空线接到地下电缆之间的连线处和从高压架空线接到变压器的高压端进线端之间连线，必须设置有高压隔离开关设置高压避雷装置。

9.3.1　避雷器作用

避雷器的主要作用是保护电力系统中各种电器设备避免遭受雷电过电压、操作过电压、工频暂态过电压冲击造成的损坏。避雷器的类型主要有保护间隙避雷器、阀型避雷器和氧化锌避雷器。保护间隙避雷器主要用于限制大气过电压，一般用于配电系统、线路和变电所进线段保护。阀型避雷器与氧化锌避雷器用于变电所和发电厂的保护，在 500 kV 及以下系统主要用于限制大气过电压，在超高压系统中还将用来限制内压线路中所产生的过电压或作内过电压的后备保护。

避雷器还可以有效地保护通信设备。当通信线缆或设备在正常工作电压下运行时，避雷器不作用，对地处于断路状态。当出现高电压，且危及被保护设备绝缘时，避雷器立即动作，将高电压冲击电流导入大地，从而限制电压幅值，保护通信线缆和设备绝缘。当过电压消失后，避雷器迅速恢复原状，使通信线路正常工作。

目前常用的高压避雷器有管式和阀式两大类。阀式避雷器分为碳化硅避雷器和金属氧化物避雷器（又称氧化锌避雷器）。目前阀式避雷器被广泛应用于交、直流系统，保护发电、变电设备的绝缘。而管式避雷器从其结构上和防雷性能方面均不如阀式避雷器，所以比较少用了。现代高压避雷器，不仅用于限制电力系统中因雷电引起的过电压，也用于限制因系统操作产生的过电压。

下面就首先介绍阀式避雷器在交、直流系统，发电、变电设备的绝缘保护，和操作时产生过电压保护。

图 9-6（a）、（b）、（c）分别为阀式碳化硅避雷器结构图、阀式避雷器联接电路原理图、阀式氧化锌避雷器结构图。

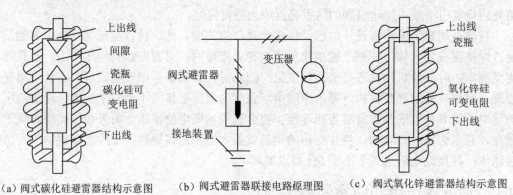

（a）阀式碳化硅避雷器结构示意图　　（b）阀式避雷器联接电路原理图　　（c）阀式氧化锌避雷器结构示意图

图 9-6　阀式避雷器结构及接线原理图

图 9-6（a）所示阀式碳化硅避雷器，它是由空气间隙和一个非线性碳化硅电阻串联之后，装在密封的瓷瓶中构成的。在正常电压下，非线性电阻阻值很大，而在过电压时，其阻值又很小。在雷电波侵入时，由于电压很高（即发生过电压），使得空气间隙被击穿，而非线性电阻阻值变得很小，雷电流便迅速进入大地，从而防止雷电波的侵入。当过电压消失之后，非线性电阻阻值又变为很大，空气间隙又恢复为断路状态，使之处于正常状态。图 9-6（c）为阀式金属氧化锌避雷器，它是将金属氧化锌片密封于瓷瓶中构成的。它具有比碳化硅更好的非线性伏安特性，在正常工作电压下仅有微安级的电流泄漏，当雷电使之有过电压作用时，电阻急剧下降，雷电流被迅速泄放，从而达到保护线路和设备的效果。它可做到在遭受过电压后无续流，因此阀式金属氧化锌避雷器没有空气间隙，从而使其结构简单。它具有动作响应快，耐多重雷电过电压或操作过电压作用，及吸收能量能力大，且耐污秽性能好等优点。由于金属氧化锌避雷器保护性能优于碳化硅避雷器，其已在逐步取代碳化硅避雷器，广泛用于交、直流系统，保护发电、变电设备的绝缘，尤其适合于中性点有效接地（见电力系统中性点接地方式）的 110 kV 及以下电网。虽然阀式碳化硅避雷器和阀式氧化锌避雷器的结构有所不同，但它们在电气原理图中画法完全相同，这就是电气元件结构图与电气原理的区别。

（1）高压输电线路中的防雷介绍。

高压输电线路主要指 110 kV 及以上电压的输电线路和城市中 10 kV 次高压输电线路两种。110 kV 及以上电压输电线路采用铁塔高空输电方式；10 kV 次高压线路是从一次高压变电站输送到城市和广大农村地区的线路。10 kV 输电线路多采用水泥杆高空架设方式，而在城市中也有地下敷设高压电缆方式。为保证高压输电线路的安全运行，对高压输电线路采取防雷和防过电压措施。下面给出用铁塔和水泥杆架设高压输电路常用的防雷和防过电压保护方式，以供参考。

图 9-7 所示图形，是根据某城市某一棵高压电线杆实物和铁塔高压架空输电线实物绘制而成的。

图 9-7（a）所示为铁塔高压架空输电线防雷示意图，在此图铁塔的顶端架设一根横担，在此横担纵向架设有两根防雷导线，这两根防雷导线与铁塔的铁架紧密短接，铁塔底部四个脚均与引到地下的接地体相连接，从而组成了防雷的接地系统。在此图中三棵相线悬挂于下横担所安置的瓷串柱上。

图 9-7（b）所示为水泥杆高压架空线防雷装置的示意图，在此图中，三棵相线分别捆绑在三支高压瓷瓶上；在此图中还有三个闭合金属感应环与三支阀式避雷上端接线柱连接，在三支阀式避雷器下端用短接线使之短接，短接导线及横担都应与避雷引下线相连接，防雷引下线顺着电线杆下行至接地线端子板，并且牢固连接，再从接地端子板接地线进入大地，接地线在距离地面 3 m 左右高处插进护防钢管（以避免地线触及到人畜等），地线防护钢管埋入地下 0.5m 左右，并将其紧固于电线杆上。

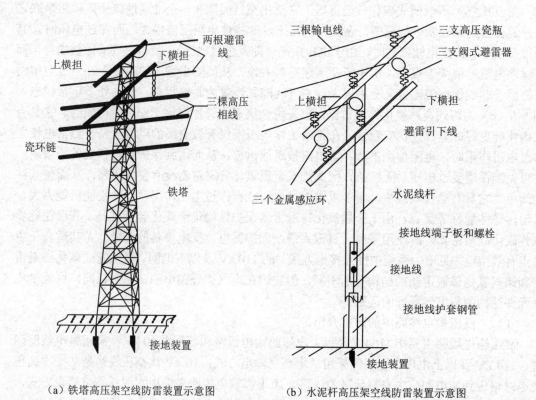

（a）铁塔高压架空线防雷装置示意图　　　　　（b）水泥杆高压架空线防雷装置示意图

图 9-7　水泥杆和铁塔高压架空线路防雷装置示意图

（2）架空高压线引入地下电缆接线段的防雷。

图 9-8 中（a）和（b）分别给出了架空高压线与埋入地下电缆接线示意图和架空高压线在电线杆上建立开关站连接埋入地下电缆的示意图。两图大同小异，只是图 9-8 中的（b）比（a）多安装了高压分界开关和分界开关控制器；防雷方法完全相同。

由图 9-8（a）和（b）可以看出，从三棵架空高压线首先引下三根线接到第一层高压隔离开关 QS1 的进线端，再从高压隔离开关 QS1 的出线端分别引出三根粗线和三棵细线；三根细线连接到三支阀式避雷器上端进线柱，将三支阀式避雷器下端接线柱用短路线短接，再经由扁钢带连接于埋地体。两图这部分连接方式和结构完全相同。两图的区别是：在图 9-8（a）中架空高压线连接地下电缆时，其三根接线是从高压隔离开关 QS1 的出线端引出的三根粗线与之相接。在图 9-8（b）中从架空高压线到电缆之间设置了高压开关站。在图 9-8（b）中有两组开关 QS1 和 QS2；从高压隔离开关 QS1 的出线端引出的三根细线接三个避雷器，再从高压隔离开关 QS1 的出线端引出的三根粗线接到开关 QS2，再从开关 QS2 出线端引出三棵粗线与三芯电缆的相接。两图中电缆在距地面 5m 高处就需有防护钢管保护，防护钢管打入地下 0.5m 左右。在此特别说明，所有横担、高压开关的壳体、铠缆的钢带等都应完好可靠接地。

另外还要说明所设置高压分界站埋入地下电缆的型号和长度等。在分界站铭牌应标有分界杆号、电缆型号、联系电话等内容。

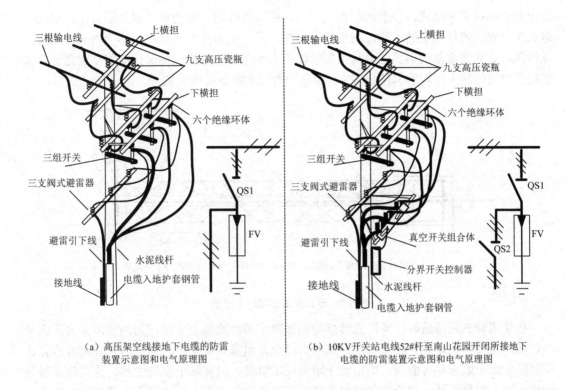

（a）高压架空线接地下电缆的防雷　　　（b）10KV开关站电线52#杆至南山花园开闭所接地下
装置示意图和电气原理图　　　　　　电缆的防雷装置示意图和电气原理图

图 9-8　高压架线引入地下电缆示意图

（3）简介阀型避雷器主要的特性参数。

① 额定电压。

指避雷器正常工作的电网额定电压。而避雷器实际工作的电压，为电网的相电压。

② 灭弧电压。

在保证切断工频续流的条件下，允许加在避雷器上的最高工频电压。3～10kV 的阀式避雷器，规定其灭弧电压为电网最高工作电压的 110%。

③ 工频放电电压。

指加在避雷器两端，使其放电的最小工频电压。工频放电电压有上限和下限之分。工频放电的电压上限不能太高，否则冲击放电电压也会相应升高，这就会影响避雷器的保护性能。工频放电电压下限不能过低，否则灭弧电压也会相应降低。

④ 冲击放电电压。

指预放电时间为 1.5～20μs 的冲击放电电压。

⑤ 残余电压。

指冲击雷电流流过避雷器所产生的电压降。高压避雷器在设计、制造时就要考虑被保护电气设备的绝缘问题。

简言之，只要正确选择避雷器的型号，就可以不验算其参数和保护特性。

（4）管式避雷器。

管式避雷器性能较差，主要用于变电站或变电所的进线保护和线路个别地段（如大跨距或多交叉处）的保护。管式避雷器实际是一种具有较高熄弧能力的保护间隙型避雷器，它由两个串联间隙组成，一个间隙在大气中，称为外间隙，它的任务就是隔离工作电压，避免产气管被流经管子的工频泄露电流所烧坏；另一个装设在气管内，称为内间隙或者灭弧间隙，管式避雷器的灭弧能力与工频续流的大小有关。这是一种保护间隙型避雷器，大多用在供电线路上作避雷保护。图9-9所示为管式避雷器结构示意图。

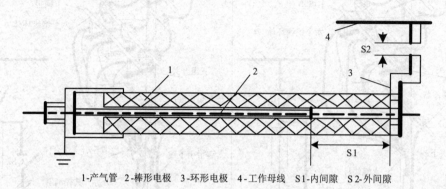

1-产气管 2-棒形电极 3-环形电极 4-工作母线 S1-内间隙 S2-外间隙

图9-9 管式避雷器结构示意图

在使用管式避雷器时，要注意其规定的切断工频续流的上下限。因为续流太大，则产气过多，会使管子炸裂；续流太小，则产气过少，电弧难以熄灭。理想的管式避雷器允许切断的电流上限应尽可能高，而电流下限则应尽量低，但实际上很难做到。管式避雷器每动作一次，都要消耗一部分产气材料，所以其动作次数也有一定的规定，选用时应注意具体参数。

中国现在避雷系统实施的是中华人民共和国住房和城乡建设部2012年12月1日起实施的：GB50343—2012《建筑物电子信息系统防雷技术规范》和中华人民共和国住房和城乡建设部2011年10月1日起实施的：GB50057—2010《建筑物设计防雷规范》。

9.3.2　避雷器安装和使用说明

1．避雷器的安装

（1）避雷器应安装在靠近配电变压器的高压侧。

以金属氧化锌避雷器安装为例进行说明。避雷器的上端接线和配电变压器高压端进线是并接于高压电网进线处的高压隔离开关的出线端；避雷器下端通过短接线使之短路连接，此短路线与变压器外壳体连接，然后外壳再与大地连接。如果避雷器安装在架空高压线与变压器的引进电缆线处，则避雷器就应单独接地，变压器壳体也单独接地。避雷器的接地线要尽可能缩短，以降低残压。

在正常状态下，避雷器不工作时，是处于断路状态，变压器正常工作。当线路出现过电压时，此时避雷器工作，它处于短路状态，变压器高压端所承受过电压通过避雷器、引线和接地装置被释放。在过电压释放的过程中，在避雷器、引下线和接地装置三者上会产生的三部分压降，统称之为残压。避雷器和其引下线上的残压最理想是通过变压器外壳的接地线，再到接地装置得以消除；这样做可以最大限度地减小残压，所以避雷器安装距离变压器近点更合适。

（2）　配电变压器的低压侧最好也安装避雷器。

如果只是在变压器高压侧安装避雷器，而在其低压侧没有安装避雷器，就会造成高压侧避雷器向大地泄放雷电流时，在接地装置上就产生压降，该压降通过变压器的外壳作用在低压侧绕组的中性点处。因此低压侧绕组中流过的雷电流可使得高压侧绕组按照变压器的变比（K）感应出很高的电势（可达 1000 kV），该电势将与高压侧绕组的雷电压叠加，造成高压侧绕组中性点电位升高，击穿中性点附近的绝缘。如果低压侧也安装了避雷器，当高压侧避雷器放电使接地装置的电位升高到一定值时，低压侧避雷器也开始放电，使得低压侧绕组出线端与其中性点及外壳的电位差减小，这样就能减小甚至消除变压副边绕组感应雷压的产生，也就减小或消除变压器副边绕组对原边绕组的感应电势的影响，保护了变压器。

（3）　避雷器安装于架空高压线与埋入地下高压绝缘电缆的接线之间，以起到防雷的作用。

2.　避雷器运行与维护

在电网日常运行中，应经常检查避雷器的瓷瓶表面的污染状况，因为当瓷瓶表面受到严重污染时，将使电压分布很不均匀。在有并联分路电阻的避雷器中，当其中一个元件的电压分布增大时，通过其并联电阻中的电流将显著增大，则可能烧坏并联电阻而引起故障。此外，也可能影响阀型避雷器的灭弧性能；另外瓷瓶表面污染也可能产生爬电；因此，当避雷器瓷瓶表面严重污秽时，必须及时清除。

检查避雷器的引线及接地引下线是否有烧伤痕迹和断裂现象，检查避雷器上端引线处密封是否良好，检查瓷套与法兰连接处的水泥接合缝是否严密；检查避雷器与被保护电气设备之间的电气距离是否符合要求。在 10 kV 阀型避雷器的上引线处可加装防水罩，以免雨水渗入；避雷器应尽量靠近被保护的电气设备，避雷器在雷雨后应检查记录器的动作情况；检查泄漏电流。

避雷器的绝缘电阻应定期进行检查。测量时应用 2500V 绝缘摇表，测得的数值与前一次的结果比较，若无明显变化，则可继续投入运行。绝缘电阻显著下降时，一般是由密封不良而受潮或火花间隙短路所引起的，当低于合格值时，应作特性试验；绝缘电阻显著升高时，一般是由于内部并联电阻接触不良或断裂以及弹簧松弛和内部元件分离等造成的。

总之定期对避雷器及避雷装置元器件进行检测和不定期的巡查是电力系统安全运行很重要的工作。对避雷器应进行绝缘电阻测量和泄露电流测试，一旦发现其绝缘电阻明显降低或被击穿，应立即更换，接地装置的接地电阻也应定期检测，发现问题应及时处理，以保证电网安全运行。

9.4　安全保护接地与保护接零

为了人身安全和电力系统运行安全，要求电气设备采取安全接地措施。按照接地目的的不同，主要可分为工作接地、保护接地、防雷接地和保护接零四种。图 9-10 所示是工作接地、保护接地、保护接零示意图。

图 9-10 所示的接地体是埋入地中，并且是直接与大地相通的金属导体。

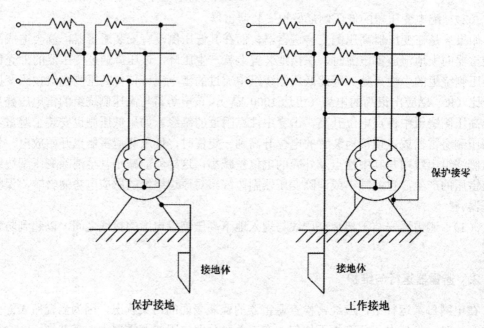

图 9-10 工作接地、保护接地和保护接零示意图

9.4.1 工作接地

电力系统由于安全运行的需要，将中性点接地，这种接地方式称为工作接地。工作接地的目的有以下几点。

1. 降低触电电压

在中性点不接地的系统中，若一火线接地，而人身触到另外两相火线时，人身所承受的电压为相电压的 $\sqrt{3}$ 倍，即线电压。在中性点接地的系统中，在上述情况下，人身承受的电压仅为相电压。另外中性点接地系统中，一旦发生一根火线接地，该相电流最大，会立即使熔断器的熔丝熔断，以至于电路中的自动断路器会自动跳闸，从而减少人身触电的危险。

2. 迅速切断故障设备

在中性点不接地的系统中，当一相火线接地时，接地电流很小（因为导线和地面之间存在绝缘电阻和电容，虽然能够成电流回路，但电流小），不足以使保护装置动作切断电源，故障不易被发现，故障容易长时间存在下去，对人身不安全。而中性点接地系统中，若电源的一相接地后，其电流很大（接近短路电流），保护装置迅速动作，断开故障点。这样故障会被及时发现并进行处理。

3. 降低电气设备对地的绝缘水平

中性点不接地的系统中，若有一相火线接地，则使另外两相火线对地电压为线电压，从而升高了电源火线与大地之间的电压等级。若有中性点接地，则会使电源火线电压始终与大地电压保持相电压水平，从而可以降低火线与地之间的绝缘水平，节省投资。

9.4.2　保护接地

保护接地是将电气设备的金属外壳（正常情况下是不带电的）与大地接通。保护接地宜用于中性点不接地的低压系统中。

中性点不接地系统中，当一相火线接地时，似乎不能构成回路，而实际上是每棵相线对地都存在绝缘电阻和对地存在分布电容，因此，如果有一棵火线接地时，它与另外两棵火线会通过绝缘电阻和分布电容构成回路。

如果中心点不接地，而电气设备采取保护接地，当有一根相线与电气设备短路时，电气设备壳体与大地等电位，人触摸电气设备外壳时基本不承受电压。这对人是很安全的。

如果中心点不接地，也没有采取保护接地，当相线短接到电气设备壳体上时，人身触及电气设备壳体时承受的电压为相电压，这会造成生命危险。由此可见，电气设备保护接地是特别重要的。

9.4.3　保护接零

保护接零是指将电气设备壳体与电源中性点相接通。

在保护接零系统中，若有一根相线短接到电气设备壳体上，设备壳体电压也很低，而且此相短路电流很大，可使保护装置动作，从而切断电源与用电设备之间的联系。这样对人身有保护作用。在保护接零系统中，零线起着特别重要的作用。另外在三相四线制或三相五线制系统中，零线还起着使负荷侧三相电压平衡的作用；还为三相不平衡的相流提供通道，所以零线采用重复接地。

9.4.4　重复工作接地

在电网输电线路中，输电线的中性线（N 线或称为零线）多处接地，称之为重复接地。这样做的目的是为了减少相线与不同地点大地之间的电位差，更有利于人身安全保护。

总而言之，接地和接零保护是特别重要的安全保护环节，不可以忽略。

再有零线选择应满足零序电流的要求，还要使零线有足够的机械强度。零线的连接一定牢固可靠、接触良好，零线连线与设备连接应用螺栓压紧，所有电气设备的接零线，必须为并联方式，绝不允许串联方式。在零线的主干线上不允许接保险丝或单独的断流开关。还必须确保零线不能断裂，这是保证电网系统正常运行的首要条件之一。

9.5　接地装置的总体说明

9.5.1　专用 PE 线（安全接地线）的要求

现在国标明确规定居民用电系统采用三相五线制配线方式，即三棵相线、一棵零线（中性线）、一棵 PE 线。PE 线必须用黄色，且带有一条绿色纵条纹的单股铜线，其截面积有严格要求。所有家用电器的三爪插头，中间最长接线插片接 PE 线；墙上安装插座的中间插片接 PE 线，面对插座右孔插片接电源相线（火线 L），而左孔插片接电源零线（N 线即中性线）。民用建筑物的 PE 线的接地体应远离防雷接地体和防雷引下线，也要离开重复接零所埋设接地体。居民楼房的 PE 线不允许接保险丝或单独的断流开关。PE 线要确保与电器外壳及大地良好的电气连接，以避免相线漏电或打铁给人带来危害。

9.5.2　防雷接地的要求

防雷系统的组成和各部分的作用，在前面已有所说明，在此只介绍防雷接地装置的基本知识。因为雷电具有极大能量和极高电压，所以对防雷接地装置有特殊要求。当采用避雷针作为接闪器时，防雷的接地装置（接地体）需要单独设置独立的接地装置，接地装置应与被保护的建筑物及其配电装置和其他接地装置之间应保持足够的安全距离，这一安全距离与防雷等级有关，但其最小距离应大于 5m。还要注意防直击雷的装置的引下线应距建筑物的出入口及人行道＞3m。如果接地装置达不要上述要求时，水平接地体应该局部深埋 1m 以下；水平接地体也可采用局部绝缘，可涂厚 50～80mm 的沥青层，其宽度要超过接地装置 2m。

对采用避雷带和避雷网的建筑物防雷接地装置用其基础钢筋时，要将其他接地装置与其有一定安全距离。

9.5.3　工作接地和重复接地的要求

在变压器绕组采用 Y_0 接时，有中性点。工作接地是指中性点接地，特别是在三相四线制或三相五线制配线系统中，必须采用中性点接地，而且从中性点引出的零线还应该采取重复接地，也就是架空线的主干线和支线的终端以及每隔 1km 的零线上重复接地；在三相四线制和三相五线制供电系统中，其进入建筑物在零线必须接地线；在配电室内，零线应与配电屏、控制屏的接地装置相连接；这样做可使用电设备安全运行，防止人触电。

9.5.4　接地体敷设的要求

接地体有自然接地体和人工接地体两种类型。

1.　用自然接地体的要求

可利用的自然接地体包括有：建筑物基础的钢筋、行车的钢轨、埋入地下的金属管道（但输油和输气管道不能作为自然接地体）等。对于变配电所可以用自身建筑物混凝土基础的钢筋作为自然接地体。

利用自然接地体时，一定要保证良好的电气连接，特别是用建筑物基础中的钢筋作接地体时，多根主钢筋应采用焊接方式连接，并构成闭合回路。这样做的目的是确保接地电阻值符合相关规定。

2.　人工接地体的敷设要求

人工接地体敷设有两种方式：一种是垂直敷设，另一种是水平敷设。两种接地体敷设如图 9-11 所示。

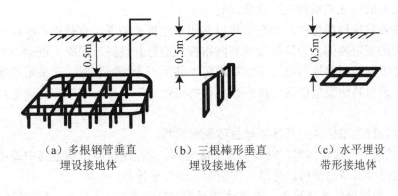

（a）多根钢管垂直　　（b）三根棒形垂直　　（c）水平埋设
埋设接地体　　　　　埋设接地体　　　　带形接地体

图 9-11　人工接地体敷设示意图

（1）垂直敷设人工接地体。

图 9-11（a）和（b）为垂直埋设接地体示意图。其（a）图所示为多根钢管垂直埋入地下组成的接地网的示意图；其（b）为三根棒形垂直埋设接地体的示意图。最常用的垂直接地体，多采用钢管直径≥50mm，长为 2.5m 的厚壁钢管。因为直径为 50mm，长为 2.5m 钢管机械强度较小，容易变曲，所以不适于采用机械方法打入地下。在具体实际施工中多采用直径大于 50mm，长 2.5m 的钢管作为接地体，经常采用三根钢管或三根以上钢管组成接地网，但要注意钢管之间距离应大于 5m。垂直打入地下的接地体上端应在地下 0.5m 以下为宜；其顶部尽量在一个平面，以便顶端与扁钢带焊接。当多根接地体成正方形或矩形打入地下时，其上端应用钢带焊接成网格状（a），而且最外层钢带在转角处应成弧形；网格中间的所焊接的钢带能起到均衡电位作用，以便减小甚至消除跨步电压，以防止人员触电危险发生。

（2）水平敷设人工接地体。

图 9-11（c）给出了水平人工敷设的接地体示意图。水平敷设接地体时，常采用的材料有钢筋、扁钢、钢管等。只要选择好材料，就可以挖 0.5m 深的沟槽，将导体埋入；但应注意水平敷设接地体应为多根，根与根之间相距应≥5m，多根导体还应焊接成网格状，从而达到均压作用。水平接地体敷设方式用得比较少。

9.5.5　各种接地类型的互相关系和共同接地说明

（1）各种接地类型接地阻值要求。

在 1 kV 以下的低压配电系统中各种类型的接地电阻值要求如下。

① 工作接地电阻值≤4Ω。

② 电气设备的安全接地电阻值≤4Ω。

③ 重复接地电阻值≤10Ω。

④ 防雷接地电阻值，因防雷等级不同，而有所要求接地电阻值也不同。

对于一二级建筑物防直击雷接地电阻值≤10Ω；一二级建筑物防感应雷的接地电阻值≤5Ω；三级建筑物防雷接地电阻值≤30Ω。

⑤ 屏蔽接地的电阻值≤10Ω。

（2） 接地的相互关系和共同接地说明。

以上所述各种接地类型中，有些是可以共用一个接地装置，有些则不能用一个接地装置。砖混结构的建筑物的电力系统接地与防雷接地应分开设置。混凝土框架结构建筑物采用避雷带、避雷网防雷接地与电力系统接地可以共用一个接地装置；而采用避雷针防雷接地装置时，必须与其他类型接地装置分开，且要相距 3m 以上。一般应将弱电接地装置单独设置。

（3） 对各种类型接地的具体处理总体原则说明。

① 允许共用一个接地体时，应该用一个接地体，但接地电阻应满足其中最小接地电阻值的要求。这样可以节约钢材，降低工程造价，也便于检修。

② 在有多个接地体的情况下，接地体之间的电气距离在 3m 以上，与建筑物之间距离 1.5m 以上，利用建筑物深埋基础作接地体情况除外。

③ 避雷针接地体与其他接地体在地下相距 3m 以上。

④ 避雷带、避雷网的接地装置可与其他接地装置相连接（可以共用一套接地装置），并应与埋入地下的金属管线互相连接。可以利用建筑物的钢筋混凝土基础内的钢筋组成接地装置。

⑤ 避雷器的接地可与 1kV 以下线路的重复接地相连接，其阻值应≤10Ω。

⑥ 弱电系统及专用电子设备（如医疗电气设备、电子计算机、电磁测量设备、电子打印设备等）接地应与其他接地分开，并与防雷接地装置的距离保持 5m 以上。在室内专用电气设备本身的交流保护接地和直流工作接地应分开设置，并且应相隔一定距离。

9.6 加强安全用电工作

为保证人身安全和财产安全，必须遵守以下安全用电注意事项。

（1） 电力线不能挂东西、晒衣服，导电的物体不能靠近裸体电线。广播线和电话线不能和电力线同杆架设；广播线和电话线与电力线交叉跨越时，应保持足够的绝缘距离。交叉点应有绝缘层隔离开。

（2） 电力线的走线应防止树冠对相线的摇动，即电力线与树冠之间要有一定距离。

（3） 凡是与高压线同杆架设低压电力线时，两种线路应有足够供分别维修用的距离。在维修时，应先接地线后工作；以防触及感应电压。

（4） 拉、合高压跌落开关时，必须由电工使用合格的绝缘工具操作。电工用的绝缘工具要保持清洁、干燥，并且定期进行耐压试验，保持其良好的绝缘性能。

（5） 电灯开关一定要安在火线上。在擦灯泡时，一定先关断开关，拧下灯泡后擦净。待灯泡干燥（不潮湿）后方能接入灯头。

（6） 在操作带胶盖安全开关时，一定要将胶盖盖好后再行操作，以防电弧或熔丝飞溅烧伤。

（7） 遇到低压电线落地或者高压电线落地时，绝对不能用手去拿。遇这种情况，只要电线没有落到人身上，就不要慌张，可以一脚立地不动，等待来人援救，或者单腿跳离电线落地的地点。高压线落地时，应有人在 10 m 以外看管，待电工来处理，绝对不能靠近，以免引起跨步电压伤人。

（8）　不要擅自安装、拆除用电设备，以免造成人身、设备事故。

（9）　发现电火，应该立即断开电源，然后灭火。灭电火不能用水扑灭，而要用干粉灭火器。

（10）　要掌握人身触电紧急抢救知识。

参考文献

[1] 秦曾煌. 电工学上下册 [M]. 北京：高等教育出版社，1981.

[2] 宋世光，刘金琪. 机床电气自动控制[M]. 哈尔滨：哈尔滨工业大学出版社，1991.

[3] 江西科技情报研所《实用电工手册》编写组. 实用电工手册[M]. 江西：江西科学技术出版社，1988.

[4] 《新旧电气图形符号对照读本》编写组. 新旧电气图形符号对照读本[M]. 北京：兵器工业出版社，1993.

[5] 肖景和. CM05 数字电路应用 300 例[M]. 北京：中国电力出版社，2005.

[6] 芮静康. 供配电系统图集[M]. 北京：中国电力出版社，2005.

[7] 沈长生. 常用电子元器件使用一读通[M]. 北京：人民邮电出版社，2002.

[8] 陈有卿. 晶体管实验电路 300 例[M]. 北京：机械工业出版社，2006.

[9] 吴建强，姜三勇. 可编程控制器原理及其应用[M]. 哈尔滨：哈尔滨工业大学出版社，2000.

[10] 高钦和. 可编程控制器应用技术与识设计实例[M]. 北京：人民邮电出版社，2004.

[11] 周美兰，周封，王岳宇. PLC 电气控制与组态设计[M]. 北京：科学出版社，2005.

[12] 王敏，马云华，蔡玲. 实用电工电路图集[M]. 北京：中国电力出版社，2005.

[13] 王新贤. 通用集成电路速查手册[M]. 山东：山东科学技术出版社，2005.

[14] 赵清. 小型电动机[M]. 北京：电子工业出版社，2003.

[15] 赵清. 电子电路识图[M]. 北京：电子工业出版社，2009.

[16] 赵志杰. 集成电路应用识图方法[M]. 北京：机械工业出版社，2004.

[17] 赵清. 变频器与电动机控制电路解读[M]. 北京：电子工业出版社，2011.

[18] 赵清. 新电工识图（第 3 版）[M]. 北京：电子工业出版社，2014.

[19] 赵清. PLC 控制电路解读[M]. 北京：电子工业出版社，2011.

[20] 胡国文，胡乃定. 民用建筑电气技术与设计（第 3 版）[M]. 北京：清华大学出版社，2013.

[21] 王居荣，赵清. 电工技术[M]. 哈尔滨：哈尔滨工业大学出版社，1996.

[22] 钟朝安. 现代建筑设备[M]. 北京：中国建筑工业出版社，1995.

[23] 陈一才. 建筑电工手册[M]. 北京：中国建筑工业出版社，1992.

[24] 丁明往，汤继东. 高层建筑电气工程[M]. 北京：中国水利电力出版社，1988.

[25] 杨光臣. 建筑电气工程施工[M]. 重庆：重庆大学出版社，1996.

[26] 韩雪涛. 电路图与实体电路对照识读全彩演练[M]. 北京：电子工业出版社，2015.

[27] 林向淮，安志强. 电工识图入门[M]. 北京：机械工业出版社，2004.